公益林生态补偿

Ecological Compensation for Public Welfare Forests

张 颖 金 笙 等著

中国林业出版社

图书在版编目（CIP）数据

公益林生态补偿／张颖等著．—北京：中国林业出版社，2013．7
ISBN 978-7-5038-7109-2

Ⅰ．①公…　Ⅱ．①张…　Ⅲ．①公益林－补偿机制－研究－中国
Ⅳ．①D922．634

中国版本图书馆 CIP 数据核字（2013）第 150612 号

出版　中国林业出版社（100009　北京西城区德内大街刘海胡同 7 号）
电话　（010）83225481
发行　新华书店北京发行所
印刷　北京华正印刷有限公司
版次　2013 年 9 月第 1 版
印次　2013 年 9 月第 1 次
开本　787mm×1092mm　1/16
印张　14．5
印数　1000 册
字数　268 千字

课题组成员

张　颖　金　笙　宋维明　程宝栋　鲁子羿(美)
张　艳　杨志耕　陶嘉玮　石梓涵　邓鸿鹄
陈奕刚　董伟龙　李　坦　陈绍志　石小亮

前　　言

我国国家级生态公益林资源有限，并且大多分布在经济欠发达地区，然而生态效益的受益者一般地处经济较发达地区，因而如何给生态效益提供者实施补偿，实现生态公平，建立公益林的生态补偿机制显得十分必要，这也是当前国内外研究的热点问题之一。生态补偿是一种调整相关利益者因保护或破坏生态环境活动产生的环境利益及其经济利益分配关系，内化相关活动产生的外部成本的制度安排。在林业生态补偿方面存在诸多问题，尤其是补偿标准的确立以及由此引出的林业财政政策的制定，本书着眼于此，对基于生态补偿机制下的林业财政政策进行了研究，并在理论和实践的基础上进行了相关补偿标准的计算。

本书首先对公益林生态补偿机制的若干重点问题进行了探讨。研究界定了公益林生态补偿的内涵与范畴，对公益林补偿类型进行分类，对公益林和生态补偿的基本情况、存在问题、基础理论进行了梳理。并对现有的研究在理论和实践两个层面进行了论述，特别是对各国政府对此问题采取的不同政策措施进行了综述，以此得到有关借鉴和启示。其次，研究提出了我国公益林生态补偿政策总体框架，在分析生态补偿的政策实践的基础上，对生态补偿标准的确定进行了重点研究，对公益林生态补偿标准进行估算，并采用不同方法从不同的角度对公益林补偿标准进行了计算。研究利用经济控制论的最优模型方法，考虑营造林的直接投入、保护森林生态功能而放弃经济发展的机会成本和森林生态系统服务功能的效益等因素，得出理想的我国公益林生态补偿标准为0.976万元/hm^2左右。

最后，本书对我国公益林生态补偿的可行性进行了分析。研究提出培育森林生态补偿市场化途径，加强对私人企业的激励机制，建立基金寻求国外非政府组织捐赠机构支持等办法加强对森林生态的补偿，并且提出开展森林生态税的征收，完善财政投入机制，合理划分公益林保护等级等政策建议。

本书是在国家林业局规划与资金管理司项目“基于生态补偿机制下的林业财政政策研究”报告基础上完成的，也是国家林业局林业公益性行业科研专项经费课题“面向林改的森林资源可持续经营技术研究”（200904003）的部分内容，对研究的所有参与者和引用的所有文献的作者表示衷心的谢意！

该书存在的疏漏、不足之处在所难免，衷心希望广大同仁批评指正。也希望该书能为我国公益林的生态补偿提供一定的参考。

著者

2012.12.10

Preface

The national ecological public welfare forest resources in our country are limited, and mostly distributed in less developed areas. However, beneficiaries of ecological benefit generally belong to the more developed regions. Thus, it is vital to make compensation for the providers of ecological benefits, realize ecological fairness and establish the ecological compensation mechanism. And it has become one of the hot issues in researches both in China and the world. Ecological compensation is a kind of institutional arrangement to internalize the external cost caused by related activities, adjust and distribute environmental and economic benefits of beneficiaries, which are caused by their protecting or destroying activities. Focusing on the hot issue of the establishment of the compensation standard and forestry financial policy on existing problems in ecological compensation, this study explores the forestry financial policy based on the ecological compensation mechanism, and conducts further related research and calculation theoretically and practically.

Overall, this book discusses several key problems of ecological compensation mechanism of public welfare forest. Firstly, the study defines the connotation and category of ecological compensation to public welfare forest, classifies the compensation type, and analyzes the basic situation, the existing problems and the basic theory of public welfare forest and ecological compensation. Thus, reference and enlightenment are gained by analyzing the existing researches theoretically and practically, especially by summarizing the various political measures taken by different countries. Secondly, this study puts forward the general framework of the ecological compensation policy of public welfare forest. On the comprehension of the theoretical practice on ecological compensation in China, the study deals chiefly with the determination of ecological compensation standards by doing estimation and related calculations on it from different angles with different methods. Considering the optimal model in Economic Cybernetics and the following three factors—direct expense of plantations, opportunity cost for forests protection and benefits of forest ecosystem services, the study comes up with an ideal ecological compensation standard in our country: 9760 yuan/hm^2. Finally, the study analyzes the feasibility of ecological compensation to public welfare forest in our country. It provides some suggestions on how to strengthen the forest ecological compensation, such as cultivating marketization, reinforcing incentive mechanism in private enterprises, and establishing compensation funds to seek support from foreign non-governmental organizations. It also provides some policy suggestions, such as levying ecological taxes, perfecting the financial input mechanism, and grading reasonably the protection levels of public welfare forest.

This book is based on the project of the study on forest ecological compensation mechanism under the forestry fiscal policy and the study of forest resources sustainable management technology (200904003) which supported by the State Forestry Administration, P. R. China. In this, it is to express our heartfelt gratitude to all participants and the study of literature references!

In this book, some errors and inadequate inevitable, we sincerely hope that our colleagues give some criticism, also hope that this research can provide some reference for the study of ecological compensation for the public welfare forests.

Author
2012. 12. 10

目　　录

Contents

1

公益林的概念

根据原林业部1996年颁发的《森林资源规划设计调查主要技术规定》(张洪明，1998)，生态公益林是指“以保护和改善人类生态环境、保护生态平衡、保存物种资源、科学实验、森林旅游、国土保安等需要为主要经营目的的森林和灌木林”。

“公益林”的概念是随着林业分工理论的发展而产生的。20世纪60年代以后，大部分国家根据自己的实际情况，把森林根据主要功能进行划分，并结合本身的特点建立起经营管理的机制。根据划分类型的多少，大致可以把世界各国分为3种类型，第一种分成两种类型，美国属此类；第二种是分成3种类型，如法国；最后一种是多于3类的划分，如中国、日本。具体情况见表1。

表1　世界主要林业国家森林分类情况

Tab　1. The forest classification situation of world's major forestry national

分类	国家(地区)	划分内容名称(占有林地)
两类	新西兰	商品林(18%)，非商品林(82%)
	澳大利亚	生产林(23%)，非生产林(77%)
	美国	生产林(66.5%)，非生产林(33.5%)
	菲律宾	生产林，非生产林
	印度	生产林，非生产林
	泰国	商业林，非生产林
	瑞典	生产林，非生产林
三类	法国	木材培育林(13.7%)，公益林(6.9%)，多功能林
	加拿大	偏远林，生产林，非生产林
	前苏联	保护林(17.7%)，少林区森林(8.2%)，多林区森林(74.1%)

（续）

分类	国家(地区)	划分内容名称(占有林地)
多类	日本(国有林)	国土保安林(46.2%)，自然维护林(30.1%)，空间利用林(8.9%)，木材生产林(17.8%)
	马来西亚	生产区，保护区，游憩区，社会林业区
	中国	用材林(69.1%)，防护林(12.5%)，特用林(2.6%)，薪炭林(3.3%)，山地
	奥地利	用材林(65.4%)，防护林(30.1%)，环境林(3.6%)，休闲林(1.1%)，平原农防林(0.1%)

引自：梁星权等编.2001. 森林分类经营. 北京：中国林业出版社。

从表1可以看出，各国在分类名称上有很大的不同，其中商业林、生产林以生产木材为主要目的，其含义比较明确。因此，尽管森林的公益性已经逐步被全社会所公认，但是在公益林的概念和内涵的界定上却仍然存在一定困难。由于几乎所有种类的林种都有维持生态环境向好发展的趋势，而其维持能力取决于森林的种类和自身情况及所在地区环境。以前根据林地并依据结构来定义功能；之后研究林业用地根据植被类型定义功能；现在针对所有国土面积并参考国家的发展阶段来定义功能。例如，在水土流失严重的森林重点地区关注水土保持功能。由于现阶段的植被类型最终会被其他类型的植被所取代，因此怎样确定未来的趋势是一个问题，尤其在把其他因素考虑进来之后更加困难。人类社会的发展变化会导致对森林需求的变化，所以如何界定公益林是一个很困难的问题(严会超，2005)。

从生态效益的角度考虑，几乎所有森林都具备一定的生态效益，并非只有公益林，森林的动态演替以及社会发展和文明进步才会带来相应变化，因此有学者认为，公益林概念的本质带有明显的人类自身利益和意志，是人为确定的。其确定依据应该包括：人类需求的变化、森林的结构、森林的主导功能以及森林经营的目的。基于这些，国家林业局植树造林司2001年对公益林做了如下定义：公益林(non-commercial forest，简称NCF)是指为维护和改善环境，保持生态平衡，保护生物多样性等满足人类社会的生态、社会需求和可持续发展为主体功能，主要提供公益性、社会性产品或服务的森林、林木、林地。

2001年，国家林业局颁发的《国家公益林认定办法(暂行)》(林策发88号)，依照《森林法实施条例》第八条的规定，结合国务院林业主管部门提出的相关意见，报国务院批准公布之后，国家公益林的概念才有了最终界定。国家公益林具体划定范围包括：江河源头、江河干流、一、二级支流两岸、重要湖泊和库容1亿m^3以上的大型水库周围、沿海岸线、干旱荒漠化严重地区的天然林、雪线以下500m及冰川外围2km以内地段的森林、林木和林地、山体坡度在36°以上、国铁、国道(含高速公路)、国防公路两旁第一层山脊、沿国境线20km范围内、国务院批准的自然与人文遗产地、国家级自然保护区、护工程区(谢剑斌，2003)。

根据2004年颁布的《国家级公益林区划界定办法》(林策发94号)，国家级公益林是指生态区位极为重要或生态状况极为脆弱，对国土生态安全、生物多样性保护和经济社会可持续发展具有重要作用，以发挥森林生态和社会服务功能为主要经营目的的重点防护林和特种用途林(杨传金，陈新安，2007)。

此外，国家级公益林和地方级公益林也是公益林的一种划分方式。

2

我国公益林发展概况

此次研究中所指的公益林，主要为全国范围内国家级公益林和地方公益林在内的所有公益林的有林地部分。

2.1 历次森林清查期间各省公益林分布情况

2.1.1 第五次森林清查

第五次森林资源清查期间公益林分布如图 1、图 2 所示。从图 1、图 2 可知，第五次森林清查期间，各省公益林面积和蓄积在本省林地面积和蓄积所占比重较小。然而西藏和新疆全区的所有森林资源均划分为公益林。

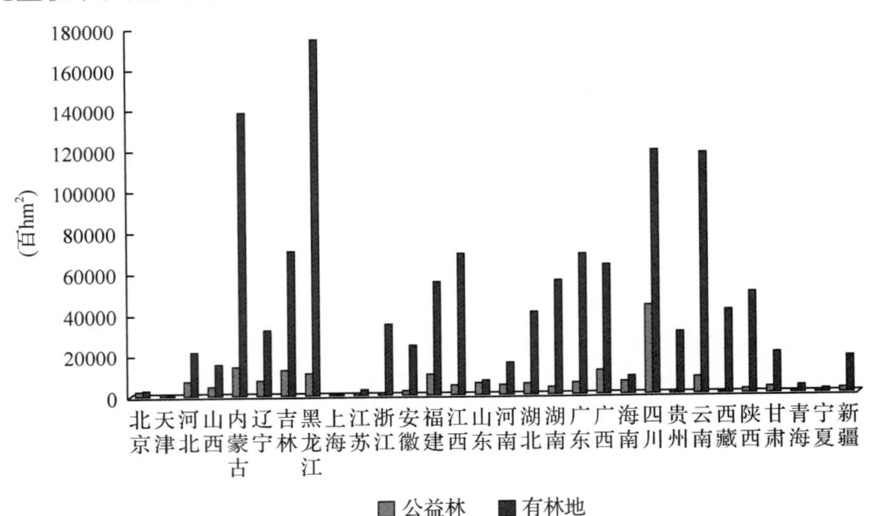

图 1　第五次森林清查各省公益林面积与有林地面积分布状况

Fig 1　The provincial public welfare forest area and forest land area distribution in the fifth forest inventory

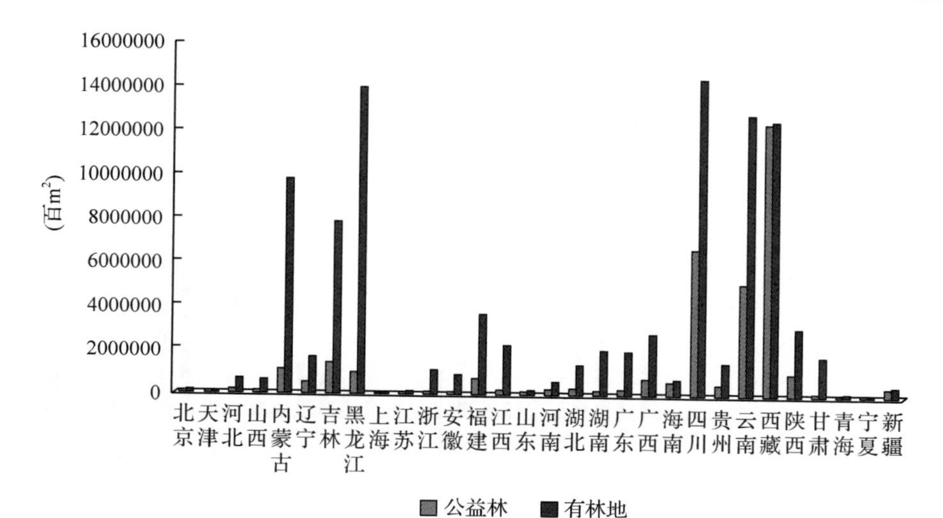

图 2 第五次森林清查各省公益林蓄积与有林地蓄积分布状况

Fig 2 The provincial public welfare forest stock volume and forest land total stock volume distribution in the fifth forest inventory

2.1.2 第六次森林清查

第六次森林资源清查期间公益林分布如图 3、图 4 所示(国家林业局森林资源管理司，2005)。由图 3、图 4 可知，第六次森林清查期间各省公益林面积和蓄积总量均有一定的增长。

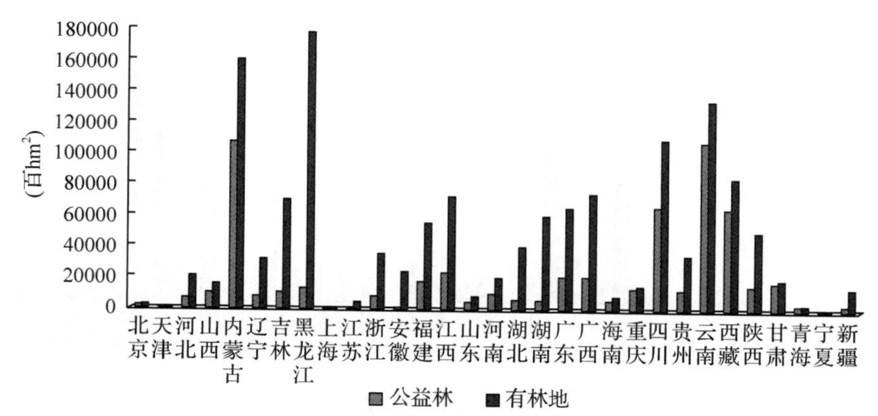

图 3 第六次森林清查期间各省公益林面积与有林地面积的分布状况

Fig 3 The provincial public welfare forest area and forest land area distribution in the sixth forest inventory

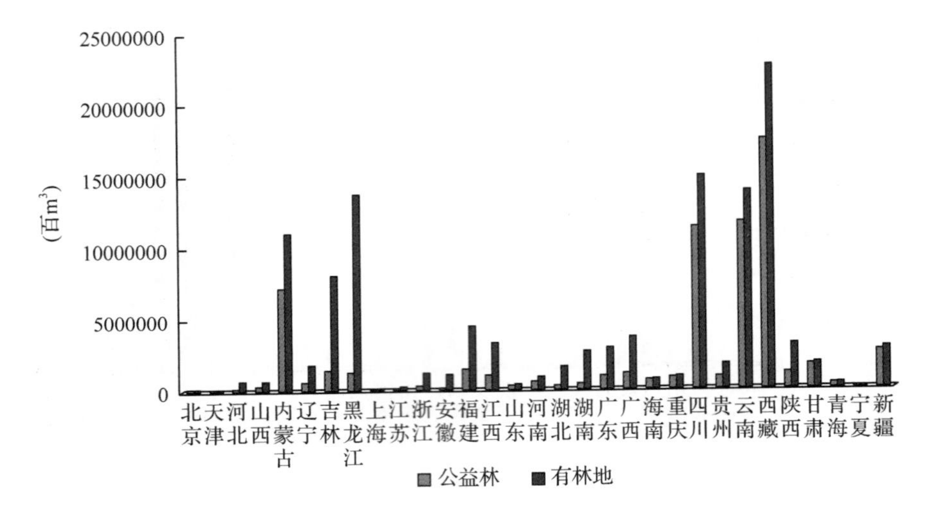

图 4　第六次森林清查期间各省公益林蓄积与有林地总蓄积的分布状况

Fig 4　The provincial public welfare forest stock volume and forest land total stock volume distribution in the sixth forest inventory

2.1.3　第七次森林清查

第七次森林资源清查期间公益林分布如图 5 所示(国家林业局森林资源管理司，2010)。由图 5 可知，在第七次森林清查期间，伴随着林地面积的增

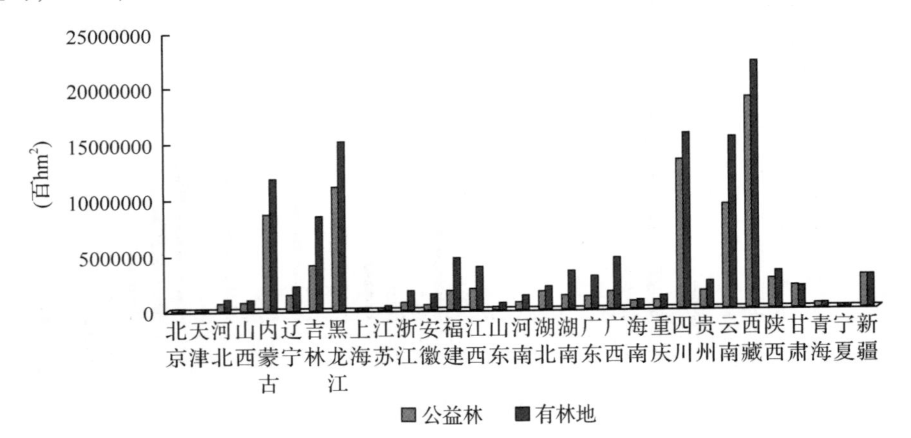

图 5　第七次森林清查期间各省公益林蓄积与林地总蓄积的分布状况

Fig 5　The provincial public welfare forest stock volume and forest land total stock volume distribution in the seventh forest inventory

长，公益林蓄积有迅速的增加。各省公益林面积和蓄积在林地总量中均占有较大的份额。

2.2 各省公益林面积和蓄积发展变化情况

各省公益林面积和蓄积发展变化情况如表2、表3所示。

表2 历次森林清查期间各省公益林面积数量及比重状况（单位：百 hm^2，%）

Tab 2 The public welfare forest area and proportion during all previous forest inventories

单位	第五次清查期间		第六次清查期间		第七次清查期间	
	面积	面积比例	面积	面积比例	面积	面积比例
全国	293527	22.72	611265	42.81	937682	60.27
北京	1629	78.89	2044	87.20	3294	92.61
天津	417	97.20	453	99.12	478	87.55
河北	6223	31.32	7230	35.01	21363	74.12
山西	3697	25.14	10141	63.19	14887	86.34
内蒙古	13148	9.46	108660	67.56	125683	74.76
辽宁	7012	22.31	8214	25.46	20160	55.79
吉林	11929	17.04	10981	15.43	35814	49.28
黑龙江	9857	5.61	13511	7.54	137634	71.96
上海	37	100.00	60	100.00	330	97.06
江苏	696	32.10	1393	31.41	2155	28.95
浙江	913	2.65	8241	22.79	16520	41.97
安徽	1658	7.09	1716	6.99	8556	31.59
福建	9523	17.32	17849	31.66	18787	33.19
江西	3968	5.74	23749	32.63	39430	51.33
山东	4976	79.54	5808	69.94	7059	45.22
河南	4067	27.15	10402	52.61	15489	54.66
湖北	4896	12.27	6816	16.39	36922	72.71
湖南	3010	5.39	6502	10.67	28718	39.53
广东	5230	7.71	19907	30.14	23744	34.98
广西	10857	17.21	20081	26.86	23638	29.30
海南	5829	71.36	6690	75.00	6042	71.78
重庆			13972	91.21	12941	71.09
四川	43449	36.28	66614	60.36	82585	70.87
贵州	1184	3.92	12873	37.39	27508	69.11

（续）

	第五次清查期间		第六次清查期间		第七次清查期间	
单位	面积	面积比例	面积	面积比例	面积	面积比例
云南	7485	6.34	108736	80.15	74381	50.51
西藏	190	0.47	65868	78.00	69909	83.11
陕西	1536	3.12	15832	31.13	41420	73.05
甘肃	2462	12.81	18069	94.04	20964	98.22
青海	148	4.85	3307	96.72	3478	97.97
宁夏	252	24.80	793	86.10	1085	97.84
新疆	1502	8.73	3331	24.42	16708	98.72

注：以上比例为本省公益林面积与本省林地总面积比。

表3　历次森林清查期间各省公益林蓄积总量及比重状况　（单位：百 m^3,%）

Tab 3　The public welfare forest stock volume and proportion during all previous forest inventories

	第五次清查期间		第六次清查期间		第七次清查期间	
单位	蓄积	蓄积比例	蓄积	蓄积比例	蓄积	蓄积比例
全国	20367493	20.19	61821094	51.10	84263512	63.06
北京	47147	68.75	66099	78.62	85190	82.03
天津	15585	97.25	13982	99.62	18052	90.76
河北	125348	21.07	140297	21.55	590832	70.55
山西	89736	15.90	361348	58.28	651623	85.25
内蒙古	1064474	10.84	7204766	65.41	8682310	73.75
辽宁	461792	28.62	539181	30.85	1291274	63.84
吉林	1387118	17.64	1360600	16.66	4034395	47.79
黑龙江	918806	6.51	1201207	8.74	11087077	72.89
上海	2393	100.00	3324	100.00	10029	99.35
江苏	33164	38.31	84191	36.84	96424	27.54
浙江	49172	4.42	229415	19.89	707530	41.08
安徽	60146	7.25	81049	7.81	413749	30.08
福建	692017	18.96	1388574	31.30	1661051	34.29
江西	129321	5.80	958363	29.48	1957780	49.53
山东	90291	60.97	174140	54.39	212624	33.54
河南	201942	38.40	501728	59.70	705955	54.57
湖北	235110	17.78	257758	16.73	1610682	76.91
湖南	152664	7.68	340850	12.85	1280448	36.68

（续）

	第五次清查期间		第六次清查期间		第七次清查期间	
单位	蓄积	蓄积比例	蓄积	蓄积比例	蓄积	蓄积比例
广东	180448	9. 15	855509	30. 16	1212194	40. 16
广西	691396	24. 96	1046228	28. 68	1580289	33. 71
海南	587459	88. 83	635571	88. 33	655838	90. 16
重庆			770868	91. 32	751676	66. 33
四川	6657657	46. 03	11304699	75. 59	13486057	84. 51
贵州	427450	30. 42	812187	45. 64	1590768	66. 26
云南	5093105	39. 68	11669252	83. 39	9402022	60. 51
西藏	12493411	99. 68	17539892	77. 40	19201454	85. 51
陕西	932756	30. 82	1102414	35. 82	2644375	78. 19
甘肃	76912	4. 47	1679855	95. 97	2054328	106. 09
青海	7281	46. 45	351790	97. 92	385769	98. 52
宁夏	28068	87. 80	36622	93. 22	48594	98. 74
新疆	346867	92. 82	2570286	91. 67	2992280	99. 41

注：以上比例为本省公益林蓄积量比本省林地总蓄积量。

2.3 公益林林种构成

图 6、图 7 是不同林种的公益林的面积和蓄积统计。根据定义，公益林按照功能不同，大体分为防护林和特用林。第五次森林清查期间，防护林面积为 2138. 47 万 hm^2，特用林为 796. 8 万 hm^2；第六次森林清查期间，防护林面积为 5474. 63 万 hm^2，特用林为 638. 02 万 hm^2（国家林业局森林资源管理司，2005）；第七次森林清查期间，防护林面积为 8194. 68 万 hm^2，特用林为 1182. 14 万 hm^2（国家林业局森林资源管理司，2010）。1994 ~ 2008 年，防护林和特用林面积均有显著提高。

第五次森林清查期间，防护林蓄积为 2036. 47 百万 m^3，特用林为 0. 2843 百万 m^3；第六次森林清查期间，防护林蓄积为 5184. 61 百万 m^3，特用林为 997. 49 百万 m^3（国家林业局森林资源管理司，2005）；第七次森林清查期间，防护林蓄积为 6743. 38 百万 m^3，特用林为 1682. 97 百万 m^3（国家林业局森林资源管理司，2010）。1994 ~ 2008 年，防护林和特用林蓄积均有显著提高。

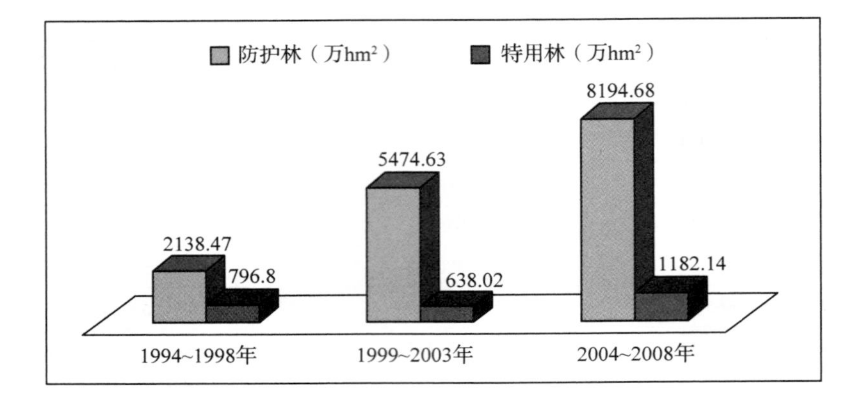

图 6 全国森林资源清查公益林面积分布

Fig 6 The public welfare forest area distribution during all previous national forest resources inventories

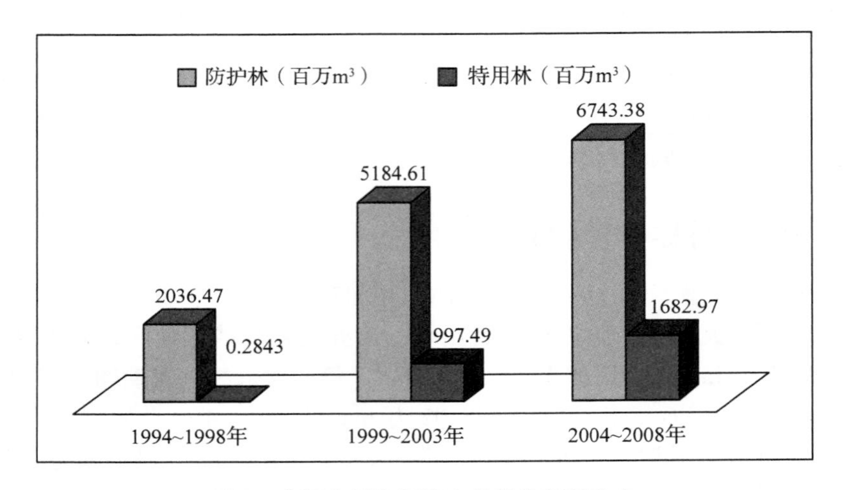

图 7 全国森林资源清查公益林蓄积分布

Fig 7 The public welfare forest stock volume distribution during all previous national forest resources inventories

2.4 公益林地区分布

2.4.1 东北区

东北区包括辽宁、吉林、黑龙江以及内蒙古东北部三盟一市。

(1)东北区公益林演进情况

东北区公益林演进情况如图 8。第五次森林清查期间，东北区公益林面积为 353.72 万 hm^2，蓄积为 383.22 百万 m^3。第六次森林清查期间，东北区公益林面积为 870.36 万 hm^2，蓄积为 1030.58 百万 m^3(国家林业局森林资源管理司，2005)。第七次森林清查期间，东北区公益林面积为 2564.495 万 hm^2，蓄积为 2509.51 百万 m^3(国家林业局森林资源管理司，2010)。1994 ~ 2008 年，东北区公益林面积和蓄积呈稳步上升趋势。

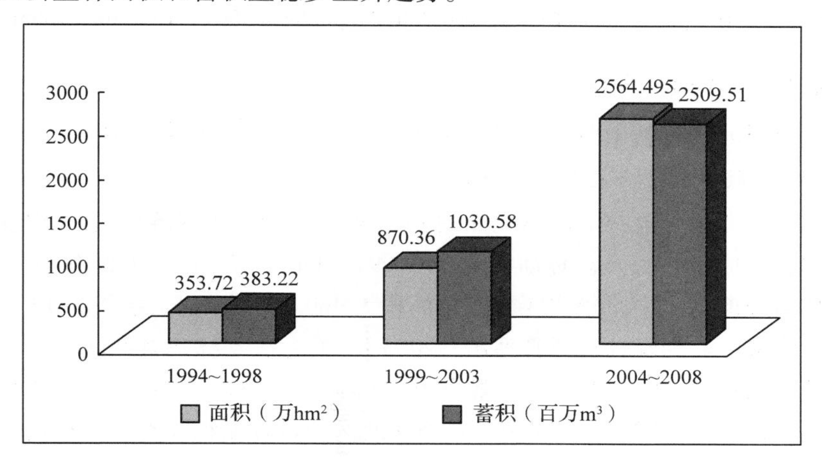

图 8 历次森林清查期间东北区公益林面积和蓄积

Fig 8 The public welfare forest area and stock volume of northeast area during all previous forest inventories

(2)目前东北区公益林面积和蓄积

目前东北区公益林面积和蓄积统计如图 9、图 10。从图中可以看到，东北区公益林森林面积占全国总面积的 27%，蓄积占全国森林总蓄积的 30%。

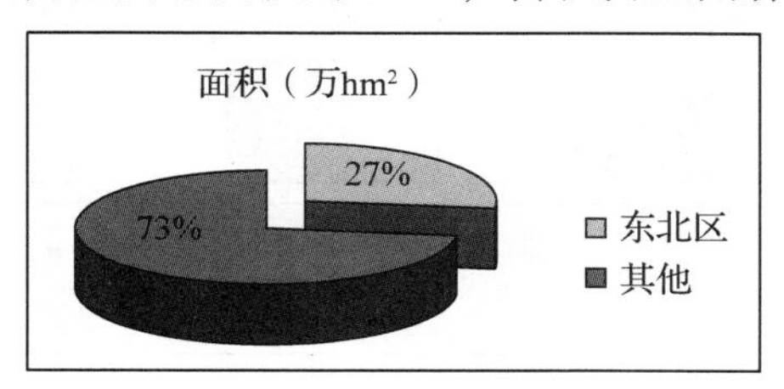

图 9 东北地区公益林面积在全国的比重

Fig 9 The proportion of Northeast China's public welfare forest area

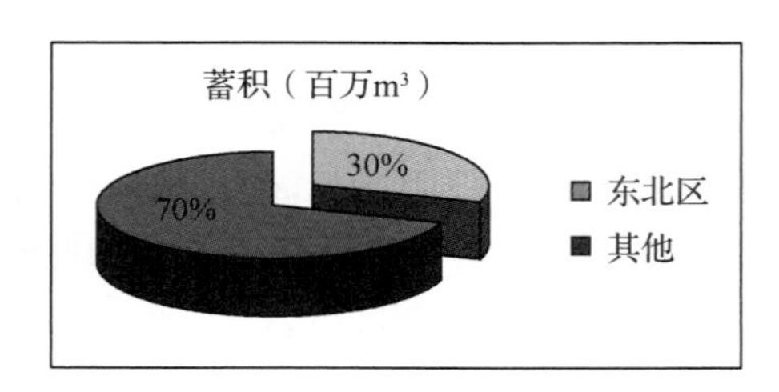

图10 东北地区公益林蓄积在全国的比重

Fig 10 The proportion of Northeast China's public welfare forest stock volume

2.4.2 中原华北区

中原华北区包括山西、山东、河南、河北、天津、北京等地。

(1)中原华北区公益林演进情况

中原华北区公益林演进情况如图11，从图11中可以看到，第五次森林清查期间，中原华北区公益林面积为210.09万hm²，蓄积为57百万m³。第六次森林清查期间，中原华北区公益林面积为360.78万hm²，蓄积为125.76百万m³(国家林业局森林资源管理司，2005)。第七次森林清查期间，中原华北区公益林面积为625.7万hm²，蓄积为226.43百万m³(国家林业局森林资源管理司，2010)。1994～2008年，中原华北区公益林面积和蓄积迅猛增长，获得了较快的发展。

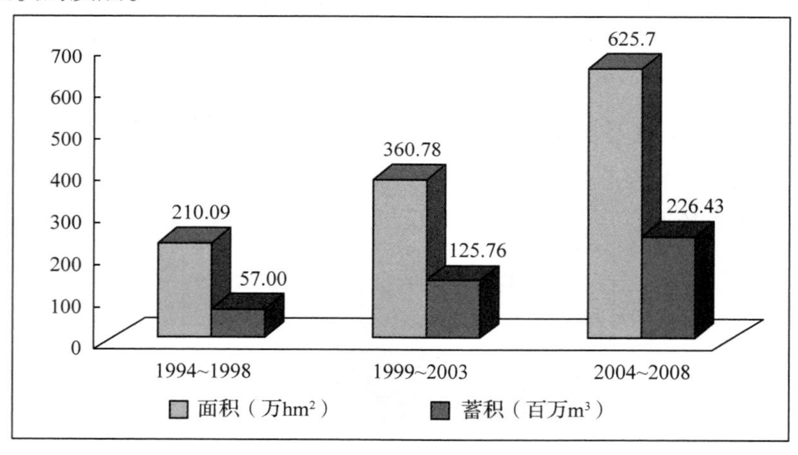

图11 历次森林清查期间中原华北区公益林面积及蓄积

Fig 11 The north central plains's public welfare forest area and stock volume during all previous forest inventories

(2)目前中原华北区公益林面积和蓄积

目前中原华北区公益林面积和蓄积统计如图12、图13所示。从图中可以看到，中原华北区公益林面积占全国总面积的7%，蓄积占全国森林总蓄积的3%。

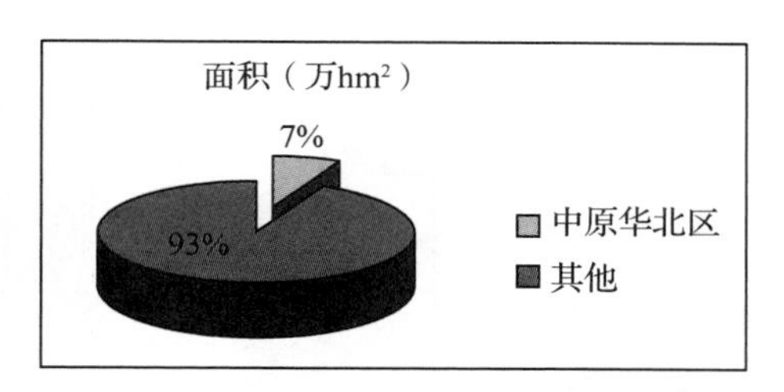

图12　中原华北区公益林面积在全国的比重

Fig 12　The proportion of north China's public welfare forest area

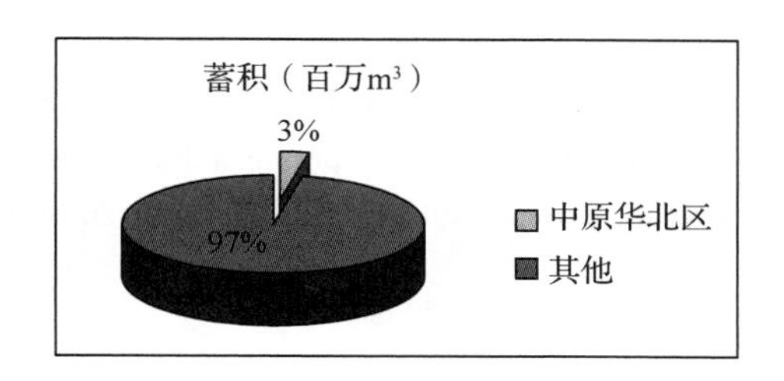

图13　中原华北区公益林蓄积在全国的比重

Fig 13　The proportion of north China's public welfare forest stock volume

2.4.3　中南华东区

中南华东区包括湖南、福建、湖北、江西、上海、江苏、浙江、安徽等省(市)。

(1)中南华东区公益林演进情况

中南华东区公益林演进情况如图14。从图中可以看到，第五次森林清查期间，中南华东区公益林面积为247.01万hm^2，蓄积为135.4百万m^3。第六次森林清查期间，中南华东区公益林面积为663.26万hm^2，蓄积为334.35百万m^3(国家林业局森林资源管理司，2005)。第七次森林清查期间，中南华东区公益林面积为1514.18万hm^2，蓄积为773.77百万m^3(国家林业局森林资源管理司，2010)。1994~2008年，中南华东区公益林面积和蓄积有了显著的增长，在国家生态林建设事业中占有重要地位。

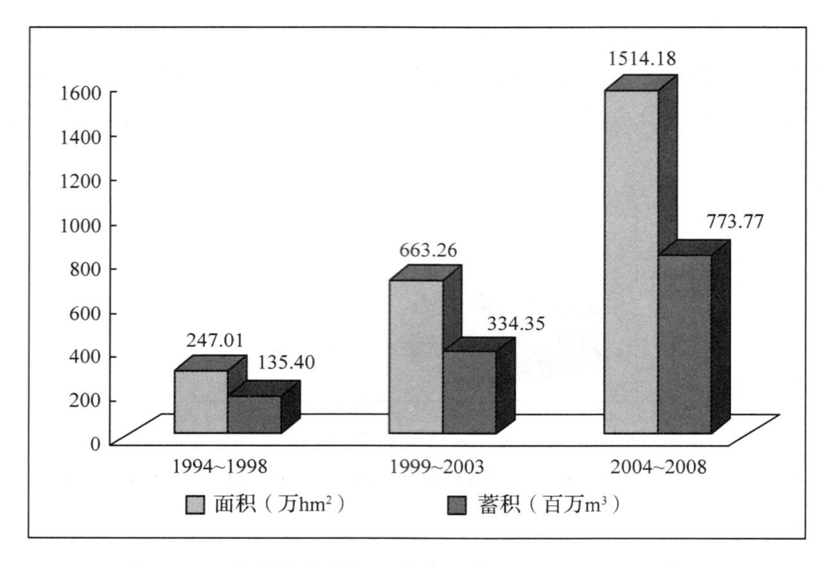

图 14　历次森林清查期间中南华东区公益林面积和蓄积

Fig 14　The South Central China's public welfare forest area and stock volume during all previous forest inventories

(2)目前中南华东区公益林面积和蓄积

目前中南华东区公益林面积和蓄积统计如图 15、图 16 所示。从图中可知，中南华东区公益林面积占全国总面积的 16%，蓄积占全国森林总蓄积的 9%。

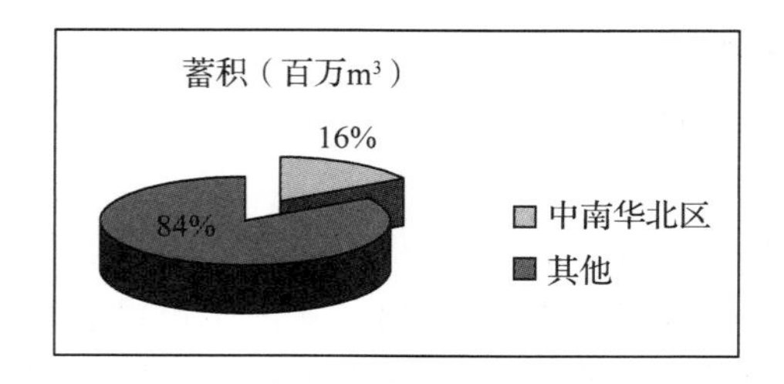

图 15　中南华东区公益林面积比重

Fig 15　The proportion of south central China's public welfare forest area

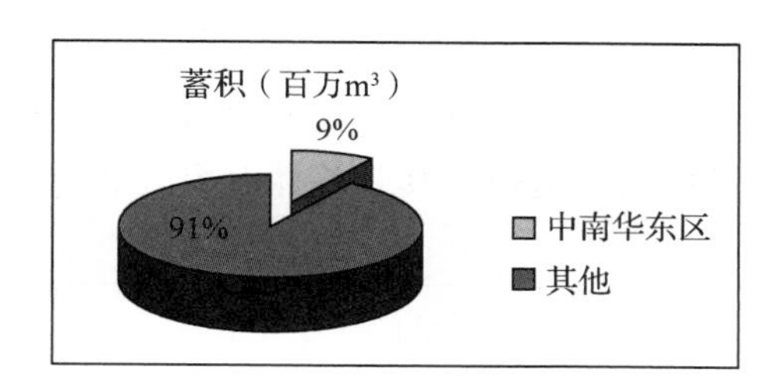

图 16 中南华东区公益林蓄积比重

Fig 16 The proportion of south central China's public welfare forest stock volume

2.4.4 热带沿海区

热带沿海区包括广东、广西、海南3省(区)。

(1)热带沿海区公益林演进情况

热带沿海区公益林演进情况如图17。从图中可以看到，第五次森林清查期间，热带沿海区公益林面积为219.16万hm^2，蓄积为145.93百万m^3。第六次森林清查期间，热带沿海区公益林面积为466.78万hm^2，蓄积为253.73百万m^3(国家林业局森林资源管理司，2005)。第七次森林清查期间，热带沿海区公益林面积为534.24万hm^2，蓄积为344.83百万m^3(国家林业局森林资源管理司，2010)。

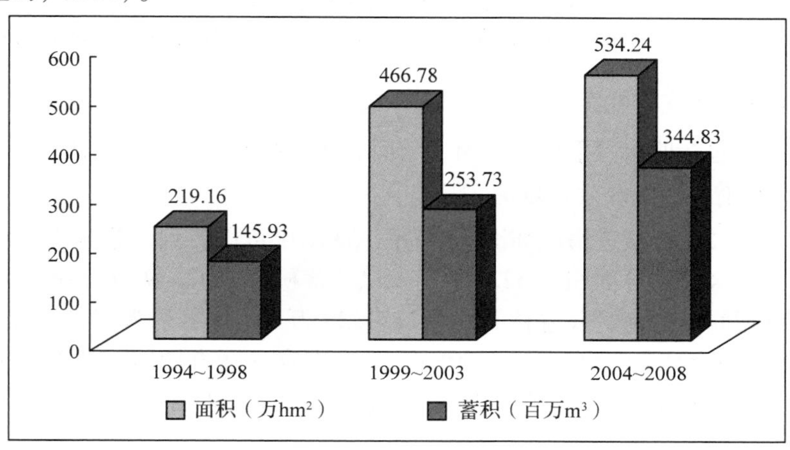

图 17 历次森林清查期间热带沿海区公益林面积和蓄积

Fig 17 The Tropical coastal area's public welfare forest area and stock volume during all previous forest inventories

(2)目前热带沿海区公益林面积和蓄积

目前热带沿海区公益林面积和蓄积统计如图 18、图 19 所示。热带沿海区在生态建设中具有重要的战略地位，其公益林面积占全国总面积的 6%，蓄积占全国总蓄积的 4%。

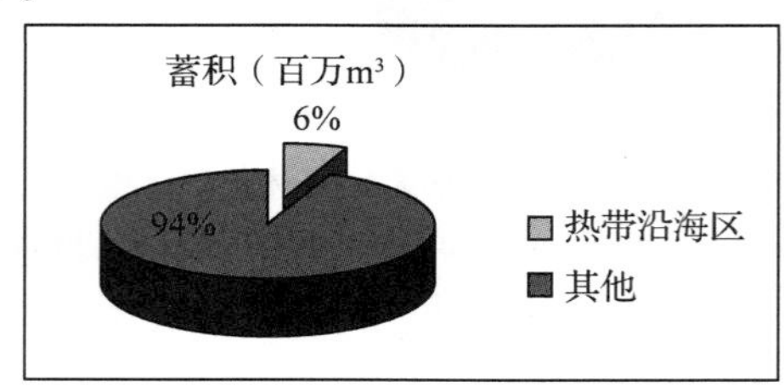

图 18　热带沿海区公益林面积比重

Fig 18　The proportion of Tropical coastal area's public welfare forest area

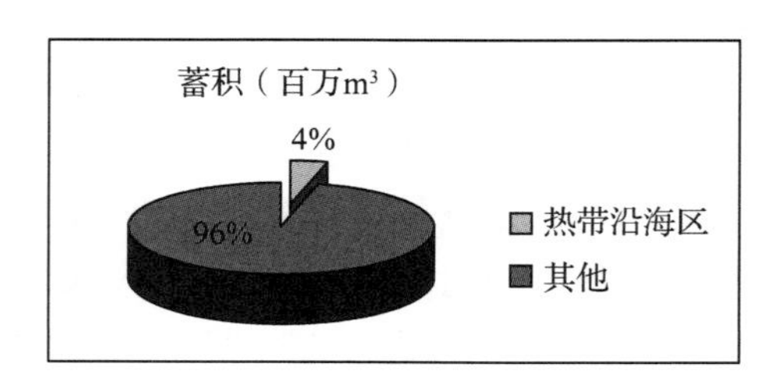

图 19　热带沿海区公益林蓄积比重

Fig 19　The proportion of Tropical coastal area's public welfare forest stock volume

2.4.5　西南区

西南区包括四川、重庆、贵州、云南、西藏东南部各省市及地区。

(1)西南区公益林演进情况

西南区公益林演进情况如图 20 所示。从图中可以看到，第五次森林清查期间，西南区公益林面积为 522.13 万 hm^2，蓄积为 1842.49 百万 m^3。第六次森林清查期间，西南区公益林面积为 2351.29 万 hm^2，蓄积为 3332.7 百万 m^3（国家林业局森林资源管理司，2005）。第七次森林清查期间，西南区公益林面积为 2323.695 万 hm^2，蓄积为 3483.13 百万 m^3（国家林业局森林资源管理司，2010）。

(2)目前西南区公益林面积和蓄积

目前西南区公益林面积和蓄积统计如图 21、图 22 所示。从图中可以看到，

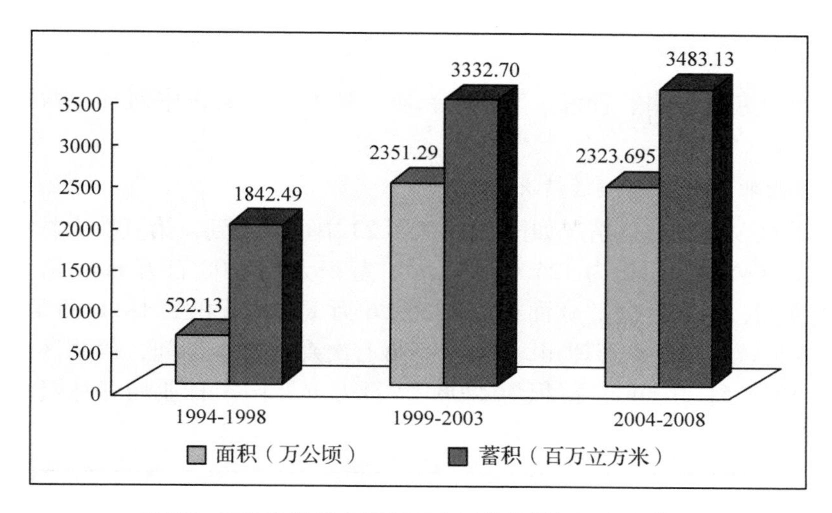

图 20 历次森林清查期间西南区公益林的面积和蓄积

Fig 20 The southwest China's public welfare forest area and stock volume during all previous forest inventories

西南区在生态建设中具有重要的战略地位，其公益林面积占全国总面积的25%，蓄积占全国总蓄积的41%。

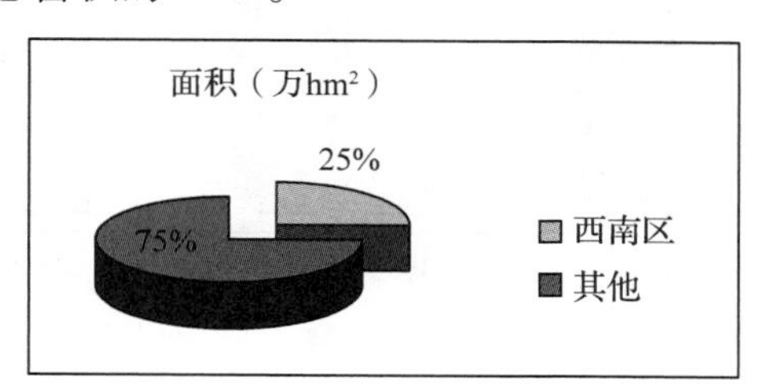

图 21 西南区公益林面积占全国的比重

Fig 21 The proportion of southwest China's public welfare forest area

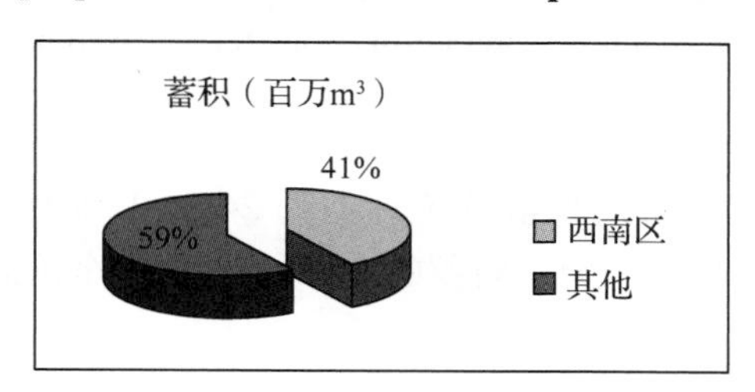

图 22 西南区公益林蓄积占全国的比重

Fig 22 The proportion of southwest China's public welfare forest stock volume

2.4.6 西北区

西北区包括甘肃、青海、宁夏、新疆、陕西、内蒙古中西部、西藏其他地区。

(1)西北区公益林演进情况

西北区公益林演进情况如图23。从图23中可以看到，第五次森林清查期间，西北区公益林面积为125.69万hm^2，蓄积为817.08百万m^3。第六次森林清查期间，西北区公益林面积为1285.96万hm^2，蓄积为1811.33百万m^3(国家林业局森林资源管理司，2005)。第七次森林清查期间，西北区公益林面积为1814.51万hm^2，蓄积为2206.72百万m^3(国家林业局森林资源管理司，2010)。

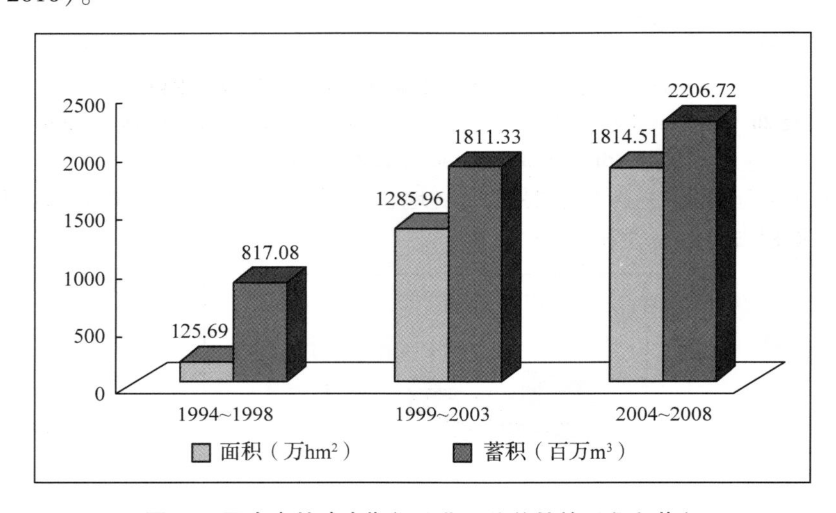

图23 历次森林清查期间西北区公益林的面积和蓄积

Fig 23 The northwest China's public welfare forest area and stock volume during all previous forest inventories

(2)目前西北区公益林面积和蓄积

目前西北区公益林面积和蓄积统计如图24、图25所示。从图中可以看到，西北区公益林面积占全国总面积的19%，蓄积占全国总蓄积的26%。

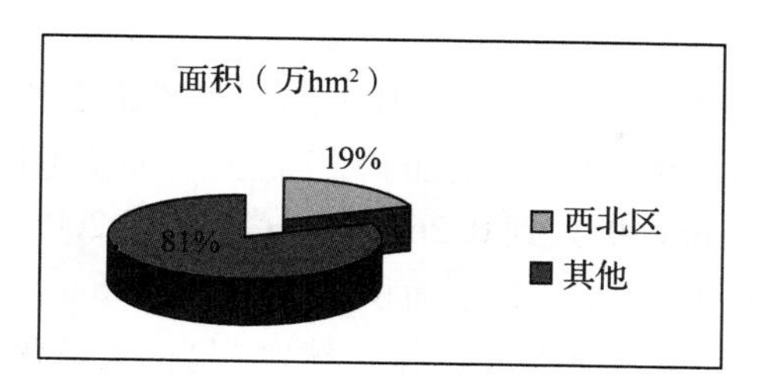

图 24 西北区公益林面积占全国的比重

Fig 24 The proportion of northwest China's public welfare forest area

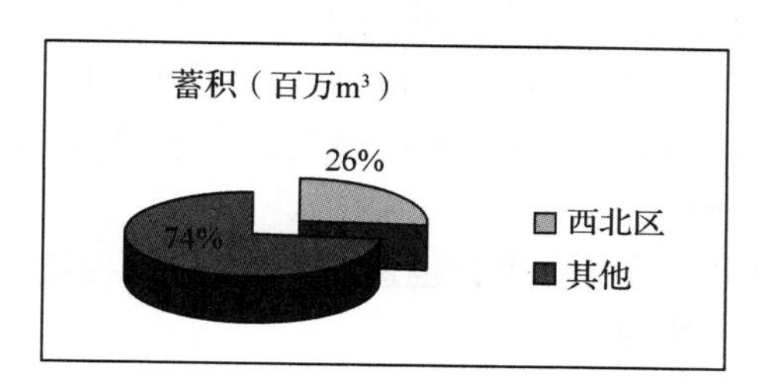

图 25 西北区公益林蓄积占全国的比重

Fig 25 The proportion of northwest China's public welfare forest stock volume

2.5 我国公益林投入情况

由于省级数据收集的困难，这里主要针对国家级公益林投入情况进行分析。我国现行的公益林补偿资金来源包括国家财政投入、地方财政投入以及受益单位补偿等等，并以中央和地方财政补偿为主；受益者补偿作为重要的补偿组成部分，具有广阔的发展前景。

2.5.1 国家财政投入

2000 年，国务院推行了退耕还林还草的决议，长江上游、黄河上中游各有关地区开展退耕还林还草的试点工作，国家无偿向退耕户提供粮食、现金、种苗补助。粮食(原粮)标准为：长江上游地区每年每公顷 2250kg 粮食；黄河中上游地区每年每公顷 1500kg 粮食。现金标准为每年每公顷补助 300 元。粮食与现金补助年限为经济林补助 5 年，生态林补助 8 年。种苗费补助标准按每公顷 750 元计算，直接发给农民自行选择采购种苗(刘丽，2006)。

2001 年，我国森林生态效益补偿制度开始建立。国家财政拿出 10 亿元的森林生态效益补偿基金在全国 11 个省(自治区)的 685 个县(单位)和 24 个国家级自然保护区，对涉及 1333.3 万 hm^2 国家重点公益林进行森林生态效益补助试点(刘丽，2006)。

2004 年，中央森林生态效益补偿基金制度正式确立并在全国范围内全面实施，其补偿基金数额由 10 亿元增加到 20 亿元，补偿范围由 11 个省区扩大到全国，从 0.133 亿 hm^2 扩大到 0.267 亿 hm^2。截至 2006 年，中央森林生态效益补偿基金增加到 30 亿元，补偿面积达到 4000 万 hm^2，占重点公益林总面积的 38.41%，占非天保区重点公益林有林地(包括荒漠化与水土流失区的疏林地和灌木林地)面积的 91.21%(李文华，2006)。

2007 年 4 月，财政部、国家林业局联合出台了新修订的《中央财政森林生态效益补偿基金管理办法》，将享受补偿基金的范围由重点公益林的有林地扩大到了包括有林地、疏林地、灌木林地等在内的重点林公益林地，并调整了补偿基金的支出比重。2001 ~2007 年中央财政共安排森林生态效益补偿基金 133 亿元(刘克勇，2009)。

在 2009 年的中央一号文件中，也进一步提出了要提高中央财政森林生态效益补偿标准(何勇，2009)。

2.5.2 地方财政投入

到目前为止，根据不同地区的经济情况，不同的森林补偿制度已在全国相当一部分省市被建立了起来，从而促进了当地公益林的建设和保护。以下是一些地方通过财政投入进行地方森林生态效益补偿的具体做法：

(1) 广东省财政补偿实践

1994 年，广东省颁布了《广东省森林保护条例》，在全国率先以立法形式决定对全省森林实行生态公益林、商品林分类经营管理，并在《条例》中明确规定，各级人民政府每年从地方财政总支出中安排不低于 1% 的林业资金，其中用于生态公益林建设不少于 30%；由此确立了由政府对生态公益林经营者的经济损失给予补偿的制度(文昌宇，2006)。

1998 年 1 月出台了《广东省生态公益林建设管理和效益补偿办法》，规定："各级人民政府每年财政安排的林业资金中，用于生态公益林建设、保护和管理的资金不少于 30%。省每年安排治理东江、北江、韩江水土流失经费中，用于综合治理水土流失的生物措施经费不少于 25%。省每年从东深供水工程水费收入中安排 1000 万元，用于东江流域水源涵养林建设。东江、西江、北江、韩江等生态公益林建设重点工程，列入省级财政预算内基本建设计划。政府对生态公益林经营者的经济损失给予补偿，省财政对省核定的生态公益林按照每年 37.5 元/hm^2 给予补偿，不足部分由市、县给予补偿"(陈维伟，周润巧，2000)。明确了生态公益林建设资金来源主要是财政预算内拨款和财政预算内的基本建设投资；重点工程按项目进行管理，资金由省财政专项资金和基本建设投资中安排；对经审批确认划定为生态公益林而禁止采伐造成经济损失的生态公益林经营者，由省建立的生态公益林补偿资金中给予安排，这部分全省规划面积为340.13万hm^2，由省财政按每年每公顷37.5元给予补偿，不足部分由市、县给予补足。同年2月，广东省委、省政府召开了林业工作会议，颁布了《关于组织林业第二次创业、优化生态环境、加快林业产业化进程决定》。该《决定》规定省规划的生态公益林骨干工程和重点林业基础设施建设工程改造纳入各级财政预算内基本建设投资计划（广东省会计学会林业分会，1999）。

2000年，广东省生态公益林的补偿标准提高到每公顷60元。2000～2002年，补偿标准提高为每公顷60元。2003～2007年的补偿金提高至每公顷120元，由此全方位、多层次地推进了全省生态屏障建设。广东省2003年颁布了新的《广东省生态公益林效益补偿资金使用管理办法》，明确了用于损失性补偿和综合管护费用的比例、补偿对象和补偿资金的发放形式。2006年，广东省进一步规范生态公益林效益补偿资金的管理，确保补偿对象的经济利益不受损害。至2006年，省财政共拨给补偿资金23.96亿元。补偿范围涉及全省21个地级或以上市、119个县（市、区）、1867个镇（场）、13567个行政村和10个省属林场。受惠林农达到536多万户、2591多万人，并为当地提供了近3.2万个就业机会（广东省会计学会林业分会，1999）。

（2）北京市财政补贴实践

2004年，中共北京市委、北京市人民政府关于加快北京市林业发展的决定标志着北京市开始实施生态公益林管护。2004年12月1日，北京市山区生态林补偿工作全面展开，《北京市山区生态林补偿资金管理暂行办法》规定对60.80万hm^2生态公益林进行财政补助，每年投入补偿资金1.92亿元，以山区公益林所在乡镇为单位，按一定条件配置生态林管护人员，补偿资金由乡镇财政以直补方式发给管护人员。到2007年年底，本市已实施山区集体生态林补偿机制面积620.47hm^2，涉及7个山区县及淀、丰台、顺义3个半山区的103个乡镇（何桂梅等，2011；甘敬，胡涌，2006）。

2006年，北京市园林绿化局实行了严格的封山育林和“五禁”政策，颁布了《北京市人民政府关于建立山区生态林补偿机制的通知》（以下简称《通知》），明确了山区生态林补偿机制的补偿标准为：月人均补偿400元，补偿资金由乡镇财政以“直补”的方式发放。市、区（县）财政部门按照8:2的配套比例积极筹集补偿资金，其中昌平区还把资金配套比例调整为1:1，全部直接补贴给农民。海淀区在市补偿政策的基础上，制定了本区的生态林补偿办法，增加投入5100万元，增加管护人员6383人，管护费每人每月500~1500元（何桂梅等，2011；甘敬，胡涌，2006）。

山区生态林补偿机制实施以来，全市确定46908名管护员，占山区剩余劳动力总数的20.3%。其中，安排低保、低收入人员5063名，选用弃牧护林人员2609名。市财政年投入管护资金2.2亿元，使山区农民年纯收入增加了350多元，直接参加生态林管护的43074户家庭年均增收5100多元（何桂梅等，2011；甘敬，胡涌，2006）。

（3）浙江省财政补贴实践

浙江省的千岛湖及钱塘江上游8个县市区的2万hm^2重点公益林列入国家森林生态效益补助资金试点范围，每年补助75元/hm^2。早在1999年，浙江省就先行在江河源头、重点林区的21个县（市、区）开展了生态公益林建设试点。2001年财政部出台了《森林生态效益补助资金管理办法（暂行）》，明确补助资金用于重点防护林和特种用途林保护和管理费用支出。同年，浙江省财政厅、省林业局制定了《浙江省林业专项扶持资金管理暂行办法》（浙财农字[2001]88号）、《浙江省森林生态效益补助资金管理实施办法（暂行）》，由省财政每年安排5000万元专项资金，对省重点公益林开始实施补助，确定每年补助不低于45元/hm^2（石道金，高鑫，2010）。

2004年，浙江省森林生态效益补偿制度全面启动。2005年1月，浙江省财政厅、林业厅下发的《浙江省森林生态效益补偿基金管理办法（试行）》（浙财农字[2005]6号）规定，重点公益林补偿标准为每年120元/hm^2，并明确省财政（包括中央财政补助）对国家级和省级重点公益林按照不同的森林生态功能区位，分别采取不同的补助标准。其中：对钱塘江瓯江源头及中上游生态脆弱地区、海岛地区等省重点扶持地区县（市、区）每年补助105元/hm^2，省次重点扶持地区县（市、区）每年补助75元/hm^2，其余县（市、区）每年补助60元/hm^2。不足部分由县市财政补足。2006年，省政府决定将重点公益林的补偿标准由原来的每年120元/hm^2提高到150元/hm^2。并规定了省财政（包括中央财政补助）与县（市）地方财政的补偿资金支出比例，对省重点扶持地区、省次重点扶持地区、一般地区，省补助标准为全省最低补偿标准的90%、60%、40%。2007年、2008年重点公益林的补偿标准连年提高，2007年为每年180元/hm^2，2008年提高到每年225元/hm^2（石道金，高鑫，2010）。

（4）福建省财政补贴实践

福建省财政补助主要围绕国家补助范围外的生态公益林展开进行，

2001～2006年的补助额分别是5720万元、3000万元、3400万元、5000万元、6515万元和8015万元。在此期间，对于一级保护的省级公益林每年每公顷补偿支出从2001年的20.25元，提高到2005年的67.5元。此外，省财政计划2007年再增补偿费1500万元。

2.6 我国公益林补偿试点情况

广东省是全国第一个实施公益林生态产品补偿的省份，从1998年开始，广东省核定的生态公益林按37.5元/hm^2·a的标准给予补偿。2000～2002年，补偿标准提高到60元/hm^2·a。1999～2002年，省财政共拨补偿资金7.4亿元，受惠群众达2589.65万人。2003～2007年，对省级生态公益林的补助标准已经提高到120元/hm^2·a(彭芳，2008)。

福建省现有林业用地面积900万hm^2，占全省土地面积的74.2%，全省规划重点生态林经营区林地总面积285万hm^2，占全省林地面积的30.6%(陈兆开等，2008)。

江西省有林地面积946.67万hm^2，活立木蓄积量2.9亿m^3，森林覆盖率为59.7%，全省规划生态公益林总面积466万hm^2，占林业用地面积的44.4%(赵鸣骥等，2001)。

浙江省钱江源头，即新安江库区的8个县(市、区)共20万hm^2重点防护林和特种用途林被列入国家首批森林生态产品补助资金试点范围，按74元/hm^2的标准，每年享受150万元中央财政补助资金。在一定程度上提高了林农从事林业生产的积极性(石道金等，2010)。

河北省承德地区是北京、天津水源林区，每年提供引滦入津水的94.6%的水量。提供密云水库56%的水量，通过自发协商，北京每年财政补偿丰宁县100万元，天津每年财政补偿丰宁县30万元(林玉成，2005)。

陕西省还没有启动森林生态产品补偿实践工作。正处在建章立制、制定财政补贴标准开始阶段。但耀县水利水源部门每年在财政的水资源费总额中提取10%拨交给林业部门，用于营造水源涵养林的补贴(刘璨等，2004)。

四川省的青城山风景区从20世纪80年代中期，市政府决定从门票收入中拿出25%交给林业部，用于防护林防火(刘璨等，2004)。

贵州是南方重点集体林区，全省林业用地866.67万hm^2，目前有林地613.33万hm^2，除5%的国有林外，其余95%都是集体和个体所有。20世纪80年代初，当地农民响应“谁造林、谁受益”的政策，承包荒山，贷款造林。但是1998年国家实行“天然林保护”工程后，划入工程区的林木一律禁止商品性采伐，针对这部分林农的补偿问题，贵州推出了国家“赎买”的办法。贵州全省需要“赎买”的天保工程人工林总计 13.33 万 hm^2。他们计划先安排 3 个县的 1 万 hm^2 林地进行试点工作(彭芳，2008)。

2.7 我国公益林补偿存在的问题

2.7.1 法律制度的缺陷

(1)森林法和物权法虽然对森林资源的所有权、使用权的归属做出明确规定，但未对森林资源所有人、使用人的收益权做出具体保护性规定，也没有明确规定森林生态效益归该森林所有权和使用权人所有。森林法实施条例，虽然规定公益林的经营者有获得森林生态效益补偿的权利，但未具体规定如何主张和实现这一权利(朱凤琴，齐新，2009)。

(2)虽然《森林法》授权国务院对设立森林生态效益补偿基金制定具体的执行办法，但中央政府、地方政府之间存在着事权划分，国务院可以对建立中央森林生态效益补偿制度做出规定，却无法对地方各级政府建立森林生态效益补偿制度做出详细规定。这也就注定，森林法实施条例及关于森林生态效益补偿基金制度的规定存在缺陷。鉴于法律和行政法规缺乏可操作性，即使中央政府相关部门出台规范性文件，也难以建立全国统一的森林生态效益补偿制度(朱凤琴，齐新，2009)。

(3)根据森林的生物特性以及森林生态系统的自然功能，所有的森林都具有释氧固碳，缓解地球温室效益，防止荒漠化，涵养水源，保持水土，防灾减灾，维护生物多样性等生态效益。但是，森林法只将主要提供生态效益的公益林纳入补偿范围，其关于森林生态效益补偿的规定仅限于对防护林和特种用途林；然而用材林、经济林、薪炭林等商品林的生态效益同样无法由该林种的森林直接商业利用所产生的经济效益来弥补(朱凤琴，齐新，2009)。

2.7.2 政策制定的缺陷

(1)生态效益补偿概念界定尚不清楚。生态效益补偿概念的提出已有十多年的时间。当前，对于建立生态效益制度的理论基础与必要性研究相对比较成熟和完善，但在具体工作中难以有效地开展和实施。其主要原因，就是对于生态效益补偿内涵的界定并不清晰，尚未形成统一的认识，这样就会导致生态效益补偿制度的性质、目的以及范围的不确定性和模糊性(李文华等，2006)。

(2)标准过低，无法达到补偿目标，不能反映森林生态效益的价值。现行生态效益补偿补助标准定为 75 元/hm^2 · a，且制定依据不清。据非官方统计数据，若仅考量森林的营造和管护费用，生态林的营造至少需要 3529.5 元/hm^2，而管护费用至少需要 150 元/hm^2 · a。现今森林生态补偿标准明显过低(李文华等，2006）。

（3）补偿标准单一，且均属于静态标准，无法结合动态的经济发展水平。目前，我国森林生态效益补偿采用一刀切的方式，并没有根据实际确定合理的补偿标准体系，缺乏一定的经济适应性和社会公平性。随着经济的发展，人们收入水平普遍提高，农户的补偿却停留在原来固定的经济水平，不具有科学性和公平性。因此，在决定生态补偿资金标准时，必须考虑补偿地区的经济发展水平、生态质量、林分类型、林分质量等，以此来制定不同的标准体系（李文华等，2006）。

（4）市场化手段不足。森林生态补偿的实施不能仅仅依靠政府，还应该采取市场化机制来解决部分生态效益外部性问题。但是，目前学者对森林生态效益补偿市场化机制的研究仍然处于起步阶段，其市场化交易的可行性如何，应采取怎样的交易方式，市场化后可能会造成何种生态影响，应如何制定生态安全准则等研究还比较滞后（李文华等，2006）。

2.7.3 地方执行政策过程中表现的缺陷

（1）湖南试点工作实施时，财政部、国家林业局在《意见》中规定：补助资金中，人员费用不低于补助标准的70%；其他几项支出合计不高于补助标准的30%。管护人员人均管护面积一般为200hm^2。由此可见，目前的资金补助可理解为对公益林管护劳动、管护人员的补助，从某种程度上，这似乎与森林生态效益补偿的初衷不尽相符。

（2）生态补偿的中间环节过多，导致资金的使用效率不高。在国外，美国尽管州、县的相关政府部门也参与了退耕计划的实施，但这些部门主要只行使技术保障和服务的职能，不承担具体的退耕活动，同时不介入补偿资金的分配（郭广荣等，2005）。

（3）地方政府政绩考核体系不够科学完善，林业投入存在滞后效应，当期的投入要在若干年后才能看到效益，这就要求对官员的考核有一个追溯期。然而，现今我国地方政府的考核体系缺乏相应的追溯体制，导致政府执政急功近利，造成了一定的“政绩工程”，导致资源浪费。因此，应建立完善对各级地方政府的政绩考核体系，增加生态环境建设和保护这一社会发展指标，并在整个考核体系中赋予相应的比重。建立绿色政绩考核制度，以此引导地方官员重视生态环境建设，是公益林生态补偿执行中不可回避的重大议题。

3

生态补偿的相关理论

3.1 生态补偿的相关概念

资源枯竭与环境恶化使自然资源的供给与生态环境的服务功能和人类的持续发展要求之间的矛盾日益凸显，越来越多的人开始正视和关注这个问题。作为能够有效解决上述矛盾的方法之一，生态补偿也随之受到社会各界的广泛重视，并成为生态环境与自然资源问题中的重大研究课题（徐芬、时保国，2010）。

3.1.1 生态补偿内涵

目前，国内外并没有对生态补偿的有统一概念。狭义来看，生态补偿系指对人类行为产生的对生态与环境的破坏所给予的补偿，国外称其为生态服务付费；然而，从广义来看，学者们通常从以下几个角度去定义生态补偿。

（1）生态学意义上的生态补偿

生态补偿是指自然生物有机体、种群、群落或生态系统受到干扰时，所表现出来的缓和干扰、调节自身状态，使生存得以维持的能力，或者可以看作生态负荷的还原能力，或者是自然生态系统对由于人类社会、经济活动造成的生态破坏所起的缓冲和补偿。生态学意义上的效益补偿告诉我们，自然环境系统对人类的生产和生活活动所排放出来的废物具有消纳和自净作用。但是，这个自然状态的消纳自净作用是有限的，过程也是缓慢的。为了稳定和保持人类赖以生存的生命支持系统，必定要对生态系统实施人为的补偿活动。人类的补偿活动并不是也不能生产环境容量或者生态系统，而是通过资金和技术投入，建设生态保护的设施和生产符合维持生态平衡要求的产品，控制环境污染和生态破坏的活动（李爱年、彭丽娟，2005；郭升选，2006）。

(2)经济学意义上的生态补偿

生态补偿是通过一定的政策、法律手段实行生态保护外部性的内部化，让生态产品的消费者支付相应费用，生态产品的生产、提供者获得相应报酬；通过制度设计解决好生态产品消费中的“搭便车”现象，激励公共产品的足额提供；通过制度创新解决好生态投资者的合理回报，激励人们从事生态环境保护投资并使生态资本增值。生态补偿就是生态效益的补偿，是通过制度设计来实现对生态产品(服务)提供者所付成本、丧失的机会予以补偿。由于生态产品(服务)的公共性、生产该产品具有外部性，因而其补偿途径为国家补偿与受益者付费两种途径(郭升选，2009)。

(3)法律意义上的生态补偿

所谓的生态效益补偿是指为了保存和恢复生态系统的生态功能或生态价值，在一定的生态功能区，针对特定的生态环境服务功能所进行的补偿，包括直接对生态环境的恢复和综合治理的直接投入以及该生态功能区区域内的居民由于生态环境保护政策丧失发展机会而给予的资金、技术、实物上的补偿、政策上的扶植(郭升选，2009)。

综上所述，生态补偿是一种为保护生态环境和维护、改善或恢复生态系统的服务功能，它调整利益相关者由于保护或破坏生态环境活动产生的环境利益及经济利益分配关系，内化相关活动产生的外部成本或外部收益，从而成为具有经济激励或约束作用的制度安排和运行方式。这种制度安排不仅包括对生态环境破坏者和受益者征税(收费)或对保护生态环境的行为进行经济补偿，而且包括建立有利于生态环境保护、修复和建设的约束机制和激励机制。这也意味着，生态补偿机制是一种经济制度，旨在确立相应的法律法规框架，通过经济、政策和市场等手段，解决一个区域内经济社会发展中生态环境资源的存量、增量问题和改善区域间的非均衡发展问题，逐步达到和体现区域内的平衡和协调发展，从而调动人们从事生态环境保护和建设的积极性，使生态资本增值，生态环境资源永续利用(戴朝霞、黄政，2008)。

3.1.2 生态补偿的理论基础

任何的研究都需要理论基础作为基石，对于生态补偿研究来说，它的理论基础主要有：

(1)外部性理论

外部性理论是外部性问题在生态环境问题的研究过程中必然涉及的理论。通过对外部性问题的探讨，生态补偿使我们找到了一个解决生态环境问题的有效方法。因此，研究中大部分人会从外部性的角度去定义生态补偿，来显示外部性对生态补偿的重要影响。那么，究竟什么是外部性呢？简单来讲，外部性就是指由某种经济活动产生的、存在于市场机制之外的影响。经济活动除了在市场机制内部影响当事双方(卖方和买方)外，还可能会在市场机制外部影响一些旁观者。这些旁观者不会因此得到应有的补偿或付出相应的代价。当一种生产或消费活动对其他生产或消费活动产生不反映在市场价格中的间接效应时，外部性就凸显了出来。因此，如果存在外部性，社会对市场结果的关注会扩大到超出市场中买者与卖者的利益之外，还包括受到影响的旁观者的利益，然而在现实中，消费者与生产者在决定需求或供给时，很少考虑到他们行为的外部效应，所以在存在外部性时生态资源配置与利用很难达到最优状态。就如同庇古所说，社会边际成本收益与私人边际成本收益背离时，不能靠在合约中规定补偿办法予以解决。这就必须依靠外部力量，即政府干预加以解决。当它们不相等时，政府可以通过税收与补贴等经济干预手段使边际税率(边际补贴)等于外部边际成本(边际外部收益)，使外部性内部化。通过征税和补贴，实现私人最优与社会最优的一致。目前，庇古的这种外部性内部化思想已为绝大多数研究生态补偿问题的学者所采用，并由此引出产权清晰理论，提出对生态资源产权界定，内化生态环境的外部性问题(许芬，时保国，2010)。

(2)公共产品理论

公共产品理论解释了环境会被破坏，资源会被过度使用以及政府需要出面来保护生态环境的原因。经济学中，社会产品有公共产品和私人产品之分。公共产品是它能够便宜地向一部分消费者提供，但是一旦该商品向一部分消费者提供，就很难阻止其他人也消费。与私人产品相比，公共产品具有两个基本特征：非竞争性和非排他性。非竞争性产品使每个人都能够得到，而不影响任何个人消费它们的可能性。非排他性产品使所有人都无法被排除在消费之外，其结果是很难或者不可能对使用非排他性产品的人们进行收费，这些非排他性产品能够在不直接付钱的情况下被享用。一般来讲，生态环境及资源具有公共产品的两个基本特征，可以看做是一种生态产品。它的非竞争性让人们只看到眼前利益，过度使用，最终使全体社会成员的利益受损；它的非排他性导致整个生态环境资源保护过程中的生态效益与经济效益脱节，在缺乏有效激励的情况下，很少会有人愿意向生态环境资源保护进行投资，而这种投资却恰恰是整个社会所急需的。因此，要解决好生态环境资源的保护和恢复问题，就必须立足于公共物品理论，建立有效激励措施，使生态产品的受益者付出相应的费用，供给者获得合理的经济回报(许芬，时保国，2010)。

(3)博弈论

博弈论指任何类型的游戏和竞赛里的决策主体在相互对抗中，对抗双方相互依存的一系列策略和行动的过程集合。它的特征表现在有规则，需两人以上参与，每个人的博弈结果都取决于所有参加者的行为，在对博弈对手可能采取的行为进行理智的判断后做出自己最好的选择。博弈论之所以受到诸多经济学家的推崇，在于它能够揭示个人理性与集体理性的矛盾所在，并为促成个人理性与集体理性的统一、实现集体最优提供途径。进行博弈分析的最终目的是运用博弈规划来确定均衡，即所有参与人的最优策略组合。不管博弈各方是合作、竞争、威胁还是暂时让步，博弈论模型的求解目标都是使最终利益最大化，但这种最大化又必须建立在各方都采取各自最好策略的基础上，从而使各方最终达到一个力量均衡，谁也无法通过偏离均衡点而获得更多的利益。也就是说人们都站在自己的角度在充分考虑到他人的可能决策的情况下，做出自己最优的选择，如果竞争各方都按照上述情形做出决策，那么就会使整个的竞争局面获得最大利益，资源得到有效配置，谁也无法改变。当然，这必须建立在竞争各方不相互串通的假设前提之上。生态补偿之所以需要应用博弈论进行分析，正是看到了它对各相关决策主体行为研究的现实指导意义。人们可以通过博弈分析对生态补偿中各利益相关者的行为进行研究，并利用博弈论根据相关受益者和受损者的行为决策，找出其中个体在没有集体价值观约束下产生的个体行为缺乏约束机制，个体缺乏主动合作意愿，个人理性与集体理性相互矛盾的原因，并利用博弈论中的有关理论加以解决和正确引导，使生态补偿中利益各方再次回到均衡状态（许芬，时保国，2010）。

(4)生态资本理论

生态资本理论的核心是将生态环境资源纳入资本范畴的同时从资本角度对生态环境资源展开讨论。随着经济发展方式的转变，人们越来越多地关注生态环境资源具有的生态效益价值，开始将这种价值视为一种基本的生产要素，投入到产业资本循环当中。生态补偿的具体数额也据此通过计算生态环境资源的生态效益价值得到。生态资本理论大体包括以下五方面内容：

①生态资本的具体范围。生态资本主要包括：自然资源总量（可更新的和不可更新的）和环境消纳、转化废物的能力（环境的自净能力）是可以直接进入当前社会生产与再生产过程的自然资源；生态潜力是自然资源（及环境）的质量变化和再生量变化；生态环境质量是指生态系统的水环境质量和大气等各种生态因子为人类生命和社会生产消费所必需的环境资源。

②生态资本的稀缺性。人们的需求是日益扩大的，而自然赋予人们的资源相对是有限的，人类需求的无限性与自然资源有限性的矛盾，环境资源的稀缺性等会随之会体现出来。同时，环境资源的稀缺性还会表现在人口的不断增

长和延续以及环境资源在空间上分布的不均衡。当生态资本与供求联系在一起时，它是具有价格的，而其本身的稀缺性和开发利用的成本决定了它的价格大小。

③生态资本的劳动价值论。地球上的生态系统随着人类活动范围的日益扩大已不再是天然的自然而是人工的自然了，生态环境资源成为人们创造财富的要素之一。因此，生态资本由于人的劳动的参与在某种程度上也凝结了人类无差别的劳动（人类为生态资源的保护和发展所花费的劳动），具有价值和使用价值，也即生态资本的生态效益价值决定于它对人类的有用性。

④生态资本具有双重属性。由于生态资本具有生态效益价值，可以通过参与生产活动带来经济效益而具有资本的一般属性；同时生态资本又因为其自身内涵，具有生态属性，即人们在开发利用生态环境资源时如果要获得最大收益必须遵循生态规律。

⑤生态资本的总经济价值论。总经济价值由两部分组成：使用价值和非使用价值，生态资本的使用价值是直接参与生产，而非使用价值，其中非使用价值又包括选择价值和存在价值。使人们在开发利用自然环境时具有更多选择并切实感受到整个生态系统平衡发展的好处。随着人类对生存环境质量的要求不断提高，生态系统的整体性的重要性越发显现出来，而生态资本的价值也会在经济发展过程当中表现出来。当生态补偿采用生态资本理论之后，人们彻底意识到只向自然索取，而不向自然投资的做法是绝不可行的。

⑥可持续发展理论。可持续发展理论是人类社会发展到一定程度的产物，当生态危机和自然灾害频频爆发，自然资源变得稀缺时，人们开始对以往的传统发展观进行反思。在生存环境日益恶化的威胁下，人们不得不重新审视社会发展与自然环境的关系，探索长久稳定、适宜生存的新的发展模式。作为反思的结果，可持续发展理论不仅为人类日后的发展指明了方向，也为人们进行的生态补偿描绘出了最终目标。可持续发展是指既满足当代人的需要，又不对后代人满足其需要的能力构成危害的发展，突出表现两个方面：一是时间上的可持续性，二是空间上的协调性，通过横向和纵向的持续协调达到打破束缚，改变现状的目的。可持续发展是一项经济和社会发展的长期战略，主要包括生态环境资源的可持续发展、经济的可持续发展和社会的可持续发展三个方面，特别强调经济发展与环境保护是统一的，环境问题与社会经济问题必须一起考虑，并且在经济社会发展中求得解决，实现社会、经济、环境的同步发展；世界上富足的人应当把他们的生活方式控制在生态许可的范围内，并且应当使人口数量和人口增长同生态系统生产潜力的变化协调一致；必须摆脱过去的发展模式，从整体生态系统考虑环境问题，制定协调改善经济发展和环境保护的长

期政策，重视自然资源的合理利用和持续利用，以生态改善来保障可持续发展目标的实现(许芬，时保国，2010；张建肖，安树伟，2009)。

3.2 生态补偿基本要素

对于生态补偿来说，它的基本要素主要包括：补偿支付主体、补偿对象、补偿客体、补偿标准、补偿方式和补偿途径(Silver Bullet，2001)。

3.2.1 补偿支付主体

补偿支付主体也称为补偿提供主体，是指直接提供补偿给补偿对象的单位。补偿支付主体可以是作为公共权力代表的政府，也可以是享受生态服务的一方，还可以是生态环境破坏的一方。作为公权力代表的政府，主要是通过履行政府职能，运用财税等政策筹措补偿资金，再将补偿款项支付给补偿对象，或给补偿对象提供技术支持、优惠政策；作为享受生态服务的一方，主要是运用市场调节的手段，以协议的形式直接将补偿款项支付给补偿对象，作为生态环境破坏的一方，主要是对其破坏环境的行为承担向生态环境权益受损的一方支付生态补偿的责任(Silver Bullet，2001)。

3.2.2 补偿对象

补偿对象是指接受补偿的单位或个人，包括生态环境保护的贡献者和生态环境破坏的受损者。具体来说，一是指从事生态维护建设的单位或农民；二是指生态环境破坏受损的单位或农民；三是指补偿对象没有具体明确或产权关系、权益关系没有完全界定之前，作为公众利益的代表(代理人)而接受补偿的政府(Silver Bullet，2001)。

3.2.3 补偿客体

客体是权利义务指向的对象。就环境维护建设而言，生态系统不仅向社会提供了有形的自然资源物质，而且还向社会提供了无形的、非物质性的生态环境功能性的服务产品。就环境破坏而言，权益受损的不仅包括有形的、物质性环境介质，如大气、水、土地等，而且还包括无形的、非物质性的环境功能性服务。生态补偿支付主体支付资金、技术、政策是因为自己享受了生态服务，或者是因为自己的行为而导致他人享受生态服务的权益受损。因此，生态补偿的客体是生态服务，而不是自然生态系统本身(Silver Bullet，2001)。

3.2.4 补偿标准

标准就是衡量事物的依据或准则。就生态补偿而言，补偿标准就是以什么作为生态补偿的依据或准则。补偿标准的确定主要有四种方法，一是按生态保护者的直接投入或生态破坏的恢复成本计算；二是按直接投入或恢复成本，再加上机会成本计算；三是按生态受益者的获利计算；四是按生态系统服务的价值量计算。由于价值量计算所采用的指标、估算方法没有统一，而且所计算出来的标准远远大于现实的补偿能力，而生态维护建设的直接投入和生态破坏的恢复成本是生态服务得以延续的最基本支出，因此，直接投入或恢复成本是补偿的理论下限值，生态系统服务的价值量则只能作为补偿的理论上限值。在具体补偿时，应根据实际发生的成本或遭受的损失，在综合考虑地区经济发展水平，鼓励生态保护行为的基础上，在上限值和下限值之间选择确定补偿标准（Sara J. Scherrl，2006）。

（1）生态补偿的成本

成本是利益相关者谈判和生态补偿标准制定的基础，是生态补偿项目中损失者的保留效用。生态补偿的成本大体上可划分为直接成本、机会成本和发展成本。当然，并不是所有的生态补偿项目都会发生上述三类成本，这取决于项目的性质。

直接成本 C_d 包括直接投入和直接损失。直接投入的人力、物力和财力是为保护、修复生态环境的花费。森林生态补偿项目中，直接投入包括造林成本、育林成本和管护成本等。直接投入还包括上游为保护流域环境而付出的成本或下游为恢复生态和净化水质而付出的成本。直接损失实现生态服务交易时给当地农民造成的损失或是为纠正生态服务利用的外部性，如库区移民搬家毁坏的房屋、树木等财产，关闭的工厂，淹没的道路或其他基础设施。在计算中，直接投入以现值计算，直接损失则按年限折旧或采用市场重置法估价。对于持续时间长的生态补偿项目，必须考虑通货膨胀所带来的贬值问题。

部分直接成本并不是账面上显而易见的，比如三江源保护区和南水北调中线工程，生态补偿项目要求将部分农牧民外迁（谭秋成，2009）。这些移民搬迁至其他地方后，与原来的文化网络脱离了，他们对新的地区环境是陌生的。他们可能遭受当地人的歧视排挤，需要重新学习当地风俗礼仪，调整自己的行为生活方式。所以，移民的直接损失不仅在物质方面，而且还包括学习成本、心理上的挫折、精神上的失落和孤独感受。

机会成本 C_o 则是由于资源选择不同的用途而产生的。在退耕还林项目中，原来种植农作物的山地、坡地被用于植树种草，机会成本便是农民由此造成的收入损失。机会成本是各国生态补偿主要考虑的因素。20 世纪 30 年代，美国实行保护性休耕计划，列入休耕计划的农地主要按实际地租率进行补偿。目前，欧盟也是根据各类环境保护措施所导致的收益损失来确定补偿标准，然后再根据不同地区的环境条件等因素制定出有差别的区域补偿标准（谭秋成，2009）。

发展成本 C_p 主要是生态保护区为保护生态环境、放弃部分发展权而导致的损失，如水源保护区严格限制加工业、尤其是污染工业发展；自然保护区严禁开采矿产资源，严禁猎取、采挖各种动植物资源等（谭秋成，2009）。发展成本也可能是来自个人方面，其因生态保护而牺牲的发展机会。在传统社会和转型经济中，市场关系、尤其是金融市场并不发达，农民依靠血缘和地缘关系编织的社会网络互助互济，对抗风险，平滑消费，借贷资本，发展生产。当社会上法制不张、政府软弱、缺乏能力来保护居民，这种社会网络甚至成为财产和生命安全的保证。生态移民和库区移民在某种程度上实际割断了这部分农民的社会网络，减弱了他们动用资源的能力，减少了他们的社会资本和发展机会。

由于社会经济环境及市场的复杂性和不确定性，生态保护区的发展成本无法预测。不过，假定劳动力、资本、企业家可以流动，在别的地方或别的行业挣得市场工资、平均利息和利润报酬，生态保护区损失的发展机会就主要体现在税收和政府的公共品提供能力上。通过财政转移支付，使当地居民与周边地区或全省享受同等的教育、医疗、养老、低保、治安等公共服务，发展成本应该能基本上得到弥补。农民个人损失的发展机会则可通过直接收入的方式进行补偿。2006 年颁发的《国务院关于完善大中型水库移民后期扶持政策的意见》提出，库区移民每人每年可获得补助 600 元，扶持年限为 20 年。这可视为对移民损失的社会资本和发展能力进行弥补的尝试（Alex Barbarika，2004）。

(2) 生态收益与补偿标准

生态系统是在没有市场的条件下提供大部分服务的，其价值的计算是需要借助间接的手段，如替代成本、机会成本、影子价格、资产价值、旅行费用、享乐价值、条件价值等。结果，估算出来的价值因选取的方法不同而大不一样。即使是那些生态服务产品有市场价格的，生态系统在其中的真实贡献至今是未知的。生态服务价值评估的确重要，但直接将其作为生态补偿标准将使人产生歧义。因此首先，无论是中央政府、地方政府还是企业，作为生态补偿项目的投入者，其目标无疑是最小化成本；而生态补偿项目中的损失者，无论是地方政府还是农民，其目标无疑是补偿最大化收入。因为利益冲突，两者根本上不可能有一个统一的标准。其次，即使生态服务价值的计算是正确而真实的，它也只能相当于收益，而生态补偿的成本作为投入考虑的，补偿的标准应基于成本而不是收益计算的。

生态补偿标准实际上是收益者和损失者经过讨价还价权衡而达成的。假定一个生态补偿项目的成本，即损失者遭受的损失为 C_T，$C_T = C_d + C_o + C_p$，该项目的收益能准确地计算出来为 R，并且有 $R - C_T = \Delta R > 0$。因为 $\Delta R > 0$，所以该生态补偿项目是值得实施的。ΔR 相当于市场交易中的合作剩余，可以在损失者和收益者之间进行分配，分配的比例取决于两者的谈判能力。假定项目损失者的谈判能力为 λ，$0 \leqslant \lambda \leqslant 1$。相应地，项目收益者的谈判能力为 $1 - \lambda$。最终结果便是，损失者得到支付、即该项目的生态补偿标准为 $S = C_T + \lambda \Delta R$，收益者获得净收益$(1 - \lambda)\Delta R$(谭秋成，2009)。

我们认为，生态补偿项目的实施者应该对该项目的收益有一个估算，尽管这一估算不很精确。可能出现的情况是，项目估算的收益值变动范围很大，R 变得很不确定或者趋于无穷大，ΔR 不得而知。这时，可将生态补偿标准定为 $S = C_T + Z$，Z 为损失者因其具有的谈判力而获得的额外补贴，与 λ 成正比。所以，生态补偿的标准主要取决于损失者的损失 C_T 和谈判力 λ。λ 与政治结构、损失者的组织程度、项目实施者的地位有关。当政策缺乏社会参与、不能反映利益相关者的诉求时，很容易忽视、甚至损害部分成员的利益。这时，由政府实施的生态补偿项目甚至可能出现 $\lambda < 0$ 的情况(Alex Barbarika，2004)。

(3)实际中的生态补偿标准

在天然林保护工程中，生态补偿除育林造林外，主要解决的问题是森工企业人员安置，包括妥善安置富余和分流人员以及解决原有职工的生活问题。国务院还规定，对由于限制采伐、停止采伐而造成还贷困难的森工企业的金融债务予以减免。所以，该项目既考虑了直接成本和机会成本，还考虑了发展成本。

退耕还林工程中，生态补偿的对象包括地方政府和退耕农户两部分。对退耕农户，国家补助粮食、种苗费和管护费；对财政相对困难的地方政府，国家对因退耕还林导致的财政收入损失以转移支付的方式进行补偿。退牧还草工程与退耕还林补偿类似，国家对退牧的牧民在粮食和饲料方面进行补助。退耕还林、退牧还草项目中考虑的主要是农户和牧民的直接成本和机会成本，补偿标准在开始实施时是被农、牧民接受的。但是随着生活水平提高和物价消费水平逐年上升，1999 年定下的补偿标准已无法弥补直接成本和机会成本。

在南水北调中线工程丹江口库区，为保证水质，中央政府投入大量资本兴建污水处理厂和垃圾收集站、开展植树造林和水土流失治理、安置库区移民等。目前，该项目在生态补偿中存在系列问题，突出表现在：①关闭了大量污染企业和从事矿产资源开采的企业，财政转移支付主要用于工人安置和补偿资产损失，没有考虑地方付出的发展成本，如基础设施被破坏，工业发展能力被限制以及水库给当地居民生命、财产带来的风险；②移民的财产损失和机会成本被低估，部分田土山水没有纳入补偿范围，移民心理成本被完全忽视；③由于停建令，移民长期生活在破旧、狭窄的土坯房内，国家关于修路、改水、通电等一系列优惠政策不能享受。最无助、最孱弱、最贫困的库区移民成了南水北调中线工程的损失者，这既违背了帕累托效率原则，也违背了罗尔斯的社会正义原则(谭秋成，2009)。

3.2.5 补偿方式

生态补偿涉及众多领域，比如农业、牧业、林业、资源开采以及工业生产等，具有生态环境保护与建设的方式方法多样化、相关利益主体的多元化等特点。因此，生态补偿的方式相应的也应该多元化。依据不同的标准，可以对生态补偿的不同方式进行区分。

(1)直接补偿和间接补偿

按照与受偿对象的关系的程度、利益补偿的实现形式的不同，可以分为直接补偿和间接补偿。直接补偿又包括资金补偿与实物补偿。资金补偿是通过政府转移支付的形式，按照一定标准，对因生态环境保护与建设而在正当权益上受到损害或者作出贡献的利益群体和个人，以补偿金、赠款、减税、免税、退税、现金补助等形式给予的经济补偿。实物补偿则是以粮食、住房、建筑材料等实物以土地(使用权)等形式给予的经济补偿方式。资金补偿和实物补偿的选择，既应考虑具体的生态环境保护与建设项目本身的特点，也应以方便受偿对象，控制道德风险和降低运行(实施)成本为原则。在实践中，可将两种补偿方式结合起来运用，如我国在退耕还林工程中，采取的做法就是向退耕还林(还草)农户按规定标准提供粮食和现金补贴(即粮款补助)。

间接补偿包括政策补偿和技术补偿。一般来说，政策补偿就是指对受偿者给予优惠政策而不直接给物质补助，即政府依据有关法律法规和政策规定，对生态环境保护与建设中的应该受到补偿的人们提供某些由其专享的经济权利和机会补偿。例如在一定地区内对参与生态环境保护或建设的微观经济主体实行税收减免、低息贷款或贷款担保等财政、信贷支持政策。中央政府授权受偿者所在地区政府在一定范围内，利用制定诸如上述优惠政策的优先权或权限，制定具有创新性和合理性的政策措施，使本地区因生态环境保护与建设而受损或作出贡献的群体获得适当的经济利益补偿。技术补偿则是指中央和地方政府以技术扶持的方式方法，对生态环境保护以及建设者提供相应援助支持。如向受偿者免费提供相关的技术服务、技术咨询和技术指导，或免费培训受偿者以提高他们的生产技术水平、经营管理技能等。当然，政府以优惠政策或技术援助方式，对受偿者给予间接补偿时，受偿者应能从中享受到实实在在的经济利益，政府也会为此付出一定的经济代价（戴朝霞、黄政，2008）。

（2）连续补偿与一次性补偿

依据补偿年限不同，可以分为连续补偿与一次性补偿。由于生态环境的恢复与改善往往是一个逐步渐进的过程，不可能在较短的期限内完成，在生态环境保护与建设项目的实施期间，连续补偿是国家和地方政府对项目实施主体进行。此外，不同生态环境保护和建设项目产生的生态效益在持续时间上也有各不相同的地方，同一个生态环境保护与建设项目在不同的条件下有时也会产生具有不同持续时间的生态效益，正因为如此，在某些条件下对受偿者只需给予一次性的经济补偿，在其他条件下则需要对受偿者进行连续、多次的补偿。当然，在选择生态补偿的具体方法时，应将对生态环境护与建设者或者受损者的激励效果、不同生态效益价值计量的难易程度等考虑在内。

例如，就退耕还林工程而言，由于在退耕地植树、种草后需要在较长时间内进行管护，同时它所产生的生态效益也是持续的，因此，对退耕还林还草农户的经济补偿就宜采取长期、连续、多次的方式，以防有的退耕农户可能中途放弃应承担的管护责任甚至毁林毁草后复耕；对于生态移民这种“被动式”生态环境保护与修复项目，则可在科学测算的基础上，一次性支付生态移民补偿金（戴朝霞，黄政，2008）。

（3）政府主导补偿与市场主导补偿

按照实施补偿的主体和方式不同，可以分为政府主导补偿与市场主导补偿。一方面，政府在生态补偿中起着关键的作用。在我国，主要由政府组织来主持各种大型生态建设项目，并通过征收生态税费、发行国债等组织聚集财政资金，来作为实施生态补偿的重要资金来源（现阶段几乎完全是运用一般性财政资金对受偿者实行经济补偿）。另一方面，如果能创造相应产权能清晰界定的条件，市场机制在生态补偿领域的应用前景也具有较大的潜力。

因此，当相应条件都具备时，可以考虑构建相应的交易市场，以使生态环境保护或建设者同受益者之间、生态环境的损害者（这种损害必须控制在所能允许的生态环境容量或者自我修复能力范围内）同其受损者之间，直接达成补偿协议，从而达到提高生态补偿机制效率的作用，如流域水权交易、排污权交易等(戴朝霞，黄政，2008)。

3.2.6　补偿途径

生态补偿的两种途径主要是通过政府补偿和市场补偿来实现的。政府补偿是指以国家或上级政府为补偿支付主体，以区域、下级政府或农牧民为补偿对象，以国家生态安全、社会稳定、区域协调发展等为目标，以财政补贴、政策倾斜、项目实施、税费改革和人才技术投入等为手段的补偿途径。国家是生态补偿的主要承担者，政府补偿是生态补偿的主要途径，也是比较容易启动的补偿途径。市场补偿就是按照市场机制的运行模式，生态环境受益的一方向生态服务提供者、权益者(或者生态环境破坏的一方向生态服务功能受害者、权益者)，通过市场交易的方式，兑现生态服务的价值(Silver Bullet，2001)。

生态补偿基本要素又称“6Q”要素，着重解决的是六个方面的基本问题。具体来说，补偿支付主体解决的是“由谁补偿的问题”，补偿对象解决的是“补偿给谁的问题”，补偿客体解决的是“为什么补偿的问题”，补偿标准解决的是“补偿多少的问题”，补偿方式解决的是“补偿什么的问题”，补偿途径解决的是“怎么补偿的问题”。生态补偿六个基本要素从不同侧面反映了生态补偿的基本内涵，共同完成生态补偿的全过程，构成生态补偿的统一整体。各基本要素之间互相依存、互相联系、共同发展，不可分割(Silver Bullet，2001)。

3.3　生态补偿构建机制原则

生态补偿机制的构建应遵循一定的指导思想，并贯穿于生态补偿的全过程，同时指导生态补偿机制的具体实施(Sara J. Scherrl，2006)。构建生态补偿机制应遵循以下原则。

3.3.1　环境破坏者和受益者分担补偿原则

生态补偿的补偿主体在理论上主要是生态环境的污染者和破坏者，而生态环境保护的受益者也应当承担相应的生态环境补偿费用，这样既可以将外部不经济性内部化，抑制环境污染破坏行为，又可以将外部经济性内部化，鼓励生态环境保护行为，还可以拓宽生态补偿资金的来源途径(Sara J. Scherrl，2006)。

3.3.2　国家集中收入补偿为主和社会分散补偿为辅的原则

生态补偿应以国家补偿为主，国家通过征收环境税费，将生态补偿资金收入来源集中在国家财政手中。这样，国家可以将聚集起来的生态补偿资金集中用于补偿重点生态建设工程和重点生态保护地区，并通过制定生态恢复计划，统筹安排生态补偿资金，防止生态补偿资金的滥用或挪用导致的资源浪费。国家实行退耕还林和天然林保护工程，如小流域治理工程就是国家集中收入进行补偿的体现。同时，由于目前无法对环境污染者和环境破坏者所造成的环境本身的损失进行准确测算，其治理费用也难以准确确定，很多长期积累、复合作用下产生的生态问题，无法确定补偿者。所以，国家通过集中征收生态补偿费可以实现公平分摊。但是，生态环境保护是一项全民性事业，生态补偿除了以国家补偿为主外，还应当以社会补偿作为补充，通过社会性环境基金组织、环境产权交易、环保企业的有偿服务及地区间的补偿活动，来实现全社会保护生态环境，并减轻国家生态补偿的一定压力（Sara J. Scherrl，2006）。

3.3.3 保护地区和受益地区共同发展原则

发展权和发展机会均等是环境正义的本质要求，生态保护地区和生态受益地区都有一定发展权，所以，生态补偿就是要通过经济补偿来弥补生态环境保护地区因生态保护而丧失的一些发展机会，并优先考虑最不利地区和成员的基本生存权需要，受益地区不能用生态保护来限制生态保护地区的发展。同时只有实现和促进共同发展，才能从根本上恢复和重建生态系统，平衡生态功能，才能走出生态破坏—贫困—生态恶化—更贫困的恶性循环怪圈。这就要求受益地区要扶持保护地区的经济发展，积极帮助保护地区建立替代产业和环境友好型产业（Sara J. Scherrl，2006）。

3.3.4 充分补偿和适当补偿相结合原则

对生态环境的补偿应以生态系统恢复和重建的成本及费用为准，对成本与费用的补偿应是充分补偿。对于丧失发展机会的补偿以及对生态效益的补偿由于难以测算，所要求的补偿数额较大，且补偿资金有限，不可能做到充分补偿的只能采取适当补偿。适当补偿的标准可以经济发展和消费情况为基数，通过协商确定（Sara J. Scherrl，2006）。

3.3.5 生态效益和经济效益相结合原则

生态补偿是为了恢复和重建生态系统，使生态系统具有良好的物质、能量循环功能和自净化功能，并使生态系统保持较高的能量转化率、物质积累率和最大的自净能力，这就是生态效益。而经济效益则要求在保持良好的生态环境的基础上提高环境资源的利用率，使投入和产出达到最大化。所以，在生态补偿中，要用最少的投入换来最大的生态效益，用生态效益更好地为经济效益服务，同时良好的经济效益又为生态补偿提供经济基础，这符合可持续发展的要求（Sara J. Scherrl，2006）。

3.4　生态补偿理论与研究综述

3.4.1　国外生态补偿的理论研究

国外生态补偿的理论研究成果还不成熟，除了一部分零散的研究结论外，相关的仅仅剩下一些西方经济学的基本理论成果。因此，我们首先对西方经济学基本经济理论进行概括，在此基础上对国外生态补偿的理论研究进行综述。相关研究中，人们关于如何解决外部性的探讨已经体现出国外生态补偿的理论研究，其中最具代表性的是英国经济学家庇古和罗纳德科斯的有关理论研究。

(1)经济学中的外部性理论

外部性(Extemality)，是指某个微观经济单位(生产企业或居民)的经济活动对其他微观经济单位所产生的非市场性的影响。对被影响者有利的影响被称为外部经济性(或正外部性)，如国防、发明、堤坝和公园等；反之为外部不经济(或负外部性)，典型的例子就是环境污染(范丹，2007)。

美国学者G. 哈丁(Hardin)在《公地的悲剧》中举出了产生外部不经济性的典型例子。他写道，“假设公共牧地为一般公众自由使用，每个牧民将会尽可能多地在公共牧地上放牧……作为理性人，牧民将以最大化利润为目标，他在畜群中增加一头牲畜，在公地上放牧，那么他所得到的全部直接利益实际上要减去由于公地必须负担多一个牲口所造成整个放牧质量的损失。但是这个牧民不会感到这种损失，因为这一项负担被使用公地的每一个牧民分担了。由此他受到极大的鼓励一再增加牲畜，公地上的其他牧民也这样做。这样，公地由于过度放牧、缺乏保护和水土流失被毁坏了(范丹，2007)。”

1920年，庇古(Pigou)在《福利经济学》中将环境污染作为外部性问题进行了研究，他强调外部因素(环境)对企业的影响通常无法为市场价格所反映，排污所造成的损失是没有计入会计成本的，它是一种外在成本，企业某一经济活动的效益或费用与社会效益或费用的不一致是由环境污染引起边际社会成本(MSC)与边际私人成本(MPC)差异造成的。

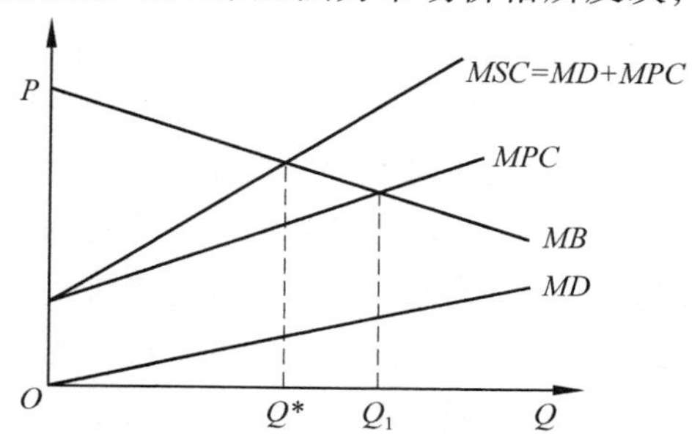

图26　污染的外部性和有效排污水平

Fig 26　Pollution externalities and effective pollution level

具体分析如图26，MB表示企业的边际收益，它随产出的增加而减少，当考虑污染给他人造成的边际损害成本(MD)在内的全部社会成本

(MSC)时，企业的产量在 Q^* 达到均衡；但是企业生产都是以自己利润最大化为目标，所以，MB 与 MPC 交点对应的产量为 Q_1，大于实现资源有效的配置的产出水平 Q^*，说明外部性导致市场失灵(范丹，2007)。

"庇古手段"作为一项环境经济政策，环境问题是通过政府干预来解决的。但是由于政府与企业之间的信息不对称，政府很难收集到有关企业的边际外部成本和边际控制成本等信息，所以征税标准在制定上有一定的难度，在实际中运用也很不顺畅。由此以科斯为代表的产权理论学派顺时产生，提出用私人协商或市场方法来解决外部不经济性问题。

(2)庇古税

①庇古税简介。庇古提出了经典的庇古税理论，庇古税是由福利经济学家庇古所提出的控制环境污染这种负外部性行为的一种经济手段。所谓外部性就是某经济主体的效用函数的自变量中包含了他人的行为，而该经济主体又没有向他人提供报酬或索取补偿(尹红霞，2008)。用函数形式表示就是：$F[\,,j]=F[\,,j](X[\,,1_j],X[\,,2_j]\cdots\cdots,X[\,,n_j],X[\,,m_k])(j\neq k)$。这里，$X[\,,i](i=1,2,\cdots,n,m)$是指经济活动，$j$ 和 k 是指不同的个人(或厂商)。这表明，某个经济主体 j 的福利不仅受到他自己所控制的经济活动 $X[\,,i]$的影响，同时也受到另外经济主体 k 所控制的某一经济活动 $X[\,,m]$的影响，结果就会存在外部性。该理论认为外部性问题的解决可以通过政府以税收等方式要求外部性产生者补偿社会总成本与私人成本之间的差额，实现成本的内部化，避免再次造成社会福利的损失。庇古的观点提出，经济当事人的私人成本与社会成本不相一致是导致市场配置资源失效的原因，从而私人的最优产生的结果是社会的非最优。因此，如何纠正外部性，一般是政府通过征税或者补贴来对经济当事人的私人成本进行矫正。资源配置就达到帕累托最优状态的条件只要政府采取措施使得私人成本和私人利益与相应的社会成本和社会利益相等。解决环境问题的古典教科书的方式是庇古税，属于直接环境税。它按照污染物的排放量或经济活动的危害来确定纳税义务，所以是一种从量税。庇古税的单位税额，应该根据一项经济活动的边际社会成本等于边际效益的均衡点来确定，这时对污染排放的税率就处于最佳水平。生态补偿也正是基于这种思想，并不断得到发展和完善(许芬，时保国，2010)。

②庇古税的意义。庇古税是解决环境问题的古典教科书的方式，属于直接环境税。纳税义务是按照污染物的排放量或经济活动的危害来确定，所以是一种从量税。庇古税的单位税额的确定是根据一项经济活动的边际社会成本等于边际效益的均衡点，这时对污染排放的税率就处于最佳水平。

庇古税的意义在于：首先，通过对污染产品征税，使污染环境的外部成本转化为生产污染产品的内在税收成本，从而降低私人的边际净收益并由此来决定其最终产量。其次，由于征税提高污染产品成本，降低了私人净收益预期，从而减少了产量，减少了污染。第三，庇古税作为一种污染税，虽然是以调节为目的的，但毕竟能提供一部分税收收入，可专项用于环保事业。即使作为一般税收收入，也可以相应减轻全国范围内的税收压力。第四，庇古税会引导生产者不断寻求清洁技术。

③庇古税的作用。庇古税的作用可以使资源达到有效配置，能够导致污染减少然后出现帕累托最优水平。污染者通过权衡保持污染水平所支付的税收和减少污染少交税的方式方法所获的收益，控制成本小于税率，最终达到污染减少，直到二者相等时，达到污染最优水平。这有动态和静态两方面的优势：首先在静态条件下，因为只要有污染就会被征税，企业出于少交税的目的也要控污；其次在动态方面，若税率不变，企业通过技术进步可以减少对未来税收的支付，庇古税这种提供进一步减少污染的动态效率与静态效率一起被认为是与其他方式相比的主要特点(彭志华，2008)。

庇古税对外部的不经济有矫正性的功效。它通过税收的方式对生产和消费中的外部成本进行矫正。使产量和价格在效率的标准上达到均衡，矫正的边际私人成本，使企业认识到在社会层面上的成本。所以又名“矫正性税收”。而作为矫正性税收的另一优势在于，它很好地避免了税收的扭曲性效应。比如个人所得税的税率过高时，人们会以闲暇替代，有奖懒罚勤的副作用，相反，庇古税正是对外部不经济调整为经济，是修正性的，在初衷上就避免了扭曲效应(彭志华，2008)。

在实践中，间接控制方法有征收环境税、提供补贴、发放污染许可证、收取押金。征收环境税与提供补贴相比，是阻止资源流入污染严重的企业而不是鼓励措施；只需确定单位排放量的税金就够了，没有必要再确定污染的基准点；还可以附带得到一笔财政收入。征收环境税与发售污染许可证相比，发售许可证有使许可证膨胀的可能性，存在投机性的因素如炒买炒卖。征收环境税与收取污染押金相比，收取押金的操作比征收环境税要复杂，且范围有很大的局限性。由此可见，征收环境税的确是一个理想的环境保护手段之一。

(3)科斯定理

①科斯定理简介。罗纳德科斯则提出了不同看法，即著名的科斯定律，科斯定理包括三部分内容：一是在交易费用为零的情况下，不管权利如何进行初始配置，当事人之间的谈判都会导致这些财富最大化的安排；二是在交易费用不为零的情况下，不同的权利配置界定会带来不同的资源配置；三是因

为交易费用的存在，不同的权利界定和分配，则会带来不同效益的资源配置，所以产权制度的设置是优化资源配置的基础（达到帕累托最优）（刘召，2010）。产权明晰，而且交易费用为零（或者较小）时，人们可以通过引入市场交易机制来实现外部效应的内部化，进而使外部性问题得到解决。如果产权的界定是适当的，那么，人们就会被迫偿付他们给别人带来的任何外部负效应，而且，市场交易将产生有效率的结果。根据科斯的说法，在生态补偿中，只要生态环境与自然资源的产权界定明确，生态补偿的实现就可以通过市场机制来完成，最后的具体补偿标准和数目则取决于当事双方的讨价还价能力以及相关的污染破坏程度（许芬，2010）。

②科斯定理的经典案例（范丹，2007）。a. 如果养牛者拥有饲养牛的权利，那么他就不应对牛群给邻居农田造成的损害承担责任，而邻居农户则应承受构筑篱笆防止牛群进入农田及相关费用，或者农户选择贿赂养牛者，要求饲养较少的牛。如果贿赂的费用低于修篱笆的费用，这一选择对农夫来说是可行的。贿赂的方法比征税补偿和构筑篱笆的方法都能够带来更直接、更有效率的资源配置。b. 相反，若邻居农户有种植谷物的权利，这时养牛者可以向农户付费要求农户不种谷物或减少耕作面积。此时养牛者只需用向农户支付由于不种植谷物所损失的利润，而不是所有谷物的价值，这种解决办法更为便宜，对资源的使用也就更为有效。

可以看出，无论产权属于养牛者还是农户，如果交易费用为零，他们私人之间的交易能够克服外部效应，实现帕累托最优；还说明，在外部效应问题上，如何分配产权，只决定收入分配，而不影响资源配置结果。

因此，“科斯定理”的完整表述是“在完全竞争条件下，若假定不存在交易费用和收入效应，则无论产权如何分配，在产生外部效应和受外部效应影响的私人之间所达成的自愿协议，将导致同样的资源配置和产品组合”。科斯定理在环境问题上最经典的应用是排污权交易，它是一种不仅能保护环境，还能发展经济，并实现可持续发展的好出路。

庇古税理论和科斯定律虽然出发的角度不同，但都给出了令人信服的解决外部性问题的途径，成为人们通过政府或市场实现生态补偿的重要理论依据。随着时间的推移，外部性理论的发展及其在环境与资源保护领域的应用推动着外部性损害补偿思想与生态补偿思想的形成和发展。在此期间，美国经济学家塞尼卡和陶希格提出的从环境与发展关系方面考虑补偿问题的补偿发展理论和可持续发展理论成为继庇古税理论和科斯定律之后，最能代表国外生态补偿理论研究发展进程的重要理论成果。前者被视为庇古税理论和科斯定律的继承与发扬，而后者则是整个人类社会关于发展的普遍共识。进入20世纪90年代，国外对生态补偿的理论研究重心由宏观讨论转向微观研究，有关补偿主体的行为与选择、补偿的经济原因、补偿的市场化途径以及补偿的具体机制等内容成为这一时期的研究重点。今天，随着计量经济学在世界范围内的广泛应用，具体补偿问题的实证分析成为国外生态补偿理论研究的又一趋势。在此趋势下，不少学者开始对具体区域的生态补偿问题展开讨论，并在指导实践和为政府提供政策建议的研究目的下，产生了不少切实可行的区域补偿理论成果，使国外生态补偿的理论应用水平亦提高不少(许芬，时保国，2010；张建肖，安树伟，2009)。

3.4.2 国内生态补偿的理论研究成果

国内生态补偿的理论研究的起步虽然晚于西方发达国家，但经过几十年发展，还是有一批具有较高学术价值的理论成果涌现出来，为我国生态补偿理论研究的进一步发展打下了夯实的基础。从具体的内容来概括，这些成果主要涉及生态补偿的内涵、机制、标准及实施途径4方面内容，接下来我们对它们做一简要评述。

在生态补偿的内涵研究方面：章铮(1995)提出生态环境补偿费是为控制生态破坏而征收的费用，目的是使外部成本内部化。这一概念以外部性理论为基础，是我国早期生态补偿理论研究的成果之一。毛显强等人(2002) 提出生态补偿是指通过刺激损害(或保护) 行为的主体减少(或增加) 因其行为带来的外部不经济性(或外部经济性)。他们将生态补偿模式归纳为六类，分别是生态补偿费与生态补偿税、生态补偿保证金制度、财政补贴制度、优惠信贷、交易体系和国内外基金，倡导通过收费调整环境损害主体和环境增益主体之间的利益关系。与章铮相比，毛显强等人对生态补偿的认识显然更加深入，虽然二者都是立足于外部性理论，但是毛显强等人还特别明确了补偿主体和补偿对象，细化了生态补偿的模式，为我国生态补偿的理论研究做出重大贡献。粟晏、赖庆奎等(2005) 提出生态补偿是社会矛盾、利益差别、认识分歧的整合器，它可以改变成本收益的动态关系，实现社会公平、公正。他们二人从生态补偿相关各方的利益关系出发，对生态补偿进行定义，和前面的学者相比，他们对生态补偿内涵的研究更加偏向人，在实际操作中也更具指导意义。毛峰、曾香(2006)提出生态补偿是对丧失自我反馈与恢复能力的生态系统进行物质、能量的反哺和调节机能的修复。毛峰、曾香还认为生态系统是具有自我还原能力的，当它遭受破坏时，生态系统会首先进行自我恢复，只有当这种还原能力丧失(或者无法同破坏速度相比) 时，人为保护才会成为必要。因此，生态补偿需要兼顾两方面内容，一是以补偿保环境；二是以补偿促恢复。也就是说，生态补偿不仅要减少当前人们对生态系统的破坏，还要修复过去生态系统丧失的自我还原能力。梁丽娟等人(2006)从博弈论的角度提出生态补偿是为了走出生态囚徒困境的制度安排，通过建立生态补偿的选择性刺激机制，实现区域内的集体理性。他们认为生态补偿应当考虑受益者和受损者的行为选择，通过博弈分析建立机制，引导双方做出保护生态环境的理性选择。

在建立和完善生态补偿机制研究方面：王金南等人(2006) 提出的建立包括西部生态补偿机制、重点生态功能区补偿机制、流域生态补偿机制和要素补偿机制构成的多层次补偿系统。王金南等人认为应当通过建立生态补偿机制来实现有效的补偿，不仅如此，还应当根据地域的不同情况建立相应的补偿机制。要因地制宜，突出重点，有所区别，有所不为，多层次、宽领域地进行补偿实践。

在生态补偿的标准研究方面：洪尚群(2001) 提出生态补偿标准的三个难点在于效益量计算、补偿期限确定和社会心理把握。具体补偿多少应重点考虑三方面内容，首先是生态环境的好转给受益者带来多少收益，给受损者带来多少损失；其次是补偿时间多久为宜，最后是补偿涉及的各相关利益方的心理如何把握。吴晓青(2002)应用生态经济学、环境经济学理论，用受益总量和经济损失二者差值得出受益者应提供的补偿数量，在操作上量化了生态补偿的补偿标准，为后来各地进行的生态补偿计算提供了依据。郑海霞(2006)提出的生态补偿标准是成本估算、生态服务价值增加量、支付意愿、支付能力四个方面的综合，进一步细化了影响生态补偿标准的因素。

在生态补偿的途径方面：李克国等人(2006) 提出建立和完善生态税、资源税，推行绿色税收政策的建议，将中央政府和地方政府作为补偿主体，用税收的方式对受益者进行收费，用转移支付的方式对受损者加以补偿，解决我国生态补偿过程中的资金不足与资金分配问题。

(1) 国外理论研究综述

在国外，“生态补偿”通常指为“生物多样性补偿(Biodiversity Offset)”而进行的“生态服务付费(Payment for Ecological Services; PES)”的过程，这一概念实际上是在生态系统和生物多样性保护之前提下提出的。生物多样性补偿，是一种旨在补偿因为发展活动而造成的生物多样性额外的、无法避免的损害的保护活动，从而能保证不存在生物多样性的净亏损。而“生态服务付费(PES)”，目前并没有一个确切的定义。

国外“生态服务付费”这一概念是一种狭隘意义上的“生态补偿”，是在“付费”行为的基础上而开展的。国外有学者为“生态服务付费(PES)”制定了五个要素标准，即：一种自愿的交易；能够很好地被定义的环境服务（或确保此种服务的土地利用形式）；被（至少一个）需求此种特定环境服务的购买者“购买”；（至少一个）特定环境服务的提供者；特定环境服务的提供者能够确保该环境服务的提供。具体的理论探索研究和实践如下：

①森林生态补偿——国际森林

美国20世纪50年代推行退耕计划，80年代CRP计划：纽约《休伊特立案》；哥斯达黎加补助上游植树造林；哥伦比亚考卡河流域借助植被调节径流量；2002年“Silver Bullet or Fools Gold”探讨森林生态服务交易Alex Barbarika（2004）。

②流域生态补偿——国际流域

澳大利亚基于联邦经济补贴的流域管理（Sara J. Scherrl，2006）；南非扶贫机制的流域生态保护恢复；纽约协商机制的流域生态补偿标准。

③矿产生态补偿——国际矿产

美国基金筹资性质的矿产破坏补偿；德国中央:地方为3:1的矿产破坏生态恢复。

④公共支付生态补偿

美国“保护储备计划”“保护保障计划”规定土地所有者义务、责任（宋红丽，薛惠锋，董会忠，2008）；美国的Pittman Roberson协议，征收枪支税购买野生动物栖息地；墨西哥政府保护森林防止荒漠化行动。

⑤农业生态环境恢复补偿

英国“北约科摩尔斯”农业方案，确定土地补偿标准；瑞士“生态补偿区域计划”将增产与生态保护紧密联系；美国政府1956年“土壤银行计划”，鼓励农场主退耕（吴岚，2007）。

⑥自组织的环境生态补偿

法国毕雷维泰尔矿泉水公司对Rhin Meuse流域奶牛场的补偿；纽约市对应用水源地流域农场主的补偿；厄瓜多尔政府水资源保护基金（Landell MillsN，2002）；哥斯达黎加森林生态环境效益基金FONAFIFO。

（2）国内理论研究综述

在理论研究方面，生态补偿是目前研究的热点和难点问题。近年来，我国不少学者进行了探索性的研究，但大多数的研究内容主要集中在生态补偿的框架、要素、标准、途径等宏观领域。

关于生态补偿的框架。王金南、万军、张惠远（2006）、黄婧（2006）、杨道波（2006）提出了构建我国生态补偿框架的建议。王金南、万军、张惠远

(2006)建议从国家角度出发，建立包括西部生态补偿机制、重点生态功能区补偿机制、流域生态补偿机制和要素补偿机制构成的多层次补偿系统。黄婧认为我国生态补偿应建立重要的生态功能区、大江大河(七大流域)、中小流域、661个城市饮用水源保护区补偿体系。杨道波认为应从建立流域生态补偿入手，建立流域上中下游跨区域调水的生态补偿、上中下游生态环境效益补偿以及下游滞洪区退田还湖的生态补偿等。

关于补偿的要素。梁丽娟、葛颜祥、傅奇蕾认为生态补偿需要解决的三个基本问题包括补偿支付者和接受者的问题、补偿强度的问题和补偿渠道的问题。郑海霞、张陆彪、封志明归纳了生态补偿四个核心问题为流域生态服务补偿的原则、流域生态服务补偿的对象与范围、流域生态服务补偿标准和流域生态服务补偿机制。

关于补偿的标准。目前研究提出的制订补偿标准的方法主要有三种：一是根据提供的生态功能的价值确定补偿标准。如徐琳瑜、杨志峰、帅磊(2006)通过计算水库库区生态服务功能的价值，提出全额补偿标准。二是平衡生态功能提供的价值与机会成本确定补偿标准。葛颜祥、梁丽娟、接玉梅(2007)、张其仔、郭朝先(2006)研究认为应从两个方面来制订补偿标准，即生态补偿主体环境经济行为产生的生态环境效益(生态服务价值)与生态补偿主体环境经济行为的机会成本。具体制订补偿标准可以应用支付愿意等方法确定，如杨光梅、闵庆文、李文华(2009)应用条件价值评估法(CVM)研究补偿标准，认为牧民受偿意愿由牧民养羊数量、受教育年限、草地现状以及对禁牧政策的支持程度决定，应根据牧民受偿意愿进行补偿。也可以应用博弈理论确定补偿标准，梁丽娟、葛颜祥、傅奇蕾(2006)认为保护和补偿的“纳什均衡”是在自觉的保护生态环境意识下形成，补偿标准就是市场机制下生成的交换价值。三是平衡生态功能受益价值与损益价值确定补偿标准。吴晓青、驼正阳、杨春明(2002)使用效益评价法计算出受益者的受益总量，使用收益损失法分析生态建设者因结构调整、经济活动受限等产生的经济损失，将受益者的受益量减去建设者的损失量，进行平均，得出受益者应提供的补偿数量。

关于补偿途径与实施步骤。一是完善资源税或建立生态税。李克国(2006)认为我国的生态补偿政策首先应完善资源税，把征收范围扩大至土地、矿产、森林、草原滩涂、地热、大气、水资源等领域。张其仔、郭朝先(2006)建议以生态税改革为主线，进行系统性的税收改革，建立生态环境建设者受益制度。马国强(2006)认为应建立绿色税收政策，主要包括生态环境补偿税和生态差别税收。二是开征生态环境补偿费。李克国(2006)认为开发、利用生态环境资源应该支付相应的补偿费。徐琳瑜、杨志峰、帅磊(2006)研究厦门市莲花水库工程生态补偿问题，建议政府在城市生活用水水费中加收生态补偿费。三是多渠道补偿。俞海、冯东方(2006)对南水北调中线水源涵养区生态补偿进行了研究，认为应进行多渠道补偿，补偿方式包括实行永久性的粮食补贴政策、开征水资源费和外调水的经济补偿等。四是建立综合补偿机制。李克国(2006)认为应该建立综合补偿机制，即东部地区对西部地区进行补偿，流域间的补偿，下游地区对上游地区的补偿，城市对周边地区的补偿。张其仔、郭朝先(2006)则建议成立区域性环境保护委员会，在流域补偿上引入综合补偿机制，建立双边、多边区域生态补偿基金。刘桂环、张惠远、万军(2006)建议建立流域水权交易政策，探索流域水质水量协议等模式，建立流域补偿机制。

综合上述各方面的研究来看，我国生态补偿的研究还处于起步阶段，框架不清楚，要素不明确，标准不科学，途径难操作。今后一个时期制约我国生态补偿工作的重要因素仍可能是缺乏生态补偿基础理论。

通过上述回顾，不难发现，我国生态补偿的理论研究目前存在着如下问题：过多偏向原理性探讨，对真正能够解决问题的具体地区、流域补偿实践问题研究较少，缺乏具体的经过实践检验的生态补偿技术方法与政策体系；缺乏对生态补偿机制构建的深入探讨，仅在生态补偿机制的理论基础和部分概念上做了研究；观念上倾向于通过政府实现补偿，对市场机制在生态补偿中的具体作用和实现途径研究较少；对国外生态补偿的理论方法借鉴不够，更多地依赖于国内经验；研究成果以政策建议为主，缺乏系统的理论体系；对生态补偿评价体系的研究严重不足，已有成果只是总体概述了评价方法、评价分类和评价内容，缺少在评价体系中定量分析和运用模型，至今仍未形成一套普适的评价指标体系，也没有对不同类型的生态补偿评价体系展开研究；整个理论研究多以宏观定性为主，相对于国外生态补偿，缺少案例支撑的实证分析(许芬，2010；张建肖、安树伟，2009)。

3.5 生态补偿机制

生态补偿项目中存在着极为关键的两方，这就是谁来补偿以及谁应得到补偿。按照“谁使用、谁付费”这一原则，生态环境的使用者应支付补偿资金。相应地，因生态环境过度利用而遭受损失的个人或企业应得到补偿。以矿区生态补偿为例，开采矿产资源的企业是补偿者，而受损的居民、农业生产者、工商企业便是补偿接受者。“谁保护，谁受益”原则和“谁受益，谁付费”原则都强调了生态系统服务的正向外部性，认为保护生态环境的个人或企业应得到补偿，而享受生态系统服务的个人或群体应支付补偿资金(谭秋成，2009)。

然而，已有的生态补偿原则是不完整的。因为这些不完整的原则主要针对的是生态系统服务的外部性、跨区占用和交易等引发的利益冲突，他们没有考虑自然资本和人造资本如何最优配置的难题，也没有考虑如何保证生态系统服务分配的代际公平难题。也不会有人因个人利益而关心自然资本与人造资本的最优配置。而后代人在关于生态系统服务的代际分配中，注定是缺位的。

在生态补偿中，即使根据已有的生态补偿原则确定了谁来补偿和谁应得到补偿，将权利、责任、义务落实到具体个人时，仍然存在着甄别的困难。以水资源为例，根据“谁保护，谁受益”原则，对保护一条河流水质的个人和企业应进行补偿。然而，一个流域涉及数以万计甚至数以亿计的居民。这时，要分清楚每家每户在涵养水源、保持水土、减少农药等化学污染方面的贡献是不可能的。结果，谁应得到多少补偿往往是不清楚的。再以森林在释放氧气、固定 CO_2 的作用为例。根据“谁受益，谁付费”原则，享受了森林净化空气这一生态服务的人群应给森林所有者或经营者补偿。然而，每个享受了森林生态服务的人到底呼吸了多少新鲜 O_2 实际上是不知道的(李团民，2010)。

3.5.1 政府补偿

在适用于“谁使用、谁付费”原则的生态补偿项目中，使用者和受损者地位相差悬殊，使用者可以是经济实力雄厚的矿业开采公司或工商企业，而受损者可以是普通的居民或农民。应该提供补偿的一方可以凭借其政治和经济强势忽视受损者利益，不会履行补偿责任。而且，普通居民或农民通常人数占大多数，而且居住分散，难以组织起来与生态环境使用者进行谈判活动。在“谁保护，谁受益”和“谁受益，谁付费”原则基础上的生态补偿项目同样存在着因交易成本过高而补偿难以付诸实践的问题。因为首先，生态系统服务是以总体的形式被消费的，度量那些保护和维持生态系统的个人在其中做出的贡献难以实现的。结果，因补偿标准不一致而产生分歧在接受补偿者内部可能产生。其次，生态系统服务是流动的，这些服务流经的区域、在一定范围内有多少量等方面的数据往往不易采集、不能准确得知。于是，享受了生态服务的群体可能不会承认自己受益的事实，不愿意提供相应的补偿资金。第三，以水源地保护和森林净化空气为例，无论是生态服务的维护方还是生态服务的享受方，都是一个庞大的群体。不仅难以组织，而且很难在谁来支付、支付多少、谁该得到补偿、补偿标准等方面达成一致(谭秋成，2009)。

生态补偿中存在的高额交易成本可通过政府协调来得以降低。政府利用权威可以消除组织过程中的搭便车现象；利用行政命令可以避免补偿过程中的讨价还价和要挟行为；利用税收和财政转移支付手段可以解决补偿资金和偏好隐瞒问题。政府还是公正的代表，通过法律和行政管制保护弱者的相关利益。政府节省交易成本的优势使得其成为生态补偿的重要推动者，尽管政府本身没有独立的利益。

中央政府被当作全局利益和民族长远利益的代表，主要解决生态系统服务的代际分配以及问题生态补偿中的自然资本和人造资本最优配置。其中包括对气候具有重要调节功能的森林带、草原、草地、湿地、湖泊的修复和维持；对一些珍稀物种生存地区和生物多样性地带的保护；对生态系统相对脆弱的荒漠、干旱、半干旱地区的维修和保护；对跨越多个地区的大型流域的水质进行保护并组织协调地区之间的用水量等。除了这些之外，对于贫困地区的生态补偿问题，虽然受益者主要是当地居民而不是全国，但由于这些地区财政收入比较有限，中央政府考虑到维持社会公平的职责，有必要对这些项目进行相应的财政转移支付。最后，中央政府代表国家参与国际合作，与其他国家协商解决区域之间及国际上的生态环境问题。

除中央政府外，我国还有 31 个省级(不包括台湾、香港、澳门)、2860 个县级、41040 个乡镇政府。显然，每一级地方政府首先负责解决那些生态环境使用者和受损者、或生态环境保护者和受益者都在本辖区内的生态补偿问题。当使用者和受损者、或保护者和受益者不在同一辖区时，相邻的地方政府就需要合作，协商解决补偿标准、补偿范围等问题。此外，地方政府还须协助上级或中央政府解决区域性和全国性的生态补偿问题(谭秋成，2009)。

目前，我国存在一系列重大生态建设工程，如退耕还林(草) 工程、天然林保护工程，退牧还草工程、三北防护林体系建设工程、京津风沙源治理工程等，这些都是由中央政府负责规划发起和施工的。这些项目涉及的地区区域广、投资总量大、建设期限较长，投资主要资金来源于中央财政资金和国债资金。在财政部制定的《2003 年政府预算收支科目》中，与生态环境保护相关的支出项目大约 30 项，其中具有显著生态补偿特色的支出项目，如退耕还林、沙漠化防治、治沙贷款贴息等，占整个支出项目的 1/3 以上。此外，中央政府各部门，如国土、林业、水利、农业、环保等都制定和实施了一系列计划，建立了专项资金，对有利于生态保护和建设的行为进行资金补贴和技术扶助，如农村新能源建设、生态公益林补偿、水土保持补贴和农田保护等。1999 年，农业部制定了《农村沼气建设国债项目管理办法(试行)》，规定对农村沼气建设项目进行补贴。林业部门建立了森林生态效益补偿基金。水利部门联合财政部门制定了《小型农田水利和水土保持补助费管理规定》(财农字

[1998]402 号），将"小型农田水利和水土保持补助费"的专项资金纳入国家预算，用于补贴、扶持农村发展小型农田水利、防治水土流失、建设小水电站和抗旱等(谭秋成，2009)。

随着社会和经济发展，生态服务跨区占用和交易的现象越来越突出，居民对生态环境的要求也越来越高，越来越多的地方政府开始了生态补偿实践。2004 年，浙江省颁布了《浙江省生态建设财政激励机制暂行办法》，将生态建设作为地方政府财政补偿和激励的主要根据，并把生态功能区作为发放补助的重点地区。该办法具体提出了各项生态建设项目和工程的补偿支持力度，结合生态建设责任目标考核，将生态补偿、政府绩效和生态建设联系起来。广东省目前也开始编制《广东省环境保护规划》。该规划将生态补偿作为调整区域发展的重要措施，准备采取积极的财政政策，补偿山区的生态环境保护问题。除财政补助外，地方政府还将采取税收优惠、扶贫和发展援助作为生态补偿的重要辅助方式方法。以异地开发的"金磐"模式为例。为了避免流域上游地区发展工业造成下游严重的污染问题，浙江省金华市建立了金磐扶贫经济开发区，作为该市水源涵养区磐安县的生产用地，并在政策与基础设施方面给予积极政策，以此弥补上游经济发展带来的损失。2003 年，该区工业产值 5 亿元，实现利税 5000 万元，利税占磐安县财政收入的 40%。

总体上看，中央和地方政府在生态补偿项目分工上是合理的。中央政府主要负责具有全局利益和长远利益的生态补偿项目，并根据公平原则支持贫困地区的生态环境治理、修复和维护；地方政府则主要负责那些生态服务由辖区内居民享受的生态补偿项目，如公益林营造和维护、水源地保护等。然而，也有部分由中央政府负责的项目的实际得益者是少数地区而不是全体居民，这些项目由中央财政支持便偏离了财政分配的公平原则。以南水北调中线工程为例，调水目的主要在于缓解北京、天津等省市的生产生活用水紧张局面，该项目应该由受益的省市而不是中央政府来投资。与之相似的有京津风沙源治理工程。再以退耕还林项目为例，该项目涉及流域多个区域，由中央政府负责实施更容易协调各地区之间的关系，但补偿资金全部由中央财政支付则不合理，因为下游地区从项目中得益更多，应该分摊更大一部分补偿资金(李团民，2010)。

3.5.2 市场补偿

由政府来负责生态补偿能减少讨价还价和搭便车行为，从而降低交易成本。但是，由于激励不足及监督成本很高，我国生态补偿实施过程中存在大量低效率的行为。突出表现在：①部门分割，项目管理多头，资金使用分散。

生态保护涉及林业、农业、水利、国土、环保等部门，这些部门负责生态保护政策的制定和执行，政府主导的生态补偿实际上成为部门主导的生态补偿。由于部门之间利益不相一致，项目资金被分散使用，项目监督上则相互推委。②由于政府缺乏足够的人力和物力对生态补偿项目进行监督和评估，结果生态补偿项目成为个人或小集体谋取利益的手段。以退耕还林为例，部分地方政府操纵退耕还林政策，以各种方式套取财政资金，如虚报退耕还林面积，以经济林冒充生态林，将农户应得的补偿资金据为己有等等(谭秋成，2010)。邢祖礼在四川内江地区的案例调查表明，2005 年，当地退耕还林项目的租金规模估计为 2404 万～3424 万元，平均寻租比率达 44.5 %。③为节省讨价还价成本，政府补偿项目的补偿标准常采用“一刀切”的方式。如在退耕还林项目中，全国仅分南方和北方两个补偿标准，补偿只重视数量，而对林相、森林覆盖率、森林结构等重要生态指标未加考虑。这样的补偿方式导致一部分地区补偿过多、另一部分地区补偿太低或者没有补偿的不公平现象(谭秋成，2010)。

因此，有必要在生态补偿中引入市场交易。生态补偿中的市场交易是指，通过市场调节促使生态服务的外部性内部化。目前，在生态环境保护方面，市场手段主要包括税收、一对一的市场交易、可配额的市场交易、生态标志和协商谈判机制等五种。通过税收杠杆保护资源、维护生态直到最近才提上议事日程。1999 年，我国对进口原木和锯木免征关税。这无疑有利于增加国内市场木材供给，保护我国森林资源。2006 年 4 月，我国对实木地板、实木指接地板、实木复合地板在生产环节上征收 5 % 的消费税，这有利于减少木材消费。一对一的市场交易主要发生在水资源领域，如浙江省义乌和东阳及浙江慈溪和绍兴的水权交易；宁夏青铜峡河东灌区和河西灌区进行节水改造，把节约的水量有偿转让给大坝电厂(三期)和马莲台电厂等。生态建设配额交易预计将在森林资源保护和能源领域出现。生态标志制度在国际上被广泛采用，可以作为生态功能区和流域生态补偿的一种创新政策工具加以应用，但目前在我国还没有起步(李团民，2010)。

3.5.3　社区补偿

生态系统服务可能局限在某一特定区域内或者范围内，由社区内部成员共同享有，如公共池塘、水库、草地、森林等。这些提供服务的生态资源由于对每一个社区成员都很重要而没有私有化，成为了共有资源。在共有产权中，使用者的资格由社区身份确定。共有产权有别于公共产权。首先，共有产权排除了社区外部成员对该资源的使用权和收益权；其次，为了防止内部成员掠夺性利用而导致公地悲剧，社区制定了相关的规定，是关于如何使用共有资源的规则。

对于竞争性共有资源，如用于灌溉的水、用于放牧的草地等，一个成员的使用将减少其他成员的使用量，从而导致资源利用上的外部性。然而，与工厂污染产生的外部性不同，由于共有产权中所有成员资格平等，其资源使用上的外部性是双向的，即每个成员集收益者与损失者于一身。不同成员在偏好、生产条件、技术水平、收入结构方面存在差异，对共有资源的需求并不相同。于是，成员内部可就资源使用权进行交易，以提高生态服务的利用效率。在流动性弱、成员资格相对稳定的社区，与生态服务交易的可能是其他方面的物质利益或共有资源跨年度的使用权(李团民，2010)。

3.6 生态补偿的政策路径选择

3.6.1 政策路径选择

生态补偿的核心问题是将自然资源利用以及生态环境保护或损害的外部性问题进行内部化。但是，许多经济学者认为“外部性”概念的意义不甚明确，对外部性理论存在一定的争论。对外部性的不同认识和理解决定了生态补偿具有不同的政策选择方向。在理论上，生态补偿政策可以有两种截然不同的路径选择：“庇古税”路径和“产权”路径。

庇古税路径强调政府在生态补偿政策中具有干预作用，即通过政府补贴或征税手段对保护者和受损者予以补偿或赔偿，把生态保护或破坏中的外部性问题进行内部化。在现实的政策规划中，特别是在解决正外部性的生态补偿政策中，外部收益很难直接进行定量化或货币化。可以从成本弥补的角度来考虑如何代替对外部收益的补贴，包括生态建设和保护的额外成本和发展机会成本的损失等。

在庇古税理论中，外部性一般被认为是单向的，而且可以通过政府干预最终得到消除。以科斯为代表的新制度经济学家从新的视角和方法对外部性的认识进行了扩展，对庇古税理论进行了一定的批判，提出了解决外部性的新的政策途径，即在一定条件下，解决外部性问题可以用市场交易或自愿协商的方式来代替政府采取的庇古税手段，政府的责任是界定和保护产权。

庇古税理论和科斯的交易成本理论对于生态补偿具有强烈的政策内涵。在实际的生态补偿政策路径筛选中，不同的政策途径在不同的环境下具有不同的适用条件和范围，要根据生态补偿问题所涉及的公共物品的具体属性以及产权的明晰程度来进行细分。如果通过政府调节的边际交易费用低于自愿协商的边际交易费用，宜采用庇古税途径，通过政府干预将外部性内部化；反之，则采取市场交易和自愿协商的方法较为合适；如果二者相等，则两种途径具有等价性(谭秋成，2009)。

3.6.2 生态补偿政策的总体思路与逻辑

根据上述分析，按照生态补偿问题的不同的公共物品的属性以及政策选择路径，可以构架如下的政策思路：

第一，国家首先要界定产权，做好“初始权利的分配与界定”工作。全国重要生态功能区的划分就是一种初始权利的分配与界定，其核心内容是哪些区域属于国家层次的生态环境保护问题，属于为全民提供生态服务功能的，是严格禁止开发的；哪些区域属于限制开发；哪些区域可以优先开发等等。在此基础上，才能够进一步确定哪些问题需要国家的政策干预，哪些问题由利益主体自行协商或市场交易。

第二，对于属于纯粹公共物品的生态补偿类型，国家是这种公共利益或者受益主体的代理人，必须由国家来承担补偿的责任和义务，通过公共财政和补贴政策激励这种生态产品和服务的提供。当然，补贴政策可以有不同的表现和实施形式，但核心应该是国家公共财政支持。这种类型的补偿方应是国家或中央政府，被补偿方应是在这些领域实施保护的政府、社区和居民。

第三，对于属于共同资源的生态补偿类型，可采取中央政府协调监督下的生态保护或损害利益主体的协商谈判这种思路。对于较接近于纯粹公共物品的共同资源，国家应担负主要的补偿责任；对于接近于俱乐部产品，其利益主体较为明确的共同资源，如江西—广东的东江源保护，南水北调工程水源涵养等，应主要由当事方担负主要责任。在当前权利义务关系界定尚不完善、市场机制还未完全建立的情况下，中央政府的干预力度应强化；在产权界定比较明确、市场经济程度较高的情况下，可逐步侧重于自愿协商的解决途径。

第四，对属于俱乐部产品或者地方性公共物品的生态补偿类型，可由地方政府来解决，中央政府的职能是宏观法律和制度的约束，而非具体的公共财政支持。地方政府可按公共物品的属性对区域内的生态补偿类型进行划分，采取相应的政策手段和制度安排。

第五，对属于准私人物品的矿产资源开发生态补偿类型，其中的损害方和受损方的关系较为明确，主要是代理国家行使权利的开发企业和当地政府、社区和居民的利益关系，问题的规模和影响都是区域性和局部的，并不涉及生态保护的全局。国家在该领域的重点是调整矿产资源开发的利益分配关系，确立开发企业和当地政府、社区以及居民的平等的谈判协商地位，生态补偿主要通过他们的自愿协商来解决(谭秋成，2009)。

3.7 生态补偿理论研究的发展趋势

生态补偿是调节社会公平公正、构建和谐社会和实现人与自然和谐相处的重要手段，已成为当前学术界研究的前沿领域之一。就现阶段而言，生态补偿研究有如下方面的发展趋势：

①理论研究逐步深入。理论方面主要概括为资源的公共物品属性理论、生态环境资源的有偿使用理论和外部成本内部化理论，这些理论研究的逐步深入，为有效解决生态保护和建设、生态效益共享以及区域和谐发展等问题奠定了坚实的基础。

②从理论研究逐步向建立生态补偿机制实践方向发展。根据“谁受益谁补偿”的原则初步进行补偿标准的计算，通过补偿行为的研究，明确补偿的主客体，在如何实现补偿与补偿基金的管理和使用方面建立一定的机制，形成制度。

③从定性研究为主向定量测算方向发展。过去对生态补偿研究主要是定性说明，定量确定补偿标准和计算比较少，对于补偿的主客体来说在具体操作中不易实现。现在，很多研究正从定性分析向定量计算转变，且研究计算的方法逐渐完善(张炳，2008)。

④生态补偿的研究范围不断扩大。以往多注重对局部的生态补偿问题进行研究，现在呈现出以流域或区域的生态补偿为基础，向全流域或大区域生态补偿发展的趋势。

⑤进一步加强对生态补偿关键问题的科学研究，诸如生态补偿政策的实施范围、生态补偿标准、补偿资金来源与使用等问题，已取得初步成效。

⑥补偿政策的技术保障体系进一步建立。生态补偿政策涉及许多技术问题，如环境效益的计算、环境资源的核算等，随着环境科技的不断进步，影响生态补偿的技术问题将得到解决，实施生态补偿的技术基础会越来越牢固(俞海、任勇，2008)。

⑦生态补偿的法律基础研究不断深入，生态补偿的立法工作逐步开展。需要加强生态保护立法，为建立生态环境补偿机制提供法律依据。同时，需要制定专项的生态保护立法，对自然资源开发与管理、生态环境保护与建设、生态环境投入与补偿方针、政策、制度和措施进行统一的规定和协调，以保证生态补偿机制的建立。

⑧对选择生态补偿的方式的研究走向深入。政府和市场两种补偿方式各

有优缺点，两种补偿方式相结合，使二者相互补充，既体现政府补偿的主导性，又具有市场补偿的灵活性，将有利于建立和完善我国特色的生态补偿机制。

3.8 推动生态补偿理论的实践创新

生态环境资本是一个国家的发展基础，生态补偿与区域经济的发展并不是矛盾的，而是内在统一的。人类社会的发展已证明生态环境破坏所造成的经济损失远大于同一个阶段发展所带来的经济收益。生态系统受到严重破坏，造成积重难返，巨资治理而效果甚微。我国对不同区域进行的主体功能区规划就是以环境和资源保护的可持续发展为立足点，是一项政策引导性战略规划，而如何能在保持经济发展的同时保持可持续发展、区域均衡发展，必然与生态补偿理论与方法的确立以及生态补偿的标准、补偿的方法和途径的确定有着密不可分的关系。生态补偿理论和方法的确立应注意以下几点：

3.8.1 区分生态服务价值与生态补偿标准的差异

生态系统服务功能和资源价值的量化确定，是整个生态补偿体系的基础，也是生态经济学理论到实证研究的基础。但由于生态系统服务功能和资源价值的量化的复杂性，使得现阶段以此来确定的生态补偿的标准和总量不科学，也不成熟。生态补偿应从被补偿区域的生态环境资源、经济发展现状及居民结构及生活方式入手，生态补偿测算的依据和标准应当是生态保护区“经济人”的经济发展机会成本，从经济地理的角度对区域发展进行研究。

3.8.2 将现行生态建设与生态补偿机制在观念上进行区分

我国实施的生态建设工程主要目的是建设和保护自然生态系统，这些生态工程的出发点和落脚点均是对现在的生态环境的持续保护或针对持续恶化的生态环境进行的补救，并不是对生态保护区区域内人民或者地区社会经济发展机会受限、受损所付出代价的弥补。但如果把生态建设投入等同或者代替生态补偿就等于没有补偿，是对生态保护区人生存权和发展权的忽视和蔑视，生态补偿也无法发挥其真正的作用。

我国将国土空间划分为4类主体功能区，生态功能区属于限制或禁止开发区，但生态功能区完全依靠来自于国家生态补偿款或者项目来支撑功能区经济社会发展的这种认识，不符合我国的现阶段国情，也不符合生态保护区发展的现实要求。因此生态保护区应借生态补偿款或者项目来引导建立生态保护区内利益相关者之间的利益调节机制和地区社会经济发展，为区域可持续发展进行前瞻性建设(刘玉龙，阮本清，张春玲，许凤冉，2006)。

近年来，随着人口规模的持续膨胀和生产力的快速发展，自然资源、生态环境与可持续发展之间的矛盾日益凸显，生态补偿问题随之日益受到社会各界的广泛重视，并成为自然资源和生态系统管理研究及社会实践亟待解决的问题之一。北美和西欧等发达国家早已开展了广泛、深入的生态补偿理论和实践研究，在补偿规划、补偿标准制定、补偿管理及实施操作上积累了丰富的经验，相比之下，我国的生态补偿理论研究与实践尚处于初步探索阶段。综述国内外生态补偿理论和研究成果，对建立和完善我国的生态补偿机制，提高我国生态补偿的效力、效果都是十分必要的。

3.9 生态补偿理论小结

生态补偿已经在世界范围内广泛开展，无论是在理论基础研究，还是价值化研究方面，国内外学者都提出了有益的建议，这对于促进生态服务市场化、为生态建设筹资、改善生态质量、增强人们的生态保护意识等起到重要作用，并积累了不少经验。然而生态补偿仍停留在个案研究水平上，理论探讨和实际应用之间还有不小的距离，尚未形成一套广泛适用的生态补偿机制，尤其是如何确立补偿标准、生态补偿与地区经济发展的关系、如何实现受益者补偿等问题未能解决。以上问题根源在于 BPP 原则，即“谁受益，谁补偿”原则无法有效实施，此处的“受益”指享受生态服务。真正实现 BPP 原则，是完善生态补偿机制急需解决的主要问题之一。

受偿地区一般为贫困地区，如不能解决贫困问题，补偿停止后将重新面临生态退化的危险。若要实现生态系统的持续健康发展，必须同时满足人们日益增长的物质文化需求。因此，生态补偿还肩负着提高社会福利，改变粗放落后的生产方式，调整产业结构，提高生活水平的重任，即应将“输血式”补偿转变为“造血式”补偿。变“输血式”补偿为“造血式”补偿是生态补偿机制今后努力的方向。

补偿标准问题也有待于解决。补偿标准（针对生态服务的提供者，即受偿方）和支付标准（针对生态服务的受益者，即支付方）是生态补偿的两个关键指标。由于生态补偿的 BPP 原则未能得以贯彻，以往的研究侧重于前者，但其理论依据和计量方法存在诸多问题，导致补偿标准设置不合理。而现实情况是，除了受益程度这一重要因素之外，受益者的支付能力和支付意愿也是制定支付标准必须考虑的因素（张建肖，安树伟，2009）。

4

国外公益林生态补偿实践及启示

4.1 国外公益林生态补偿模式

目前在国外，对于生态补偿的模式主要有以下几种情况：

一是直接公共补偿：政府直接向农村土地所有者及其他提供者进行补偿所提供的生态系统服务，这也是最普通的生态补偿方式。这一类补偿还包括地役权保护，即对出于保护目的而划出自己全部或部分土地的所有者进行补偿。

二是限额交易计划(如欧盟实施的排放权交易计划)：政府或管理机构首先为生态系统退化或一定范围内允许的破坏量设定一个界限(“限额”或“基数”)，处于这些规定管理之下的机构或个人可以直接选择通过遵守这些规定来履行相应的义务，也可保护资助其他土地所有者来平衡损失所造成的影响。通过对这种抵消措施的“信用额度”进行交易，就可获得市场价格，达到补偿目的(徐永田，2011)。

三是私人直接补偿：除了非盈利性组织和盈利性组织取代政府作为生态系统服务的购买者之外，私人直接补偿与上面所说的直接公共补偿十分相似。这些补偿通常被称为“自愿补偿”或“自愿市场”，因为购买者是在没有任何管理动机的情况下进行交易的(徐田伟，2009)。各商业团体和/或个人消费者可以出于慈善、风险管理和/或准备参加管理市场的目的而参加这类补偿工作(霍恩，2006)。

四是生态产品认证计划：通过此计划，消费者可以通过选择，为经独立的第三方根据标准认证的生态友好性产品提供补偿(刘青，2007)。

在上述的四种生态补偿模式上，政府购买模式是支付生态环境服务的主要方式。例如美国，在生态补偿上主要由政府承担大部分资金投入：在生态森林养护方面，美国采取由联邦政府和州政府进行预算投入，即选择“由政府购买生态效益、提供补偿资金”等方式来改善生态环境；在土地合理运用方面，政府购买生态敏感土地以建立自然保护区，同时对保护地以外并能提供重要生态环境服务的农业用地实施“土地休耕计划”等政府投资生态建设项目。土地休耕计划从1985年到2002年，已有1360万 hm^2 耕地退出农业生产活动，美国政府通过农业部每年要支付约15万美元的退耕补偿金，平均补偿金额为116美元/hm^2·a。再如墨西哥，政府2003年成立了一个价值2000万美元的基金，用于补偿森林提供的生态服务。补偿标准是对重要生态区支付40美元//hm^2·a，对其他地区支付30美元//hm^2·a。瑞典森林法也规定，如果某块林地被宣布为自然保护区，那么该地所有者的经济损失将由国家给予充分补偿。巴西、哥斯达黎加等国也采用了类似的模式(刘燕，2008)。

政府的购买模式具体来说还可以分为以下三种情况：

4.1.1 政府作为唯一补偿主体模式

政府作为唯一补偿主体模式，主要是指对于自然原因或人为原因造成的损失由政府财政作为唯一的补偿。其中德国是一个典型的例子，作为欧洲较早开展生态补偿的国家之一，德国的补偿机制依托于其具体的地理以及历史发展环境，特点鲜明，最重要的是资金到位、核算公平，资金运转的方式主要以横向转移为主。所谓“横向转移”，是指根据一定标准对转移资金量进行复杂的运算，如由富裕地区向贫困地区转移支付。也就是说通过横向转移改变不同区域间既得利益格局，来平衡区域间公共服务水平。横向转移支付中的资金主要由两部分组成：一部分是扣除了划归各州的销售税的25%后，余下的根据各州居民人数分配；另一部分是财政比较富裕的州，按照一定标准计算后，拨给穷州的补助金。此类横向支付属于区域转移支付制度。

以德国的流域生态补偿为例子，易北河流域的生态补偿政策较为成功。易北河贯穿两个国家，途径捷克流向德国。20世纪80年代之前，由于尚未开展流域整治，易北河水质下降极快。1990年后，德国和捷克达成了共同整治易北河流域的协议，并成立合作组织。整治的最主要目的是改良农用水灌溉的质量，保持流域生物的多样性，减少两岸向流域排放的污染物。根据双方的协议，德国在两岸流域建成了7个国家公园，总占地1500km^2；两岸流域共有200个自然保护区，并禁止在保护区内办厂、修房或从事其他影响生态环境的活动。经过这一系列整治活动，到目前为止，易北河上游的水质已基本达到饮用水标准，经济和社会效益凸显。德国在整治过程中，积极联系多方，筹集资金，排污费便是其中之一(企业和居民的排污费收取后，统一交给污水处理厂，污水处理厂按一定比例保留一部分后，剩下的上交国家环保部门）。2000 年，德国环保部门拿出了 900 万马克给捷克，用于建设捷克与德国交界的城市污水处理厂，此举充分体现了对环保的重视，不但满足了自身发展的需求，更实现了双赢（何沙，2010）。

4.1.2 政府主导模式

政府主导模式即政府作为增益性和损益性生态补偿主要支付者的一种补偿模式。最具代表性的为 1986 年美国政府实施的“土地休耕保护计划”。该计划（conservation reserve program，CRP）是根据美国 1985 年通过的食品安全法案所设立，从 1986 年开始具体实施的一项全国性农业环保项目。此项目以农民自愿参与为原则，由政府补贴，农民可在 10～15 年内参与休耕还草、还林等植被恢复保护活动。土地休耕保护计划的主要目标是对那些极易被生长环境中的化学成分侵蚀的和适应能力比较差的农作物用地进行政府补贴，扶持农作物种植者积极实施退耕还林、还草等保护植被的措施，最终达到改善水质、控制土壤侵蚀、改善野生动植物栖息地环境的目的。在美国，公民在土地和自然资源产权方面的权限划分十分清晰和明确。在这种前提下，美国实施的生态补偿工程，必然要体现出这一原则的精髓，在生态保护行政征用过程中，切实考虑公民的实际利益，以保护公民利益为原则，将生态补偿的额度与实际情况统一起来，以求最大限度降低由于对公民产权的限制而引起的损失。通过明确产权制度，既促进了自然生态资源价值良好运转，又提高了公民投入生态保护活动中的积极性。

美国 CRP 工程的补偿主要由植被保护的实施成本和土地租金补贴两部分组成。由于不同耕地类型所需生产条件不同，农业部门根据当地土地的租金价格和相对生产率来确定每一类耕地单位年最高的补偿金额。这样一来，补偿金额标准就可呈现多样化的趋势。例如，2001 年全美国 CRP 工程土地租金补偿标准最高为每英亩 103 美元，最低为每英亩 27 美元，平均为 44 美元。与此同时，CRP 工程还向农民提供成本补偿，用于植树、植被和种草的管理与护理，但补偿额度不超过农民总成本的 50%。农民获准参加 CRP 工程后，按规定，根据自己的意愿与农业部门签订 10～15 年的休耕合同，并且按照批准的面积和合同协商的补偿标准享受成本和土地租金补贴。在这样的条件下，从 1996 年起，就陆续有到期的 CRP 合同，合同到期的农民可自动延期一年，继续享受补偿（或申请提前结束合同）。对于申请提前结束合同的，一年后，仍然可申请继续参与。根据 2001 年年底的数据显示，续签的项目土地达到 55%。到 2002 年为止，实施 CRP 的农地面积有 1360 万 hm^2。对那些 CRP 合同期满的土地，有研究表明，49%的土地会一年内重新转成农地，但各地区的比例不尽相同。

美国CRP的补偿机制充分地利用了市场运行机制，并在动态中不断发展和完善。其成功的关键因素是把市场机制和政策紧密结合起来。农业部门根据地区间不同类型耕地具体的情况，先在各地制定最高补偿标准，农民则根据当地耕地条件和市场情况，提出愿意接受的最低补偿标准。可见，虽然美国CRP工程的目的是改善生态环境和保护以及提高土地生产力，但在计划实施过程中却一直注重政府的宏观调控与市场自我调节的有效结合。美国CRP的工程不断进行自我完善，来符合随着社会经济的变化所产生的、日益增长的环保需求。在CRP实施的初期，只要农民所申请的补偿标准等于或低于农业部门所确定的最高标准，即被批准。但此政策实施一段时间后，政府便发现一个问题，有许多处在生态环境薄弱区域的耕地并没有纳入CRP工程，这是因为受到了地形及气候等因素的影响，本地区耕地的产量普遍较高，于是便出现了农民期望的补偿标准高过农业部门确定的最高标准的现象。针对这一情况，农业部门从1990年开始使用环境效益指数，重新确定补偿标准，把环境虽然脆弱但产量相对较高的耕地也纳入了CRP工程。在1996年后，又调整了环境效益指数，使得对野生动物栖息地的保护也同时纳入CRP工程。农业部门还对采取抗盐碱植被带保持、湿地保护和防护林建设等措施的农民，放宽了申请加入CRP工程的条件，他们可以在任何时候加入CRP工程，并获得最高的土地租金补偿和优惠的成本补偿(何沙，2010)。

4.1.3 市场化运作模式

市场化运作模式是指对生态补偿的产品进行创新，对产权关系相对明确的生态补偿类型进行补偿。例如美国就通过法律法规或许可证为自然资源用户限定了义务和标准配额。无法完成或超标的，就要通过市场购买相应的信用额度。而欧盟则对产品的设计、生产和销售等环节进行绿色认证，以保证产品寿命周期各个环节实现节约资源、减少污染物排放的目标。澳大利亚通过建立排放许可证交易，使生态服务商品化，并在市场交易中使生态服务提供者获得收益。哥斯达黎加对国内森林碳汇总量进行统计，将额外的森林碳汇进行国家碳汇储备，适时地卖给一些外国企业，所得收入的大部分用来补偿给森林户主。

通过分析国外生态补偿机制，为我国建立生态补偿机制提供以下经验：①将市场机制引入生态补偿，是一种创新的手段，也是建设和保护生态环境的有效途径；②生态补偿机制权属结构较为明确，补偿主体和客体权责清晰；

③德国各州际间横向转移支付制度作为一种特殊的生态补偿手段，为我国在处理不同地区间横向转移支付及相关研究配套技术提供了参照(何沙，2010)。

4.2　国外公益林生态补偿的资金来源

美国、巴西、哥斯达黎加等国家的生态补偿经验还表明，虽然政府是生态效益的主要购买者，但是市场竞争机制依然可以在生态效益补偿政策的实施过程中发挥重要作用。下面为一些具体的生态补偿资金筹集方式。

4.2.1　全球性基金补偿

①超级基金(superfund)补助。当生态环境破坏难以追究到责任人，或治理及补偿费用超出责任人能力，则动用1980年设立的Superfund Program资金进行补偿。据统计，至1993年，总共使用了大约200亿美元的经费，其中绝大部分被投入到400个重污染地点(区)的治理。

②"全球环境基金"(GEF)项目。1900年，世界银行与联合国开发计划署及联合国环境署共同建立了"全球环境基金"(GEF)，向发展中国家在保护臭氧层、减少温室气体排放、保护国际性水资源、保护生物多样性等环保领域的活动提供优惠贷款。据GEF主席兼首席执行官穆罕默德阿什雷介绍，GEF自其成立以来批准的常规项目赠款达到了33亿美元。如果加上非GEF的融资部分，GEF支持项目的总价值超过了115亿美元。

4.2.2　"债务与自然环境互换"补偿方式

环保组织援助中的环境补偿措施主要表现为国际环保资金的转移和债务互换。"债务与自然环境互换"是国际社会保护那些存在于发展中国家的物种和栖息地的一项创新性融资机制。它是把发展中国家的商业债务转换成环境融资，即一些国际环保组织通过债权交易获得债务国一些商业债务的债权后，以债权置换债务国保护某些特定环境区域的权利。其目标在于：帮助管理发展中国家债务的同时，充当环保捐助者的坚实杠杆，对有价值的环境活动提供融资。自第一个债务与自然环境互换于1987年在玻利维亚完成以来，到2003年年初，世界银行已在8个国家完成了16个债务互换项目，收回了将近1亿美元的外债(刘燕，2008)。

4.3　国外关于补偿主体的生态补偿分类

国外较早就开始生态补偿实践，根据补偿主体的不同大致可分为以下三种：

(1)政府作为唯一的补偿主体，运用财政收入直接进行补偿。以美国设立废矿恢复治理基金用于生态环境恢复治理，和德国专门成立矿山复垦公司，所需资金按联邦政府占75%、州政府占25%的比例分担为代表。

(2)政府主导，补偿主体并不唯一，补偿模式相对多样。具体包括：①政府实施直接补偿模式，以美国实施土地休耕计划等农业耕地保护计划，对按照计划退耕的农场主给予农产品价格补贴；欧洲制定法律，减少使用农业中的氮，如果遵守氮管理计划，将得到一定的补偿；芬兰国家采用购买的方式对生物多样性价值给予经济补偿为代表。②生态补偿基金制度模式，以德国新开发矿区业主预留企业年利润3%的复垦专项资金，对因开矿占用的森林、草地实行等面积异地恢复；墨西哥建立一定资金规模的补偿基金，按照每年、每公顷一定金额的标准补偿森林提供的生态服务；哥斯达黎加建立全国性的环境服务付费制度，通过植树提供森林生态服务的土地拥有者可以得到按一定标准的补偿；厄瓜多尔首都基多成立流域水土保持基金，用于保护上游水土以及生态保护区为代表。③征收生态补偿税模式，以瑞典、比利时、芬兰通过与环境有关的税收(绿色税)，限制污染物排放，对生态环境进行补偿为代表。④区域转移支付制度模式，以德国建立州际间横向转移支付制度，通过改变地区间生态利益格局实现公共服务水平均衡为代表。⑤流域(区域)合作模式，以易北河上游捷克与下游德国达成共同整治易北河协议，并成立双边合作组织治理易北河污染为代表。

(3)市场化运作为主体，多种实践模式相结合。主要有：①绿色偿付模式，以美国下游生态受益区对上游控制土壤侵蚀、预防洪水及保护水资源的社会团体或个人给予经济补偿；法国瓶装水公司对水源区周围采取环保耕作方式的农民给与补偿为代表。②配额交易模式，以美国通过法律、法规、规划或者许可证为环境容量和自然资源用户规定了使用的限量标准和义务配额，超额或者无法完成配额，就要通过市场购买相应的信用额度为代表。③生态标签体系模式，以欧盟对产品的设计、生产和销售进行绿色认证，保证产品寿命周期各个环节能够节约资源、减少污染物排放；美国在保护生态和自然的前提下生产的农副产品贴上认定标签，通过消费者的选择为这些产品支付较高的价格，间接偿付保护自然的代价为代表。④排放许可证交易模式，以澳大利亚通过排放许可证交易，使生态服务商品化，并在市场交易中使生态服务提供者获得收益为代表。国际碳汇交易模式，以哥斯达黎加统计国内林业碳汇总量，并将额外的碳汇作为国家碳汇储备，适时出售给外国企业，所得收入大部分补偿给林业业主(许芬，2010)。

4.4 国外公益林生态补偿研究现状

自工业革命以来，世界社会经济高速发展，人口快速增加，但是却造成了资源过度开发利用、随意排放污水、农药化肥大量使用等破坏生态环境的现象，世界各国也开始越来越重视环境问题，改善和保护生态环境已被提上日程。人类文明社会的观念已经从一味利用自然资源向与自然界和谐发展转变。然而，由于生态环境使用的外部性，世界各国也普遍存在无偿占有、使用的现象，甚至也存在生态被破坏而不做出任何补偿的情况。

不少国内外学者对生态补偿问题进行了有效的探索，国外在生态补偿方面的研究更侧重于生态补偿中微观主体的行为与选择的探讨；对补偿的经济原因、市场化的补偿途径、补偿的具体机制的研究。对于生态补偿的模式，国外主要以政府购买模式作为支付生态环境服务的主要方式(李镜，2008)。

1977 年，Westman 最早提出“自然的服务(nature's services)”的概念及其价值评估问题。随后，多数发达国家和国际机构(如联合国、世界银行和欧共体等)都对此进行了大量的研究，并在资源环境的价值体系和评价方法上取得了重大突破。1997 年，Daily 主编出版了《自然的服务——社会对自然生态系统的依赖》，Constanza 等(1997)发表了著名的《世界生态系统服务与自然资本的价值》一文，标志着生态系统服务的价值评估研究成为生态学和生态经济学研究的热点和前沿。这些研究成果从资源环境的价值理论、计量方法和绿色核算等方面为生态补偿研究提供了理论基础和技术准备。

目前国际上对生态补偿的研究范围主要包括：生态或环境服务付费；以生态系统的服务功能为基础，通过经济手段调整保护者与受益者在环境与生态方面的经济利益关系；生态补偿的理论基础，生态系统服务功能的价值评估、外部性理论和公共物品理论等。

在补偿的类型与方式方面，积极探索新的支付生态环境服务的模式，典型的代表有：公共支付、限额交易计划、一对一交易等。公共支付(公共补偿)是政府直接向提供生态系统服务的农村土地所有者及其他提供者进行补偿，这也是最普通的生态补偿方式。这一类补偿还包括地役权保护，即对出于保护目的而划出自己全部或部分土地的所有者进行补偿。限额交易计划是政府或管理机构首先为生态系统退化或一定范围内允许的破坏量设定一个界限(“限额”或“基数”)，处于这些规定管理之下的机构或个人可以直接选择通过遵守这些规定来履行自己的义务，也可以通过资助其他土地所有者进行保护活动来平衡损失所造成的影响。机构或个人可以通过对这种抵消措施的“信用额度”进行交易，获得市场价格，达到补偿目的。“一对一交易”通常被称为“自愿补偿”或“自愿市场”，其特点是交易的双方基本确定，只有一个或少数潜在的买家，同时只有一个或少数潜在的卖家，双方直接谈判或者通过一个中介来帮助确定交易的条件与金额(徐田伟，2009)。

日本“森林法”规定：国家对于划为保安林(即生态公益林)的森林所有者，国家要补偿其由于被划为保安林而遭受的损失；加拿大魁北克省《森林法》规定：“根据土地和森林法被取消木材限额的人，有权从林业部获得补偿”；德国黑森州《森林法》规定：如林主的森林被宣布为防护林、禁伐林或游憩林，或者在土地保养和自然保护区范围内，颁布了其他有利于公众的经营规定或限制性措施，因而对林主无限制地按规定经营其林地产生不利，则业主有权要求赔偿。国外的补偿办法有：①建立基金进行补偿。如法国设立国民林业基金，其来源一是征收专门税；二是政府拨款。马来西亚设森林发展基金，其来源一是国家拨款；二是向森林采伐和木材加工单位征收林业发展税。②政府补偿与受益者补偿相结合。如日本要求受益者负担的补偿金额相当于向公益林林主应补偿金额的若干倍。③采取综合性的财政税收政策进行补偿。许多国家的补偿措施是综合的。如日本除上述受益者补偿外，国家还规定对保安林免收各种税收，对保安林贷款贴息等(徐信俭，2000)。

4.5 国外公益林生态补偿的实践

19世纪末，国外学者开始重视研究森林生态效益。从第二次世界大战之后，德国相继提出了“林业政策效益论”、“和谐理论”、“林业服务于国家和社会”、“森林多功能理论”以及美国林学家提出的“林业分工论”、“新林业”理论等。到20世纪末，Daliy主编的《自然的服务——社会对自然生态系统的依赖》的出版，标志着有关森林生态效益补偿问题的研究逐渐发展和成熟。而公益林生态补偿研究也是在森林生态效益补偿研究的基础上提出的，同时也是森林生态效益补偿理论中的最重要分支之一。

在众多公益生态林补偿研究中，大体上偏向于以下两种观点。第一种观点是主张以政府扶持和补偿为主；第二种主张偏向于市场化的补偿模式、市场化的补偿条件以及影响因素等方面研究。

在第一种观点中，如：格雷林在分析林业扶持问题时指出，世界多数国家是在符合下列情况之一下进行造林的，政府部门都应该予以扶持：如果个人进行造林活动，社会收益大于个人；如果个人进行造林，社会和个人受益相同，而社会支出的费用低于个人。在这种情况下，如果政府不对其活动的外在性损失予以补偿，个人将不会进行投资，那么从整体上，林业的发展就会受阻，增加森林资源总量、调节两大需求的目的就会落空(雍文涛，1992)。

卡贝基在1993年撰文指出“森林资源的投资，明显的属于长周期性的投资，尽管有时林地的所有者看不到自己在土地投资上所获得的利益，但不论社会需求和市场价格状况出现什么样的变化，他们仍然会投资于土地，进行用材林建设。所以，市场机制并不像一般经济学家们所说的那样能够刺激木材的大量生产。另外市场机制会使人们放弃那些市场和人们不太喜欢的树种，因此必要的宏观管理是需要的，通过这些管理可以生产一些个人或社会目前都不太需要的树种，以满足物种多样化的需要。”凯思林1999年在《关于林业效益补偿》疑问中的观点则是“财政补偿以及产权受制于社会需求的变化”、“从政府和经济的角度对森林效益的补偿是有限的，要与社会达成该协议”。Kaimre指出“林业中关系到社会共同利益的，需要政府出面解决，即主要是由各种基金通过政府预算的形式得以实现”(薛艳，2006)。

4.5.1 各国生态补偿的方式选择

(1)补偿政策制度化、法律化

这种形式以日本、原德意志联邦共和国、瑞典等国为代表。日本保安林制度已有100多年历史，保安林是为了国土保安、水源涵养、充分发挥森林的环境保护和美化功能、防止各种自然灾害发生而划分出来的森林种类(尹建道，1999)，近似于我国的防护林，在环境保护方面发挥着重要作用。日本森林法明确规定，国家对于被划为保安林的森林所有者，国家要赔偿其由于被划为保安林而遭受的损失，以保证其收益不至于因此而降低，国家也要求保安林受益的团体和个人承担一部分甚至全部的补偿费用。能够获得补偿的保安林包括：被划为禁伐或择伐的保安林：采伐年限在50年以上的保安林；森林所有者不是国家或地方公共团体的保安林；在过去未实施森林法第41条规定的保安林(周金峰，2003)。但对以下情况不予补偿：一是采伐年限受限制却不产生损失的，或明显被作为利用对象以外的保安林；二是被划为保安林后，受益者与该保安林的森林所有者为同一单位或个人的保安林；三是现已荒废的或渐渐荒废的保安林。原德意志联邦共和国黑森州森林法规定，如林主的森林被宣布为防护林、禁牧林或游憩林，或者在土地保养和自然保护区范围内，颁布了其他有利于公众的经营规定或限制性措施，因而对林主无限制地按规定经营其林地产生不利，则林主有权要求赔偿。南斯拉夫塞尔维亚共和国森林法中也有类似的规定。智利政府在1974年颁布了《森林法》，根据该法，政府采取了一些措施：一是财政补助，补助标准为造林费用和抚育费用的75%，造林费用标准每年由政府确定。必须呈报由林业工程师签字的造林设计书，事后经林业主管部门派人检查合格，才能获得政府补助。二是林地免税，其他用地每年都要按土地价值的5%～10%缴纳土地税(李育才，1996)。三是对私人造林平均每公顷发放贷款145美元，期限3～12年。英国1945年和1947年先后通过两个方案，规定了私有土地永远用于造林的两种补助办法：一是甲种补助法。个人以其土地永远用于生产木材，政府每年补助其造林和抚育费用的25%。二是乙种补助法，个人以其土地永远用于生产木材，政府对每公顷造林一次性发放造林补助75英镑(1984年调整为110英镑)。另外还发给抚育费用。甲乙两种补助法，造林者可以任选一种。1974年制定的丙种补助法规定：凡个人以10hm^{2}以上的土地永远用于生产木材、涵养水源、保护农田、净化空气者，对其造林费用给予补助，阔叶树比针叶树造林者享受高一倍以上的补贴额。此外，每公顷每年发放中幼龄抚育费3英镑，针叶林发放至25年，阔叶树发放至50年。对于小片造林(0.25～10hm^2)，英国规定了特殊补助法。造林面积3～10hm^2，每公顷补助250英镑。造林补助的75%于造林时发给，其余部分于5年后检查合格时发给(李育才，1996)。原南斯拉夫塞尔维亚共和国森林法规定：当劳动组织、其他法人和公民的森林被宣布为防护林或特种用途林时，如果这一宣布剥夺或限制了对森林的利用权或所有权时，公民有权从要求将该森林宣布为防护林或特种用途林的联合劳动组织和其他法人处得到补偿。奥地利森林法第十章规定，对于有益于公共利益的森林经营和保护，政府给予资金上的扶持。具体的扶持措施如下：第一，按照国家鼓励推行的有利于森林稳定的技术措施经营森林，应给予扶持。即使是经营商品林的林农，只要采取先进的技术，按照接近自然的方式经营森林，都可以得到政府的资金扶持，政府补助资金占营林费用的45%左右。第二，采取有利于保护森林和提高森林多重防护功能的措施经营森林，因此而增加的经营费用，可以得到政府的补助，如为了不破坏林地土壤，采取择伐、索道集材等方式，导致木材采伐成本增加的部分，政府给予补助(关宗敏，2010)。第三，降低对森林采伐利用强度，造成收入减少的由政府给予补偿。如实行限制性利用和禁伐的防护林，林主获得的补偿额相当于正常采伐利用情况下所实现的利润。第四，森林生态效益谁收益谁补偿，森林生态效益的直接受益者需要对防护林经营项目承担部分费用。由于采取以上扶持措施，奥地利私有林主经营商品林一般只需要负担55%营林费用，经营防护林仅需承担5%～40%的营林费用。此外，政府为了保护湿地，禁止在湿地上进行经营活动，根据湿地的不同等级，每年向湿地所有者支付1000～6000先令的补偿费；对于私人所有的风景林，政府采用购买方式，将它们变为国有林，然后设置专门的机构进行旅游开发和管理。在日本，林地和林木都是森林所有者的私有财产，神圣不可侵犯。因此，政府要想达到增进森林生态效益的目标，就必须对因制定为保安林的私有林的经济损失予以补偿。

在新西兰，《造林鼓励法规定》：对小私有林主的造林成本给予45%的补助，1980年以前，政府的补贴标准每公顷为200新元，1980年以后国会把补助费提高到每公顷600新元。在芬兰，《森林改造法》规定，设立由国家预算拨款的森林改造资金。这项资金，只适用于支持小林主进行森林改造等的林业活动。森林改造资金分为两部分，一是资助款，二是贷款和预付款(刘克勇，2005)。

而瑞典的森林法规定，如果林地被宣布为自然保护区，那么该地所有者的经济损失由国家给予补偿。此外20世纪90年代以来在环境保护热潮的推动下，阔叶林受到了特别的重视，得到的补助最多(刘克勇，2005)。

(2)以政府投入或者补贴为主的方式进行补偿

这种补偿方式以美国、芬兰和原欧共体国家为代表。20世纪80年代美国鉴于发生的特大水灾和严重的沙尘暴等自然灾害以及农产品价格的下滑的影响，政府开始在全国实施土地退耕计划。此项政策一直延续到现在。退耕计划的补偿资金全部由政府提供，采用成本分摊的方法对退耕农田进行补偿，政府付给签约农民所需成本的50%~75%，合同期限为10~15年。但是美国的生态补偿标准不是统一的，主要依据环境评价体系来确定当地的租金费，全国平均年租金费大约为116美元。由于美国农场主在农田使用方面享有充分的决定权，因此，退耕计划完全遵循自愿的原则，并引入竞争机制。参与退耕计划的土地所有者必须上报退耕面积和愿接受的租金费，政府选择符合要求的农民参与退耕计划，并与农民直接签订合同。合同期满后，农民可选择继续参加下一轮退耕计划，或者恢复农作物的种植。国家和州等各级有关政府部门主要为农民提供技术指导和服务，退耕租金费由政府直接按合同付给农民(郭广荣等，2005)。芬兰为了保护珍贵的森林资源，国家采用购买的方式对生物多样性价值给予经济补偿。2002年芬兰开始试行该种补偿方案，林主可以将自己森林的自然价值卖给政府，政府则可以从中进行选购。价格由公共团体来制定，销售森林自然价值的林主，每年每公顷可获得50~280欧元的经济补偿(郭广荣等，2005)。原欧共体国家实施退耕还林主要依靠优惠的补贴政策和税收政策。一方面，政府与退耕还林者签订长期合同(合同期通常为30年或30年以上)，对退耕引起的损失予以足额的补偿；另一方面对造林者发放补助金和实施减免税政策，各国补贴政策和减免税额不尽相同。上述政策能够实现退耕还林目标的前提是明晰的产权关系和合理的制度安排。

在欧共体国家，农场主具有耕地的完整产权，是退耕造林还是继续耕种粮食以及选什么树种造林，完全由农场主自己决定，政府只是通过税收和补贴政策影响农场主投资的预期收益，从而引导农场主选择退耕还林(陈钦，2006)。

美国为了治理水土流失，水土保持服务机构做了三项工作：一是帮助农民制定治理水土流失的计划；二是说服、鼓励农民参与治理工作；三是控制土地沙化，对于水土流失地区的私人造林，经营者凡与政府签定合同的，能够遵守在一定时间内不砍伐林木的规定，联邦政府资助其造林的全部资金和管护费，但如违约，经营者必须退还全部资助款(王志宝，2000)。

欧共体国家实施退耕还林主要依靠优惠的补贴政策和税收政策，基本上没有制定政府计划。一方面，政府与退耕还林者签定长期合同(合同期通常为30年或30年以上)，对退耕引起的损失予以足额补偿；另一方面，对造林者发放补助金和实施减免税政策，各国的补贴政策和减免税额不尽相同。

挪威相关政策规定：凡是完成了森林更新和土壤改良计划的林场主，国家给予1/3的补助；凡是私人在少林地区造林的，国家给予50%的补助费；凡是私人在多林地区造林的，国家给予33%的补助。

在加拿大，森林公园、植物园、狩猎场、自然保护区等以森林为主体的旅游部门，必须在其门票收入中提取一定比例补偿给育林部门。

西班牙政府对联合体造林无偿补助50%，其余50%由政府提供利率为1%~4%的长期低息贷款解决；政府对私人造林负担10%~20%的造林费用(费世民，2004)。

(3)通过税费等方式解决补偿资金

日本从2003年开始正式征收水源税，征收对象是水源涵养林下游受益者(水源利用者)。征收额度为每年每法人500日元。征收的资金全部纳入森林环境保全基金，专款专用。

哥斯达黎加政府的补偿资金的主要来源是征收化石燃料税，另外还有水电公司支付的补偿金和国际市场获得碳贸易补偿等，设立国家林业补偿基金，作为私有林主的补偿资金。

哥伦比亚从1974年开始对污染者和受益者收费，到现在已经积累了大量的资金，最近从电力部门转移了15亿美元给当地环境机构用于重新造林和流域管理。

法国建有国家森林基金，由政府主持，从受益团体直接投资。建立特别用途税及发行债券3种方式开辟林业资金来源渠道。美国对在西部的11个州范围内的国有林区征收放牧税，并将其中的一部分用于牧场的更新、保护和改良(雷玲，2005)。实践证明，上述补偿制度为生态公益林的建设提供了资金来源，提高了林农培育森林的积极性，促进了生态公益林的发展。

在巴西，政府向部分行业征收约25%的税收，用于公益林建设。巴西自1875年以来，每年从企业应上交国家的所得税中拿出25%用于造林补助。

哥伦比亚在补偿资金的筹措上征收生态服务税，专门用于水资源流域保护。征税对象主要是电力部门和其他工业用水用户，发电能力超过1万kw的水电公司，按照电力销售总额的3%征收；其他工业用水用户按照1%征收（费世民，2004）。

（4）林业制度补偿

法国设立国际森林基金，由政府管理，避免林业部门和受益部门直接打交道，从受益团体直接投资、建立特别用途税及发行债券3种方式筹集资金。

哥斯达黎加于1991年成立了国家林业基金会，对受益者进行收费，并对公益林所有者进行补偿。资金主要来源于征收的化石燃料税，水电公司支付的补偿金和国际市场获得的碳贸易补偿等。收费标准为碳排放每吨收费10美元，水费每立方米附加0.05美元，森林生态旅游每人每日在住宿费中增收1美元。

英国也建立了林业基金制度，基金主要来源于：林业委员会销售木材的收入、国有林产品销售收入和土地财产的租金收益；议会每年通过的由国库安排的资金；接受的捐赠；农业部取得的土地出卖、出租或交换其他土地而取得的收入。基金主要用于国有林更新造林，但是对私有林也给予一定的支持（费世民，2004）。

（5）其他方式

巴西利用激励机制提高土地利用率和生态效益，巴西的法律规定在亚马逊河流域内任何土地所有者必须保证在其所拥有的土地上使森林覆盖率保持在80%以上，同时，为了有效地利用土地资源，政府允许那些从农业生产中获得较高收益但违反了国家法律规定的农户，向那些把森林覆盖率保持在高于80%以上的农户购买其森林采伐权以保证整个地区的森林覆盖率保持在高于80%以上。

森林趋势组织和卡通巴工作组对森林生态效益的市场化交易潜力进行了大量的研究。在澳大利亚、加拿大、巴西、英国、日本等地召开了多次关于森林生态服务的国际研讨会，会议的内容包括：森林的碳储存服务、水文服务、生物多样性服务以及森林景观服务等，同时对森林生态服务市场开发与建立所需的法律与制度环境、市场开发面临的关键问题与步骤等也进行了深入的探讨。Landell-Mills对全球出现的森林生态效益市场进行回顾表明，迄今已有287个实际存在或计划对森林的生态效益价值（森林的生态旅游、碳汇、流域保护服务和生物多样性服务4个方面)进行补偿的案例，其中森林碳汇交易75个，生物多样性交易72个，森林水文服务交易61个，森林景观交易51个，其他森林生态服务交易28个。碳汇交易是近十几年全新的市场创建行为；生物多样性保护交易主要是医药公司为寻找新的植物基因或品种类型而与森林业主之间的交易。森林水文服务交易与碳汇交易是目前研究、政策制定者以及企业家共同关注的森林生态效益市场交易的焦点(吴水荣，2003)。另外，一些专家学者也对森林生态系统服务功能交易市场进行了总结和研究。如Daniele Perrot-Maitre等系统总结了世界各地出现的森林水文服务市场交易的案例：Rober给出了用于核算森林生态系统服务价值的经济框架；Gouyon对热带森林生态服务市场进行回顾，认为市场机制是实现森林生态效益内部化的有效手段；Rosales分析了生态服务补偿方面的问题及森林生态服务补偿在亚洲的应用；Francisco分析了菲律宾生态服务补偿的经验、限制及潜力；Suyanto对印度尼西亚森林生态服务市场的发展进行了回顾；Reyes分析了哥斯达黎加与水文服务有关的实施环境服务补偿的适当机制。Katoomba工作组(由森林趋势组织等发起成立，其专家来自林业、能源工业、研究机构、金融界和非政府环境组织等)认为森林碳汇服务、森林水文服务、生物多样性保护服务以及森林景观服务存在较大市场潜力，并且对森林生态服务市场与监理所需的法律和制度环境这一市场面临的问题进行研究。Nels Johnson等(2002)对森林的流域水文服务的市场化补偿进行了总结，并且将森林水文服务的补偿模式分为3种：公共支付体系、交易体系和自主协议，而且对每一种补偿模式的特点、赖以存在的条件以及涉及的法律、公平等方面的影响进行了分析。哥斯达黎加在碳汇贸易方面对世界各国影响很大。哥斯达黎加政府发行碳券，发行贸易抵消证明给外国投资厂商，有效保证期限为20年，国外投资者可利用此证明抵免他在本国内需要减少的CO_2量。在德国，允许按规定经营的生态林效益按照法律规定进行销售，提出了建设“生态账户”的形式。在法国，雀巢矿泉水公司为集水区农民提供一定的经济补偿，以弥补为了保护水质而减少的收入(李文华，2006)。

在厄瓜多尔，电力部门和自来水厂每年都要投入一部分资金进行公益林建设。

在澳大利亚，灌溉者协会融资进行上游造林，以减少水的含盐量，灌溉者10年间每年每公顷支付40美元给新南威尔士州森林局，用于私人和公用土地造林，包括种植能够减少盐分的植物、树和其他深根常绿植物。

此外根据李文华、李芬在“森林生态效益补偿的研究现状与展望”一文中对国外典型的森林效益补偿实践的综述，可以得到表4。

表 4 各国政府公益林生态补偿实践

Tab 4 The public welfare forest ecological compensation practices of governments

补偿类型	国家	采取补偿形式
政府投入对林业的扶持	美国	选取“由政府购买生态效益、提供补偿资金”来提高生态效益，美国国有林和公有林由联邦林务局和州林业部门做预算，报联邦和州议会批准执行
	德国	国有林实行预算制，由议会审议后，财政拨款
	英国	国有林收入不上缴，不足部分再由政府拨款或优惠贷款
政府对林业补贴	奥地利	鼓励小林主不生产木材，只要经营森林接近自然林状态，政府给予补助
	英国	私有林主营造阔叶林，给予补贴
	法国	国家森林基金(受益团体投资、特别用途税、发行债券)开辟林业资金渠道
	芬兰	营林、森林道路建设及低产林改造提供低息贷款，由财政贴息
政府减免森林资产税收	法国	私人造林地免除 5 年地产税、按树种分别减免林木收入税 10 ~ 30 年
	芬兰	更新造林 $15hm^2$ 林不缴纳所得税，国有林只向地方缴纳少量财产税，森林面积在 $200hm^2$ 以下不计税
	德国	企业、家庭营林生产一切费用可在当年收入税前列支，国家仅对抵消营林支出后的收入征收所得税，同时对合作林场减免税收
对直接受益部门征收补偿费	加拿大	森林公园、植物园、自然保护区等以森林为主体的旅游部门，必须在其门票收入内提取一定比例补偿费给有林部门
	欧盟	推行二氧化碳税，实现生态效益补偿
	美国	在国有林区征收放牧税
	哥伦比亚	污染者和受益者收费
	日本	水的使用者收费，补偿河流上游的林主
市场交易模式	哥斯达黎加	政府发展碳券，发行贸易抵消证明给外国投资厂商，有效保证期限为 20 年，国外投资者可利用此证明抵免他在本国内需要减少的二氧化碳量
	德国	允许按规定经营的生态林效益按照法律规定进行销售，提出了建设“生态账户”的形式

资料来源：李文华，李芬等．森林生态效益补偿的研究现状与展望，自然资源学报，2006(5)。

4.5.2 国外生态补偿的主要实践活动和领域

(1)国外生态补偿的主要实践领域

世界上目前存在约 280 例环境服务交易方案，其补偿领域主要涉及碳储存交易、生物多样性保护交易、流域保护交易和景观美化交易等方面。实际交易多达 300 个以上，这些案例并非仅集中于发达地区，而是遍布美洲、加勒比海、欧洲、非洲、亚洲以及大洋洲的多个国家和地区。

①流域生态服务付费。在相关国际组织和发达国家，关于流域环境和水

资源的法规体系、产权制度和市场机制比较完善。国际上流域生态服务市场最早起源于流域管理和规划。随着流域生态服务市场的日益壮大，流域生态服务的市场化产品也应运而生，这也是国外开展流域生态补偿的重要依据和基础。

表 5　流域生态服务的市场化产品分类

Tab 5　The marketization product classification of river basin ecological service

类别	内容
合同和契约类产品	最优管理措施合同；鲑鱼栖息地修复合约；流域保护合约
信用类产品	盐分信用；鲑鱼栖息地信用；蒸腾信用；水质信用
产品标记	生态树种种植；鲑鱼安全生产
其他产品	流量减少许可证；水权；流域租赁

流域保护服务付费一般包括水质、水量和洪水调控。付费的主体可以是个体、企业或者区域，也可以是政府，前者通常是签署合作协议，个体、企业或者区域为享受的环境服务付费，后者大多数是国家对一些具有重要意义的生态区域或生态系统进行国家支付购买(严格意义上是政府对生态的建设)。

在流域保护付费中比较成功的市场手段包括美国纽约市与上游卡次其尔流域之间的清洁供水交易，其做法主要是在政府决策得以确定后，水务局通过协商确定流域上下游水资源和水环境保护的责任与补偿标准，通过对水用户征收附加税、发行纽约市公债及信托基金等方式补贴上游地区的环境保护主体，以激励他们采取有利于环境保护的友好型生产方式，从而改善卡次其尔流域的水质。南非则将流域生态保护与恢复行动与扶贫有机结合起来，每年投入约 1.7 亿美元雇佣弱势群体来进行流域生态保护，以改善水质，增加水资源供给。此外，德国易北河的生态补偿政策；厄瓜多尔通过信用基金实现对流域的保护；哥斯达黎加则通过国家林业基金向保护流域水体的个人进行补偿等也是流域生态补偿比较成功的案例(卢艳丽，2009)。

在政府规定下运行的流域服务限额交易市场目前只在少数几个国家运作，每年的交易额只有几百万。这些市场大多数都在发达国家，特别是美国和澳大利亚。这种情况反映了发展中国家环境管理普遍较弱以及基于市场的服务所需要的重要行政、法律与执行机构还不完善。但是未来新的、扩大流域服务市场的发展潜力很大，特别是水质交易方面。主要有以下原因：首先，全球性水资源短缺问题日益严重；其次，世界绝大多数人生活在下游地区，很容易受到流域生态环境恶化的影响；最后，对可持续流域管理的投资通常都低于污染后治理和寻求新的水源的成本(张巍巍，2006)。

②生物多样性服务付费。大部分生物多样性服务的付费机制处于萌芽状态，市场发展的主要障碍在于数目庞大的交易成本。目前，国际上出现了多种生物多样性保护付费的形式。生物多样性服务的购买者虽然呈现下降趋势，但其涉及私营公司、国际非政府组织与研究机构、捐赠人、政府及个人等多类购买者。这些购买者以国际购买者为主，主要关注生物多样性的栖息地，或那些被认为是受到最大威胁的栖息地。总体而言，国外对于生物多样性保护等自然保护区领域的相关补偿问题基本上是通过政府和基金会渠道进行补偿的，有时则与农业、森林和流域等问题相结合开展补偿(卢艳丽，2009)(表6)。

表6 生物多样性付费的种类及内容

Tab 6 Biodiversity payment types and contents

类 型	内 容
购买高价值栖息地	私人土地购买；公共土地购买
对使用物种或栖息地的付费	生物考察权；调查许可；用作生态旅游的情况
生物多样性保护管理付费	保护地役权；保护土地契约；保护区特许租地经营权；公共保护区的社团特许权；私人农场、森林、牧场栖息地或物种保护的管理合同
限额交易规定下可交易的权利	可交易的信用额度；可交易开发权；可交易生物多样性信用额度
支持生物多样性保护交易	企业内对生物多样性保护进行管理的交易份额；生物多样性友好产品

生物多样性保护补偿的经典案例包括：为当地社团、非政府组织、私人部门和其他民间组织社团提供资金以保护生物多样性发起的关键生态系统合作基金，合作基金由保护国际、世界银行、全球环境基金会共同合作建立；荷兰的国际生物多样性合作组织主要从事以商业性为目的的植物多样性开发，不仅促进生物多样性的保护，也给当地社团带来利益；而瑞士的生物多样性保护补偿体现在农业环境政策中，依靠生态补偿区域计划和生态税计划实现农业环境政策；哥斯达黎加进行了全球首个生物多样性勘探投资，提供给投资者一种“一站式”交易服务的清晰合法的政策框架，有统一的批准合同，有担保合同；此外，印度、巴西、西非、英国等地也积极运用市场和行政手段开展生物多样性保护补偿(卢艳丽，2009)。

由于生物多样性提供的服务数量众多，且大部分都是无形的，很少能够被一个明确的顾客消费，所以其商业化运作也不是容易的事情。尽管存在诸多问题，生物多样性付费仍在进行，主要的推动力是提高公众对生物多样性效益和损失威胁的意识。同时市场参与的发展和多样化已经极大地促进了产品设计和付费机制的创新。昂贵而复杂的项目交易正在被中介交易、集中投资基金、零售交易，甚至场外交易所替代。当前，由于对生态标记产品需求的迅速增长，许多大公司对生态多样性服务付费也越来越感兴趣，随着技术水平的提高，生物多样性付费的成本和风险也会减少，市场参与程度也会持续上升(张巍巍，2006)。

③矿产资源开发环境恢复治理。早在20世纪初国外就开始关注矿产资源开采造成的生态损害，在矿区环境保护和治理包括矿产资源开发的生态补偿方面积累了丰富的经验。美国是最早在矿产资源开发方面进行生态补偿探索的国家，1918年印第安纳州的矿主开始在采空区自发垦殖种树；1920年《矿山租赁法》中明确要求保护土地和自然环境；此后，美国各州陆续运用法律手段管理采矿的生态环境修复工作；1977年8月3日美国国会通过并颁布了第一部全国性的矿区生态环境修复法规——《露天采矿管理与(环境)修复法》。德国也是从20世纪20年代开始进行矿区环境修复的。自20世纪50年代和60年代，许多工业发达国家开始了复垦法规制定和复垦工程的实践。20世纪70年代以来，矿区生态环境修复集采矿、地质、农学、林学等多学科为一体，已经发展为一门多学科多部门的系统工程。20世纪80年代以后，许多工业发达国家的矿区生态环境修复已步入迅速、正常的发展轨道。国外工业发达国家在资源开发的生态补偿机制与政策方面主要通过立法的形式确保实施，有关资源开发的生态补偿机制与政策在生态损害补偿与修复的责任、资金渠道和标准方面都很明确，他们采取各种方式调节不同利益主体之间的关系，以实现矿区生态环境修复达到有关要求，解决资源开发与生态环境保护之间的矛盾。如德国与美国采取历史遗留的生态破坏问题由政府负责治理的做法；美国是以基金的方式筹集资金；德国是由中央和地方政府共同出资并成立专门的矿山复垦公司专司恢复工作，这种做法虽然违背了“谁污染谁治理”，“谁获益谁补偿”的原则，但是可以有效修复遭到破坏的生态环境。对于立法后的破坏问题，则由开发者负责治理和恢复，责任/获益者都很清楚，并且付费标准均可计算(卢艳丽，2009)。

④碳汇交易。碳汇交易始于1992年联合国环境与发展大会签署的《联合国气候变化框架公约》。自1997年联合国气候变化框架公约第三次缔约国大会签署了《京都议定书》以来，森林碳汇问题已被越来越多的人所了解和关注，碳汇交易呈现快速、稳健发展。尽管交易中存在基线确定困难、交易成本高、交易风险大等问题，但碳汇交易为森林生态效益价值市场化提供了一条途径，解决了生态性森林建设管护活动中的资金问题。俄罗斯总统普京于2004年11

月5日正式签字核准俄罗斯加入《京都议定书》，议定书于2005年2月自动生效，使森林碳汇服务的交易与市场化水平发展更加迅猛，碳汇服务交易形成了最具发展前景的森林环境服务市场。与此同时，碳汇交易的数量、碳汇项目和碳交易额迅速增加，碳交易体系也在不断完善，碳汇服务机构便随之出现。乌干达的碳固定项目、英美联合石油公司的碳信用交易、澳大利亚的森林碳减排等都是碳汇交易比较成功的典范。国外的做法大都是以项目为基础的碳汇交易。到目前为止，还没有形成一个由供求均衡决定价格的市场机制。

碳汇交易被认为是解决全球气候变化的新办法之一，森林碳汇服务市场的建立和健全，将标志着无限制碳排放时代的结束，合理有序利用大气资源时代的到来。它的出现经历了一个长期的过程，目前仍然在发展过程中，而且碳交易有一个假定，或者是说一个无可奈何接受的事实，即所有地点排放的碳都排放到全世界，所有地点的森林都固定全世界的碳，并且，世界各地森林的固碳功能都是一样的。这样，只要根据工业化水平，碳排放量和各国的森林面积就可以明确进行交易。但是我们监测不到碳的地理扩散、碳成为没有产权、不具排他性的公共物品。美国之所以不参加这个议定书就是认为自己的碳汇足可抵消自己的碳源，并且对世界做出额外贡献，所以不肯接受分摊的原则。“谁获益谁补偿”、“获益者付费”的原则在这里遇到了一定的问题(卢艳丽，2009)。

⑤风景与娱乐服务补偿。风景与娱乐等生态系统服务经常与生物多样性服务相重叠，在本质上旅游者购买的商品是欣赏景观的权利，而不是生物多样性服务。经营这些风景区的企业付给土地所有者的支付额度通常是通过个别谈判来确定的。保护区对当地社会造成的有害物质影响和巨大的机会成本，需要进行补偿。经常用来体现这些价值的、以市场为基础的补偿机制包括：参观权进入补偿机制，如参观费50%进行补偿、“一揽子”旅游服务费25%和项目费25%用于补偿。

尽管对风景与娱乐使用进行付费可能是历史最早的生态系统服务市场，但是它的发展状况并不是很好。一个主要原因是，过去尽管允许旅游运作者、特许经销商和接待机构对游客收取娱乐和观赏费用，但是并没有给土地所有者以补偿。虽然这种情况现在已有所改善，但是国家公园继续提供免费的旅游与娱乐环境服务的行为削弱了私有土地所有者诉求补偿的能力。同时，由于这种服务的需求很少以科学事实为基础，而在更大程度上依赖于游客的特定审美爱好和娱乐经验，所以旅游与娱乐服务市场往往也是变化无常的。但是生态旅游业日益被广大民众所接受，这一领域的前景也是光明的(卢艳丽，2009)。

(2)国外生态补偿的实践活动

①德国生态补偿机制最大的特点是资金到位，核算公平。资金支出主要是横向转移支付。所谓“横向转移”，就是由富裕地区直接向贫困地区转移支付。换句话说，就是通过横向转移改变地区间既得利益格局，实现地区间公共服务水平的均衡。横向转移支付的一个重要特点是州际间横向转移支付，它以州际财政平衡基金为主要内容。其基金由两种资金组成：扣除了划归各州的销售税的25%后，余下的75%按各州居民人数直接分配给各州；财政较富裕的州按照统一标准计算拨付给贫穷州的补助金。

②英国政府通过付钱给传统农场主进行补偿，让其采用低强度农耕方式和在科学管理协议的限制下对生态敏感区加以保护；城市居民(包括学生)在县级非政府组织的指导下于周末参与环境保护工作，通过参与生态建设和保护从而获得精神愉悦。

③荷兰1993年将生态补偿原理应用于环境治理(MANF MHPE，1993)，该原理有两个目的：首先是在大规模的基础设施建设和类似的开发决策方面提高对自然保护行业的投入；其次是当一项既定的开发项目开始实施时，生态补偿为生态受害者提供补偿。

④日本将生态林称为保安林，对保安林的损失补偿内容为：对造林、抚育、间伐、林道建设环节采取财政补贴；对营造林过程中的固定资产投资税、不动产取得税、特别土地保有税、所得税、继承税、转让税等进行减免；对农林渔业融资利息实行减免优惠；通过实施绿色羽毛基金、森林环境税(水源税)征集生态补偿金。其生态补偿项目包括：经济损失按年度全额补偿；免除固定资产税、不动产取得税和特别土地保有税。补偿方式根据采伐方式的限制内容，按照相应的比例减征继承税和转让税；对抚育管理、更新造林，给予高于一般林地的政府补贴；可以申请获得农林渔业提供的低利率、长期限的政策性贷款；可优先申请国家山林治理计划公共事业项目经费(刘燕，2008)。

4.6 启示

国外对森林的扶持和补偿起步早、发展快，这取决于各国的国情。总体来说，大多数国家在实践中都做到了如下几点，这也是值得我们借鉴的。

4.6.1 充分发挥政府和市场的互补作用

对于目前世界各国而言，生态补偿的主要方式依旧是政府购买，但这并不意味着政府需要包办一切。美国的案例说明，完全可以将竞争机制和市场方法纳入公共政策。美国的保护性退耕计划的示范意义就是在于，政府以合同的方式与土地业主之间形成了一个有效率的互动的准市场。这样，补偿的标准这一问题也就迎刃而解了，它由政府与土地业主双方的供求均衡决定。一般说来，补偿量应该不小于土地的机会成本。哥斯达黎加也是利用市场手段来提高生态效益，利用在国际市场上转让温室气体排放权的方式筹集补偿资金，从国际碳汇贸易中所筹集的资金大部分补偿给林主(张巍巍，2006)。

4.6.2　实现制度化、法律化

市场经济就是法制经济，靠经济手段调控生态环境也必须靠法制管理。如果有健全的司法体系，就可以降低建立和实施某种经济激励机制的交易成本。在吸引私有投资、实行交易体系的过程中，这是一个重要甚至是最根本的条件。运用法律手段保护森林生态环境最为有效，这已为国外的森林生态保护实践所证明(张巍巍，2006)。对于林主，立法可以给他们带来更为稳定的预期收入，防止未来不确定性带来的风险，尤其是政策风险；而且国外对公益林补偿的法律规定比较详细，易于操作，这一点值得我国借鉴。

4.6.3　广泛的社会支持

例如，在哥伦比亚考卡河流域灌溉者协会对调节河径流费用的支付这一案例中，水用户成立灌溉者协会，自愿在原水费基础上增加 1.5 ~2 美元，列入一项独立基金，用于支付那些改善河流流量的必要活动。这项新增费用的额度反映了协会成员资助这类活动的意愿，也从另一个侧面反映出他们的环境意识比较高，已经认识到了水供应不断下降的机会成本。在纽约市流域管理计划这一实践中也充分反映了居民的环境意识对森林生态保护的重要意义：纽约市居民投票通过了政府对水用户征收附加税，从而使得纽约市流域管理计划得以成功实施(张巍巍，2006)。

4.6.4　明确划分产权和责任权

产权清晰，可以为买卖双方确定一个可以交易的平台。前面的几个例子都发生在私有产权占主导地位的国家，土地以及森林的产权都是清楚的。一般而言，国家对私人或集体的产权限制较少，在这种情况下，法律基本上倾向于认为如果是在自己的土地上进行的正常的生产经营活动，即使对社会整体或特定部分的人群带来了负外部效应，这也是土地业主本身的权利，如果要对其行为进行限制，就必须予以补偿。生态服务产权也可以通过公共部门的注册加以明晰，例如澳大利亚“流域生态系统服务投资中心”和美国“温室气体登记处”，正在制定开展环境服务交易的办法，首先设立登记处，制定环境服务标准(张巍巍，2006)。

4.6.5 建立生态补偿保证金制度

对我国正在开采或新建的矿山，政府应该逐步建立以土地复垦为重点的生态补偿保证金制度。所有计划开采矿山的企业都必须交纳一定数量的保证金，经过审核后才能取得采矿的许可，保证金的数量应根据当年治理生态破坏的成本加以确定。保证金既可以在银行开设生态修复账户进行上交，也可以通过地方环境部门征收后上缴国家。若开采企业未按规定履行生态补偿义务，政府可动用保证金进行生态治理。

4.6.6 建立与环境相关的税收制度

当今世界上许多国家都开征了固体废弃物税、空气污染税、注册税、噪声税和水污染税等，并把这些收入投入到生态环境保护中，使税收在生态环境保护的过程中最大限度地发挥作用。科学发展观的提出、实施，使得在我国建立与环境税相关的制度成为当务之急。目前，我国环境税可征对象为排放的各种废水、废气以及固体废弃物的行为。对某些对环境污染度较高的产品，可以采取环境附加税的方式添加到消费税中予以补偿。在开征环境税的初期，为易于推行，税目划分不宜过细，税率结构也不宜太复杂。

4.6.7 对破坏环境的行为进行约束，对保护环境的行为进行鼓励和支持

我国生态补偿制度的建立必须制定相应法律法规。首先，应尽快根据现实的情况出台《生态补偿条例》，在《条例》实施的基础上进一步完善，形成《生态补偿法》。法律是以国家强制力为保障的，根据“有法必依，执法必严”的要求，如果生态补偿机制能以法律的形式确定下来，则为其推行提供了可靠保障。在这一过程中，可选择条件允许的地方进行试点，探索有关生态补偿的方法、实施步骤等，取得一定的经验后进行总结，完善后再逐步推广(何沙，2010)。

当然，由于国情和林情不同，我国在今后的实践中也不能照搬这些经验，生态补偿离不开当地的社会、文化和经济等条件，因此有必要根据我国具体国情和林情开展此项研究。

5 我国生态补偿及林业财政扶持政策

5.1 我国生态补偿政策建立的必要性

从30多年前发展至今，在环境污染防治方面，我国已经建立了相对完整的政策体系，相对科学的法律和政策也为主要的环境污染问题管理提供了主要依据。但在保护生态环境方面，我国的相关政策仍然存在诸多结构上的弊端，特别是与之有关的环境经济方面的政策严重缺失，难以解决我国主要的生态流域、功能区和矿产资源开发等领域的保护问题。透过这类生态保护及其相关污染防范和治理问题的表面去看实质，就会发现贯穿始终并发挥作用的其实是一个共同的利益关系规律，即由于环境利益及其相关的经济利益而造成的在保护者、破坏者、受益者和受害者之间的不公平分配。要想使这类问题得到解决，必须建立一种关系，使得相关主体的环境利益和经济利益得到保护的政策，生态补偿机制在政策方面的含义和目标也就体现在此。因此，我国急需建立科学的生态补偿机制，在有效保护生态环境的同时，对建立和谐社会做出贡献。

5.1.1 流域生态保护中的经济利益分配不公

在我国，国家拥有水资源所有权，对水资源享有占有、使用、收益和处分的权利，流域内的居民则对水资源享有使用权，包括占有、使用、取得经济收益和处分的权利。根据《中华人民共和国环境保护法》和《水污染防治法》，流域内政府、组织和居民有责任保护好生态环境和水环境。但实际上，因为所处地理位置的不同，流域各区段对周围生态环境的影响是不同的，其中流域上游地区和下游地区有着比较大的影响。这就意味着：一方面，上游地区要承担更多的生态环境保护责任和义务，同时也要实行更严格的保护措施和标准，以提高产业发展在环境方面的标准，这就导致上游地区会损失一定的经济收入；另一方面，保护的成果能够使优质足量的水资源更多地为下游地区所享用。当这种因上游地区保护生态环境产生的水资源溢出效益被下游地区无偿占有时，上下游之间关于环境利益及其所产生的经济利益的分配就会严重失衡，上游地区也会因失去经济驱动力而被迫放弃更加严格的保护措施，最终可能导致流域水资源"公地悲剧"现象的发生。我国近30%的国土面积分布在10大流域或水域内(包括数千条大小不等的流域)。许多流域的生态环境保护都出现了环境与经济利益分配关系扭曲的现象，并严重地制约了我国环境保护的整体进程以及地区间的和谐发展。

5.1.2 矿产开发与当地群众发展问题

据初步评估(2002)，我国矿产资源潜在总值居世界第三位，我国已成为世界重要的矿产资源大国和矿业大国。2004年，我国95%以上的一次能源、80%以上的工业原材料、70%以上的农业生产资料均来源于矿业。新中国成立以来，长期大规模开发矿产资源，使得严重的生态破坏和环境污染问题不断侵蚀着我国大地，当地民众的日常生活也受到前所未有的冲击，引起了比较严重的社会问题。在某煤田开发区，由于煤炭开发造成饮水和农田灌溉问题，近年来当地居民上访100余批，4000余人次。

长期以来，在矿山资源综合利用和环境治理方面的法律法规，我国政府都给予高度重视。在《中华人民共和国矿产资源法》和《中华人民共和国环境保护法》等法律框架下，颁布实施了《矿山生态环境保护与污染防治技术政策》，并正在开展《矿山环境保护条例》的立法工作，积极推行相关法律制度。但从性质上看，这些法律法规却忽视了矿产开发企业的经济利益，不能将开发行为产生的社会成本内部化，不能有效激励企业建立保护环境的经济机制，更不能适应市场经济条件下矿产资源开发的环境管理规律。综合看来，目前的法律政策是我国矿产资源开发中形成的生态环境问题不能得到有效遏制的重要原因之一。

我国矿产资源开发引发的生态环境问题具有较强的地域特点。我国矿产资源主要分布在西部地区，西部地区煤炭保有储量占全国的60%以上，煤层气资源量占全国的57.8%，石油可采储量占全国的25%，天然气可采储量占全国的66%(刘通等，2006)。但这却让西部地区成为我国矿产资源开发生态环境破坏的重灾区，而且留下许多历史问题。在计划经济时期，矿产开发企业全部归国家所有，企业利润全部上缴国家，但国家并没有用矿产资源开发的收益来治理与之相关的生态破坏和环境污染问题，造成西部地区在为国家和其他地区的发展贡献了廉价资源的同时却承受着因环境破坏而带来的严重后果的历史不公平现象。这一现象的现实挑战是，西部地区因经济发展落后，自身无力偿还生态环境的历史旧账。这就是典型的环境与经济利益在区域间不公平分配的问题。

5.1.3 生态功能区保护与发展的矛盾冲突

原国家环境保护总局在划分全国生态功能区方面做了大量的调查研究工作，根据不同生态系统服务功能的重要性和生态敏感性，划分出1458个对保障国家生态安全具有重要作用的生态功能区，约占国土面积的22%，人口的11%。其中重要生态功能区包括水源涵养区、土壤保持区、防风固沙区、生物多样性保护区和洪水调蓄区(任勇等，2006)。对于土壤保持区和防风固沙区，我国还实施了大规模的生态建设工程和专项治理计划，包括退耕还林(还草)工程、林业生态建设工程、水土流失综合防治工程、防沙治沙重点工程等。对于生物多样性、水源涵养和洪水调蓄等重要生态功能区的保护，建立自然保护区是一种主要方式。截至2005年年底，全国共建立各级各类自然保护区2349处，面积达150万km^2，约占陆地国土面积的15%，初步形成了类型比较齐全、布局比较合理的全国自然保护区网络(刘通，2007)。在江河源头区、重要水源涵养区、江河洪水调蓄区、防风固沙区以及其他具有重要生态功能的区域建立了18个典型区域国家级生态功能保护区试点。

然而，我国在重要生态功能区，特别是自然保护区的建设与保护当中，面临着两个突出的问题：其一是建设和保护的资金短缺，其二是保护与发展存在严重冲突。这种矛盾冲突表现在两个方面：一是政府建立保护区，使当地居民失去了发展所需自然资源的可能，甚至导致其生活水平下降。例如，位于广西大瑶山自然保护区的金秀县，在1998年全面实行林木禁伐之后，林农依靠木材和林下经济植物的收入大幅度下降，出现严重的返贫现象。该县1999年贫困人口为9844人，到2003年贫困人口增加到55811人，占全县人口的37%(王立安，2009)；二是虽然保护区当地居民从事生态保护活动，为全国和其他地区提供了良好的生态服务功能，但他们却没有得到相应的回报。由于保护区实施严格的保护要求和标准，甚至使当地民众失去了发展工业的机会。当然，近年，江苏、浙江、湖南、山西、河北、内蒙古等省(区)相继出台了《矿山环境保护条例》，实行了矿山环境恢复保证金制度(陈利平，2010)，有关情况有一定改善。

贫困和落后有其复杂的自然、社会和经济原因，但保护生态而使当地居民失去发展机会是这些原因中最重要的一个方面。虽然全国人民总体生活水平有所提高，但是我国自然保护区等重要生态功能区面临的保护与发展的矛盾冲突日益严峻，已成为比较严重的社会问题。这种保护与发展的冲突矛盾既会影响到我国社会的公平与和谐发展，也将严重制约生态保护事业的发展。所以，在全国范围内建立重要生态功能区的环境与经济利益平衡机制是一件非常迫切的环境保护和政治任务。

5.2 我国生态补偿政策的历史演变

我国真正实施森林生态效益补偿在我国公益林政策实施之前就开始了。20 世纪 70 年代，由于缺乏护林经费，四川省青城山这个著名的佛教圣地乱砍滥伐的现象十分严重，面临严峻的生态危机。基于此情况，成都市政府决定将青城山门票收入的 30% 用于防护林，才使得青城山的森林状况有所好转(申璐，2010)。

1989 年 10 月，我国政府探索森林生态效益补偿政策始于原林业部在四川省青城山的调研。1992 年，森林生态效益补偿得到了原林业部的支持和肯定；同年，财政部、国家计划与发展委员会、国家物价局、国家税务局、建设部、旅游局、原林业部等十个部委，联合开展了全国各省及直辖市的调研。1993 年，各界通过在北京的座谈会对建立森林生态效益补偿制度形成一致意见，补偿资金来源、补偿标准等具体问题进行了进一步商讨。1993 年，原林业部初次颁布《关于收取林业生态补偿费的规定》。1994 年国务院发展研究中心、中共中央研究室草拟了《关于增加农业投入的紧急建议》，提出："从直接于森林生态效益补偿中获益的单位和个人收取一定数量的森林生态效益补偿金"。1995 年初，财政部和原林业部组成森林生态效益补偿办法研究小组，开展了一系列森林生态效益补偿制度的相关研究(中国环境与发展国际合作委员会林草问题课题组，2002；王冬米，2002)。

以上均是在国家公益林生态效益补偿制度确立之前进行的有益尝试。国家公益林生态效益补偿制度确立后，经过三个阶段的进一步探索，最终建立了国家公益林生态效益补偿制度：

5.2.1 第一阶段：针对受益者的收费方案

以青城山的经验为借鉴，按照受益者付费的原则拟定收费方案。1996 年 12 月 27 号，财政部和原林业部正式向国务院呈报了《森林生态效益补偿基金征收管理暂行办法》(财综字[1996]132 号)，提出了初步的森林生态效益补偿收费方案，以"谁受益，谁负担"为原则，在全国范围内，对受益于生态公益林的单位和个人，征收森林生态效益补偿基金(刘克勇，2005)；征收对象暂定为与森林生态效益密切相关的直接受益者，包括国家大型水库、全国各类旅行社及从事其他旅游活动的单位和个人。收费标准为：①库容量 1 亿 m^3 以上的国家大型水库，按扣除农业用水的供水营业收入的 0.5% 交纳森林生态效益补偿基金。②全国各类旅行社按照应纳税营业额的 1% 交纳森林生态效益补偿基金；③风景名胜区(点)、森林公园、自然保护区、旅游度假村、城市园林、城市园林、绿化公园、狩猎场内从事各种经营活动的单位和个人，按营业收入的 1% 交纳森林生态效益补偿基金(以上单位、个人交纳森林生态效益补偿基金，由所在地税务部门在征收营业税或增值税时一并代收)。④风景名胜区、森林公园、自然保护区、旅游度假村、城市园林、绿化公园的门票加价 10%，作为森林生态效益补偿基金。⑤猎枪生产和经销单位，按猎枪出厂价格的 20% 征收森林生态效益补偿基金。其中生产单位负担 5%，经销单位负担 15%。⑥保留野生动物进出口管理费和陆生野生动物资源保护管理费。方案指出，除⑥以外，森林生态效益补偿基金由中央、地方按 4∶6 的比例共享，分别缴入中央国库和地方国库；森林生态效益补偿基金属于政府性专项基金，由财政预算管理，并实行专款专用，主要用于生态林的建设和保护，野生动物保护(张涛，2003)。此方案每年可征收森林生态效益补偿基金约为 5.87 亿元(中国环境与发展国际合作委员会林草问题课题组，2002；王冬米，2002)。虽然此方案有它科学合理的一面，但缺陷也很明显：首先，由于在该方案中林业部门森林生态效益补偿基金的收取范围很广泛，包括很多与之相关的部门和行业，协调存在难度；其次，实际征收管理难度大，实施起来难度大，征收的成本十分高。因此，此方案并未投入实施。1997 年，财政部、原林业部再次以《关于〈森林生态效益补偿基金征收管理暂行办法〉有关协调情况的报告》(财综字[1997]166 号)，上报国务院，依然没有通过(陈根长，2002)。

5.2.2　第二阶段：政府基金的分成方案

1998 年，新《中华人民共和国森林法》颁布，其中第八条规定：“国家设立森林效益补偿基金”。1999 年 11 月 2 日，国家林业局和财政部在对建立森林生态效益补偿基金问题进行了进一步的协商之后，在广泛调查研究的基础上，再次向国务院报送了《森林生态效益补偿基金筹集和使用管理方法》(送审稿)，建议从 14 项政府基金(专项收费、附加)收入中抽取 3% 建立森林生态效益补偿基金，随“费改税”逐步规范，并纳入到政府财政预算渠道中去。其中，中央政府性基金收入提取的森林生态效益补偿基金，成为中央基金预算收入，用于国家重点公益林专项支出；地方政府性基金提取的森林生态效益补偿基金，是地方基金预算收入，用于各省、自治区、直辖市人民政府确定的地方公益林的补助。森林生态效益补偿基金实行专款专用，征收期暂定为5年。1997年，中央批准的政府性基金(收费)实现了2128亿元的收入，其中可作为计征基础的基金收入约为1500～1600亿元，按3%征收比例执行，预计一年内可实现收入45～48亿元。各级财政部门负责征收，基金从财政预算或专户中直接划转(张涛，2003)。2000年3月31日，国务院做出了批复：建立森林生态效益补偿基金，对于改善我国生态环境，实现可持续发展战略具有重要作用，鉴于有关部门对筹集方法和用途尚有不同意见，请财政部、国家林业局进一步协调后，再报国务院审批(陈玲，2009)。从思路上讲，该方案是通过调整现有政府性基金使用对象及比例，来达到筹集公益林补偿资金的目标，由政府来承担生态林建设投入，同时鼓励其他各行业支持生态林建设。从实质看来，此方案为权宜之计，但是无法满足生态林业投入长期性、持续性、稳定性的要求，与当时我国财政体制改革中清理各类基金、收费的做法也不符合，因此依然未能正式在政府财政预算中列项安排。

5.2.3 第三阶段：国家重点公益林中央财政补助方案

2000年5月12日，朱镕基总理在考察河北丰宁县沙区时曾明确表示：支持建立森林生态效益补偿基金。随后，财政部颁布财农[2001]5号文件，表明“同意设立森林生态效益补助资金，主要用于提供生态效益的防护林和特种用途林(统称国家生态公益林)的保护和管理”，同时建议国家林业局从试点开始推进，并做好公益林清查工作(陈根长，2002)。2001年11月23日，财政部和国家林业局宣布，森林生态效益补助资金将从即日起在全国11个省、自治区的658个县、24个国家级自然保护区进行试点，涉及0.12亿hm^2国家重点公益林。当年中央投入了10亿元人民币作为财政支持(中国环境与发展国际合作委员会林草问题课程组，2002)。随后，财政部、国家林业局印发了《关于开展森林生态效益补偿资金试点工作的意见》(财农函[2001]7号)，规定补助资金不包括对重点防护林、特种防护林的营林收入，也不是对禁止商业性采伐所带来的全部影响进行补偿，而是对制约重点防护林、特种防护林保护和管理的关键性因素(如管护费)进行一定的补助。其他如财政减收、经营者减收和职工社会保障问题，应由地方政府做出承诺，将问题在内部做到妥善解决。

然而，补助并不等同于补偿。按照《森林法》规定：“国家设立森林生态效益补偿基金，用于提供具有生态效益的防护林和特种防护林的森林资源、林木的营造、抚育、保护和管理。”因此，防护林、特种防护林的造林费用、管护费用、抚育费用以及管理费用都应包括在一个完善的森林生态效益补偿制度里面。然而，目前公益林中央财政补助费用并未包括公益林所有者先前的造林费用和抚育费用，同时未考虑对公益林所有者的损失赔偿；仅仅是指对国家重点生态公益林的管护费用进行补贴，而非全部；并没有注意到林业产权在实施生态效益补偿政策中的重要性，也没有就如何有效地使用补助资金做出合理的安排。以福建省为例，福建省自留山被划分为公益林后，林农没有得到任何补偿，这显然是不合理的。中央一直在坚持做着有益的努力和尝试，2002 年和 2003 年，中央分别投入 10 亿元；2004 年，0. 27 亿/hm^2 非天保工程区被先期纳入了中央森林生态效益补偿基金实施范围，每年中央财政拨款 20 亿元进行补偿，然而每年每公顷还是补偿 75 元，只是对补偿性支出进行了限定。这样，虽然补偿面积与原来相比扩大了一倍，按质补偿仍是空缺，使得林分质量好的公益林所有者蒙受更大的经济损失。

我国生态补偿政策经历了一个艰难曲折的演变过程，林业系统学者也有统一的认识，其筹资机制在政府部门之间经过反复协商、搏弈，最后方能达成一致。本书从筹资机制角度划分，将生态补偿政策的历史演变分为以下四个阶段(孔凡斌，2009)。

(1)统一思想阶段(1989～1993 年)

20 世纪 70 年代，四川省成都市青城山风景区上的碑文提供了一个进行生态补偿的思路。青城山位于成都市东 60km，是我国著名的宗教圣地，森林资源丰富。但是由于护林人员的工资得不到保障，致使管理松散，乱砍滥伐问题十分严重。此事受到当时社会各界的关注，在舆论的压力下，成都市政府决定将青城山门票收入的 30% 用于护林。1989 年 10 月，原林业部组织相关人员到当地调研，并在四川乐山召开了一次有关森林生态补偿的研讨会，从而开始了建立我国森林生态补偿的历史进程。但是在当时，就森林生态补偿问题林业部门内部的认识并不统一，存在着各种不同意见，直到 1992 年年底，原林业部党组正式支持森林生态补偿，才基本上统一了认识。随即由原林业部、财政部、国家计委、原国家物价局、国家税务总局、建设部、国家旅游局等 10 个部委的有关人员组成的调研组对 13 个省(市)进行了专题调研。1993 年 2 月 24 日，各部委在北京召开座谈会，对在我国建立森林生态补偿制度一事达成了共识。与此同时，原林业部草拟了《关于收取林业生态补偿费的规定》，但由于不成熟未能进一步上报。因此，尽管这一阶段有关各方已经就森林生态效益补偿制度问题进行了调研和探讨，但补偿资金来源、补偿标准等具体问题尚未形成统一的意见。

(2)补偿方案探索阶段(1994～1999 年)

原林业部于 1994 年就开始筹集补偿资金的研究。最初采取向直接受益者收费的方案，即森林生态效益补偿政府基金方案。财政部拟就旅游、风景名胜区门票、水力发电等项目收费6个亿。该方案报送国务院后，由于部门间协调难度较大，同时该方案还存在征收资金数量少、征收成本高等问题，这个方案最终也未能获得通过。1998年《森林法》修正案将森林生态效益补偿基金法律化。1999年11月2日，财政部和国家林业局再次向国务院报送《森林生态效益补偿基金筹集和使用管理办法》(送审稿)，提出了从12项政府基金中抽取3%建立森林生态效益补偿基金的建议，其中从中央政府性基金收入提取的森林生态效益补偿基金，作为中央基金预算收入，专项用于国家级重点公益林，包括国家级自然保护区、国有林场、苗圃及未纳入国家林业生态重点工程的天然林保护。从地方政府性基金提取的森林生态效益补偿基金，作为地方基金预算收入，用于各省、自治区、直辖市人民政府确定的公益林保护。征收期暂定为5年，1年可以筹集50多个亿，但是由于该方案所提取的资金规模过小，无法满足林业生态建设对资金的需求，也不符合当时中央取消有关基金、收费的做法。2000年年初，国务院决定不采取基金提成，而采取由财政预算直接拨款的方式建立生态效益补偿基金。

(3)单列方案试点阶段(2000～2003年)

从1999年年底开始，我国政府陆续启动了天然林保护工程、退耕还林等一系列大型林业生态重点工程建设项目，计划投入资金上千亿元，而且这些投资主要来源于中央和地方财政。与此同时，我国建立新型公共财政体制改革也正式进入重要阶段，将林业生态建设和保护方面的开支纳入公共财政预算范畴的社会呼声高涨。在这一有利形势下，2000年7月，国家林业局再次向财政部提出尽快建立森林生态效益补偿基金的请求。2001年1月，财政部同意建立森林生态效益补助资金。2001年11月23日，财政部和国家林业局联合宣布，森林生态效益补助资金将从2001年11月23日起在全国11个省区658个县的24个国家级自然保护区进行试点，总投入10亿元人民币，共涉及约0.12亿hm^2的森林资源。2001年11月26日，财政部、国家林业局联合颁布了《森林生态效益补助资金管理办法(暂行)》，对试点期间森林生态效益补助资金管理工作进行了逐步规范，并提出了地方财政配套资金要优先到位，并以此作为中央补助资金到位的先决条件之一的政策建议。

(4)预算方案的完善阶段(2004年至今)

2004年，财政部根据试点情况同意正式建立中央森林生态效益补偿基金。为规范和加强中央财政补偿基金的管理，财政部和国家林业局于2004年1月联合出台了《中央森林生态效益补偿基金管理办法》，正式将森林生态效益补助资金改称为森林生态效益补偿基金。2007年3月，财政部、国家林业局对原《中央森林生态效益补偿基金管理办法》进行了修改，重新联合发布《中央财政森林生态效益补偿基金管理办法》，明确了中央财政出资建立的生态补偿基金的使用范围、补偿标准、资金管理以及监督检查等制度，并取消了地方政府资金配套的硬性规定。中央财政森林生态效益补偿基金的建立，把公益林建设纳入公共财政的框架，改变了长期以来我国公益林建设中存在的那种"有钱造林无钱管护"的局面，结束了无偿使用森林生态效益的历史，公益林从此有了稳定的保护资金来源渠道。

5.3　我国生态补偿政策实践及存在的问题

5.3.1　我国现行的生态补偿政策

(1)生态环境补偿费政策

1990年国务院颁布了《关于进一步加强环境保护工作的决定》，提出要按照"谁开发谁保护，谁破坏谁恢复，谁利用谁补偿"和"开发利用与保护增值并重"的方针，认真保护和合理利用自然资源，积极开展跨部门的协作，加强资源管理和生态建设，做好自然保护工作。随后在中办(1992)7号文件中明确提出："运用经济手段保护环境，按照资源有偿使用的原则，要逐步开征资源的利用补偿费。"1993年国务院召开了晋、陕、蒙接壤地区能源开发环境保护现场会，并提出要建立生态环境补偿机制。当时的国家环保局对征收生态环境补偿费工作非常重视，将该工作列入"1994～1998"五年工作纲要和1994年工作的要点，随后发布了《关于确定国家环保局生态环境补偿费试点的通知》(以下简称《通知》)，确定了14个省的18个市、县(区)为试点单位，开展了有组织的征收生态环境补偿费的试点工作(陈雪，2010)。

生态环境补偿费的具体内容如下：

①主要目的：通过经济补偿，从而达到一定激励作用，促使生态环境资源的使用者、开发者和消费者对生态环境进行保护并促使其恢复，保证资源的永续利用，对自然资源开发利用中损害生态环境的经济行为进行有效的约束和控制。同时，征收生态环境补偿费也可以弥补生态环境保护资金的不足，实现国家对生态服务功能购买的目的。

②征收对象：主要是那些直接影响生态环境的组织和个人。

③征收范围：包括矿产开发、土地开发、旅游开发、自然资源开发、药用植物开发和电力开发等。

④征收主体：征收主体是环境保护行政主管部门，所征收的补偿费纳入

生态环境整治基金，用于生态环境的保护、治理与恢复。

⑤征收方式：征收方式多元化，可按投资总额、产品销售总额付费方式、并按单位产品收费、使用者付费和抵押金收费的方式征收生态环境补偿费。

生态环境补偿费的实施情况是较为乐观的。事实上，在国家环保局发布《通知》之前，部分省(区)，如山西、陕西、内蒙古、云南、河北等已对征收生态环境补偿费进行试点实践，广西、福建、江苏3省(区)还制定了生态补偿费的管理办法并对其有关政策进行了规定。实施情况可以用以下3点来概括：第一，试点范围逐步扩大，地方有关生态环境补偿费的政策不断完善；第二，征收范围不断扩展，逐步拓展到矿产开发、土地开发、旅游开发、自然资源开发、药用植物开发和电力资源开发等6大领域；第三，补偿费的征收虽然额度还不大，但对促进地方生态环境保护与建设发挥了积极的作用。

当然上述成绩的背后也存在着一些突出的问题，比如生态环境补偿费的概念不够明确、征收对象还不完善、资金使用存在问题等。

(2)退耕还林(草)政策

长期以来，以粮为本的国家农业发展战略造成了严重生态破坏问题，特别是在长江、黄河等江河上游地区，由于常年的毁林开荒，使得上游生态环境遭到严重破坏，水源涵养功能下降，水土流失问题严重。1998年长江出现了罕见的大洪水，造成了极大的经济损失和生命财产损失。专家分析，上游严重的生态破坏是造成这次严重洪涝灾害的重要原因之一(陈雪，2010)。为此，为维护国家的生态安全，国家下决心要对江河上游的生态环境进行恢复和整治。在当时我国粮食连年丰收、国家粮食储备富足的情况下，国家决定逐步推广“退耕还林”政策。为此，1999年国家首先在四川、陕西和甘肃开展了“退耕还林”的试点工作，积累经验，并在3年后制定了退耕还林10年规划。2002年12月，国务院颁布了《退耕还林条例》，并于2003年在全国实施退耕还林(草)政策(陈雪，2010)。

为规范退耕还林(草)工作，国务院制定了《退耕还林条例》，对退耕还林(草)原则、工作重点等内容做了明确的规定：

①原则：退耕还林必须优先考虑生态。退耕还林应当与农村的经济发展、农民粮食增收 、农村水利建设、农村环境保护以及农村生态移民相结合；通过合理的方式和有效的政策手段引导农民自愿退耕；遵循自然规律，因地制宜，综合治理；在这个过程中对退耕还林者的生活条件进行逐步改善。

②退耕还林规划：由国务院林业行政主管部门编制退耕还林总体规划，经国务院西部开发工作机构协调、国务院发展计划部门审核后，报国务院批

准实施(贾卫国，2005)。

③退耕还林的重点：水土流失严重的耕地，沙化、盐碱化、石漠化严重的耕地，生态地位重要、粮食产量低而不稳的耕地要实施退耕还林。江河源头及其两侧、湖库周围的陡坡耕地以及水土流失和风沙危害严重等生态地位重要区域的耕地，应当在退耕还林规划中优先安排(贾卫国，2005)。

④补偿期限和补偿标准：对退耕的农户和地方政府分别提供补偿，补偿期限一般为5~8年。在黄河上游地区，对退耕还林农户的补偿标准为每亩退耕还林土地补偿粮食100kg或140元(按每千克粮食0.7元折算)，并补助种苗费50元和管护费20元；长江上游地区的补偿标准为每亩退耕还林土地补偿粮食150kg或210元，并补助种苗费50元和管护费20元。对地方政府因退耕还林减少的财政收入国家通过财政转移支付予以补偿。但是，由于解决退耕农户长远生计问题的长效机制尚未建立，随着退耕还林政策补助陆续到期，部分退耕农户生计将出现困难。为此，2007年8月，国务院决定完善退耕还林政策，继续对退耕农户给予适当补助，发布了《国务院关于完善退耕还林政策的通知》(以下称《通知》)，《通知》指出，现行退耕还林粮食和生活费补助期满后，中央财政安排资金，继续对退耕农户给予适当的现金补助。补助标准为：长江流域及南方地区每亩退耕地每年补助现金105元；黄河流域及北方地区每亩退耕地每年补助现金70元。原每亩退耕地每年20元生活补助费，继续直接补助给退耕农户，并与管护任务挂钩。补助期为：还生态林补助8年，还经济林补助5年，还草补助2年。根据验收结果，兑现补助资金(汪涓，2007)。

自实施退耕还林(草)政策以来，长江和黄河上游地区生态环境确实得到了很大改善。以陕西安康地区为例，作为国家南水北调中线工程的主要水源涵养区，丹江口水库以上控制着汉江60%的流域面积，其水源主要靠上游补给，而安康年出境入丹江口水库的总水量占入库总水量的65%。安康市10个县区均列入全国天然林保护和退耕还林还草规划，全市耕地面积约为51万hm^2，累计完成退耕还林面积25万hm^2。退耕还林后，森林面积大幅度增加，植被得到了恢复，减少了水土流失，形成了以山兴林、以林涵水的良性生态环境基础，使得汉江水资源得到了合理开发，并且得以永续利用。

(3)公益林补偿金政策

森林具有显著的生态功能和生态效益，能够有效维护地区生态环境。但是，由于经济利益的驱使，不少具有重要生态功能的森林也面临着被大量采伐的危险。同时，在国有林场禁止对生态林进行采伐后，林场的生产重点转向森林管护，林场职工的生活受到很大冲击。

为切实解决好生态公益林管护、抚育资金缺乏问题，并在一定程度上解决管护人员的经济收益问题，1998 年通过的《森林法修正案》规定，国家建立森林生态效益补偿基金，用于提供生态效益的防护林和特种用途林的森林资源、林木的营造、抚育、保护和管理。随后，在 2000 年 1 月发布的《森林法实施条例》中明确规定，防护林、特种用途林的经营者，有获得森林生态效益补偿的权利，从而使森林生产经营者获取补偿的权利法定化。2001 年财政部会同国家林业局下发《森林生态效益补助资金管理办法(暂行)》(财农[2001]190 号)，开始对生态公益林实施生态效益补偿。2004 年财政部又会同国家林业局印发了《中央森林生态效益补偿基金管理办法》(《森林生态效益补助资金管理办法(暂行)》同时废止)，明确提出为保护重点公益林资源，促进生态安全，根据《中华人民共和国森林法》和《中共中央、国务院关于加快林业发展的决定》，财政部建立中央森林生态效益补偿基金(陈雪，2010)。

《中央森林生态效益补偿基金管理办法》对森林生态效益补偿资金的性质、补偿范围、补偿标准和资金使用等有关内容做出了明确的规定：

①基金性质：中央补偿基金是对重点公益林管护者发生的营造、抚育、保护和管理支出给予一定补助的专项资金，由中央财政预算安排。中央补偿基金原则上待地方森林生态效益补偿基金安排后再予以安排。

②补偿范围：为国家林业局公布的重点公益林林地中的有林地，以及荒漠化和水土流失严重地区的疏林地、灌木林地、灌丛地。

③补偿标准：补助标准为每年每公顷 75 元，其中 67.5 元用于补偿性支出，7.5 元用于森林防火等公共管护性支出。基本延续了《森林生态效益补助资金管理办法(暂行)》中有关森林生态效益补偿标准的规定。

④补偿费的使用：补偿性支出用于重点公益林专职管护人员的劳务费或林农的补偿费，以及管护区内的补植苗木费、整地费和林木抚育费(中央森林生态效益补偿基金管理办法，2004)。

为落实森林生态效益补偿制度，有关部门将防护林和特种用途林纳入公益林的范畴之内，通过详细分类划分进行逐一落实并签订协议，据此作为补偿的标准。目前，这项工作在大部分省区已经完成。2004 年，财政部和国家林业局在广泛调查研究的基础上，选择了 11 个省区的 658 个县和 24 个国家级自然保护区，先行开始森林生态效益补偿资金的试点，涉及 1330 万 hm^2 重点防护林和特种用途林，取得良好的效果(包玉华，2009)。

(4)天然林保护工程

1998 年起开始实施天然林资源保护工程，工程主要对天然林造林、管护和林场职工进行财政补贴。如果说森林生态效益补偿基金的主要目的是实现对具有生态效益的林地的保护的话，天然林保护工程的主要保护对象是天然林，其最本质的作用对象即林场职工，而这类人的主要生产方式和谋生手段则是以天然林砍伐为主，彻底、有效地实现对天然林资源的保护。具体而言，天然林保护工程主要是保护长江上游、黄河中上游和东北内蒙古等地的天然林。

2000 年 10 月，国务院正式批准了《长江上游黄河上中游地区天然林资源保护工程实施方案》和《东北内蒙古等重点国有林区天然林资源保护工程实施方案》，整个工程的规划期到 2010 年(陈雪，2010)。

根据《长江上游黄河上中游地区天然林资源保护工程实施方案》和《东北内蒙古等重点国有林区天然林资源保护工程实施方案》，天然林保护工程的主要内容包括以下几个方面(曹亚玲，2008)。

①实施范围：长江上游地区以三峡库区为界，包括云南、四川、贵州、重庆、湖北、西藏 6 省(区、市)，黄河上中游地区以小浪底库区为界，包括陕西、甘肃、青海、宁夏、内蒙古、山西、河南 7 省(区)；东北内蒙古等重点国有林业包括吉林、黑龙江、内蒙古、海南、新疆 5 省(区)。总计 17 个省(区、市)，734 个县、167 个森工局(场)。

②主要任务：天然林保护工程的主要任务有四个方面：第一，全面停止长江上游、黄河上中游地区天然林的商品性采伐，停伐木材产量 1239.0 万 m^3。东北内蒙古等重点国有林区木材产量由 1853.6 万 m^3 减到 1102.1 万 m^3。第二，管护好工程区内 0.95 亿 hm^2 的森林资源。第三，在长江上游、黄河上中游工程区营造新的公益林 0.13 亿 hm^2。第四，分流安置由于木材停止采伐减产形成的富余职工 74 万人。

③补偿对象和补偿标准：第一，森林资源管护，按每人管护 380hm^2，每年补助 1 万元补偿。第二，生态公益林建设，飞播造林每公顷补助 750 元；封山育林每公顷每年 210 元，连续补助 5 年；人工造林长江流域每公顷补助 3000 元，黄河流域每公顷补助 4500 元。第三，森工企业职工养老保险社会统筹，按在职职工缴纳基本养老金的标准予以补助，因各省情况不同补助比例有所差异。第四，森工企业社会性支出，教育经费每人每年补助 1.2 万元：公检法司经费每人每年补助 1.5 万元；医疗卫生经费，长江黄河流域每人每年补助 6000 元、东北内蒙古等重点国有林区每人每年补助 2500 元。第五，森工企业下岗职工基本生活保障费补助，按各省(区、市)规定的标准执行。第六，森工企业下岗职工一次性安置，原则上按不超过职工上一年度平均工资的 3 倍，发放一次性补助，并通过法律解除职工与企业的劳动关系，不再

享受失业保险。第七，因木材产量调减造成的地方财政减收，中央通过财政转移支付方式予以适当补助。

天然林保护资金的使用目的非常明确，基本上是以“补人”为出发点的。该政策在1998～1999年的试点过程中，国家投入了101.7亿元。2000～2010年工程期内，国家计划投入962亿元，其中中央补助80%，地方配套20%。2002年又新增富余职工一次性安置经费6.1亿元，总投入达1069.8亿元。

从政策取得的实际成效看，天然林的砍伐基本得到了有效遏制，特别是通过对森工企业从采伐到管护和抚育的生产经营活动给予财政上的支持，使保护森林生态功能的活动有了经济收益，并进一步使森工企业职工的生活问题得到了基本保障，基本解决了林业系统从破坏到保护的转变问题。同时，该补偿政策的实施客观上也维护了社会的稳定。因此，该政策的实施基本上是成功的。

(5)退牧还草政策

由于过度放牧和超载，我国天然草场的退化、沙化、荒漠化等生态环境问题十分严重。近年来，由草原生态退化引发的沙尘暴对我国北方地区产生了严重的影响。为修复草原生态环境，我国采取了一系列政策措施来缓解经济活动对草场的压力，并通过轮牧、休牧等措施减少草场的载畜量，恢复生态环境。其中“退牧还草”就是一项非常具有代表性的具有生态补偿意义的政策。该政策针对我国天然草场的主要分布地区，通过采取经济补偿的手段实现对退化草场的修复和保护。为此，2003年国家发展与改革委员会、国家粮食局、国务院西部开发办、财政部、农业部、国家林业局、国家工商行政管理总局、中国农业发展银行等8部门联合下发《退牧还草和禁牧舍饲陈化粮供应监管暂行办法》(国粮调[2003]8号)，这是“退牧还草”政策的法律文件。

《退牧还草和禁牧舍饲陈化粮供应监管暂行办法》的主要内容包括：

①主要目的：为保护和恢复西北部、青藏高原和内蒙古的草地资源以及治理京津风沙源。补偿方式是为“退牧还草”的牧民提供粮食补偿。

②“退牧还草”饲料粮(指陈化粮)补助暂定标准：蒙甘宁西部荒漠草原、内蒙古东部退化草原、新疆北部退化草原按全年禁牧每公顷每年补助饲料粮82.5kg，季节性休牧按休牧3个月计算，每公顷每年补助饲料粮20.6kg。青藏高原东部江河源草原按全年禁牧每公顷每年补助饲料粮41.3kg，季节性休牧按休牧3个月计算，每公顷每年补助饲料粮10.4kg。

③京津风沙源治理工程禁牧舍饲项目饲料粮(指陈化粮)补助标准。内蒙古北部干旱草原沙化治理区及浑善达克沙地治理区每公顷地每年补助饲料粮

82.5kg。内蒙古农牧交错带治理区、河北省农牧交错区治理区及燕山丘陵山地水源保护区每公顷地每年补助饲料粮 40.5kg。

④饲料补助年限：“退牧还草”和京津风沙治理工程的饲料粮补助期限均为 5 年。

总体来说，在实施“退牧还草”政策方面一直都很通畅，有效改善了草场质量，并对草原生态环境进行了一定程度的修复，基本实现了政策设计的初衷。在青海和甘肃等地可以看到许多原来已经退化的草地已经完全实现了禁牧，草场得到了有效的保护和修复，草原退化的问题在局部地区得到一定程度的缓解。

(6)*矿产资源税及矿产资源补偿费*

①矿产资源税：矿产资源税开征的主要目的是为了调节资源开发中的级差收入，从而促进资源合理开发利用。该税种从 1984 年就开始征收，1994 年对该税种进行了较大的改革，扩大了征收范围。根据 1993 年 12 月 25 日国务院颁发的《中华人民共和国资源税暂行条例》规定，资源税的课税数量以纳税人开采或生产的销售数量或自用数量为课税数量。部分资源税税目、税额幅度见表 7。

②矿产资源补偿费：国务院 1994 年颁布施行的《矿产资源补偿费征收管理规定》是矿产资源补偿费征收的法律依据(表 7)。

表 7 矿产资源补偿费种类

Tab 7 Mineral resources compensation types

税目		税额幅度	
原油	8~30 元/t	黑色金属矿原矿	2~30 元/t
天然气	2~15 元/千 m^3	有色金属矿原矿	0.4~30 元/t
煤炭	0.3~5 元/t	固体盐	10~60 元/t
其他非金属矿原矿	0.5~20 元/m^3	液体盐	2~10 元/t

资料来源：中华人民共和国资源税暂行条例，国务院，1993。

《矿产资源补偿费征收管理规定》从保障和促进矿产资源的勘查、保护与合理开发，维护国家对矿产资源的财产权益的角度出发，规定对在中华人民共和国领域和其他管辖海域开采矿产资源的采矿权人征收矿产资源补偿费。矿产资源补偿费由地质矿产主管部门会同财政部门征收。矿区在县级行政区域内的，矿产资源补偿费由矿区所在地的县级人民政府负责地质矿产管理工作的部门负责征收。

矿区范围跨县级以上行政区域的，矿产资源补偿费由所涉及行政区域的共同上一级人民政府负责地质矿产管理工作的部门负责征收。矿产资源补偿费或者征收矿产资源补偿费的金额 = 矿产品的销售收入 × 补偿费费率 × 开采回采率系数。

征收的矿产资源补偿费按规定比例由中央和省(市、区)进行分成。中央与省、直辖市的矿产资源补偿费的分成比例为5:5；中央与自治区矿产资源补偿费的分成比例为4:6。矿产资源补偿费纳入国家预算，实行专项管理，主要用于矿产资源勘查。矿产资源补偿费费率见表8。

表8　矿种种类及补偿费

Tab 8　Mineral types and compensation

矿　种	补偿费费率(%)
石油、天然气、煤炭	1
主要金属矿种	2~4
主要非金属矿种	2

矿产资源税和矿产资源补偿费政策在全国各地已普遍实施，从地方了解的情况看，矿产资源税和矿产资源补偿费是各地在矿产资源开发中执行的最为广泛的生态补偿政策之一。

(7)水资源费政策

1993年国务院《取水许可制度实施办法》对水资源的规范利用发挥了积极的作用。2002年修订的《中华人民共和国水法》第四十八条明确规定：对城市中直接从地下取水的单位，征收水资源费；其他直接从地下或者江河、湖泊取水的，可以由省、自治区、直辖市人民政府决定征收水资源费。水资源费征收管理和取水许可制度密切相关，由于《取水许可制度实施办法》没有规范水资源费问题，导致实践中出现各地水资源费政策不统一、征收程序不规范、使用方向不合理等问题，有必要在总结地方实践经验的基础上，对其予以适当规范。为此，国家依据《中华人民共和国水法》于2006年1月发布了《取水许可和水资源费征收管理条例》，就有关水资源费问题做出了明确规定(2006)。

《取水许可和水资源费征收管理条例》规定了以下内容：

①收费对象：取用水资源的单位和个人，应当申请领取取水许可证，并缴纳水资源费。按照水法有关规定并结合实际情况，《条例》明确了不需要申请领取取水许可证和缴纳水资源的几种例外情况：一是农村集体经济组织及

其成员使用本集体经济组织的水塘、水库中的水；二是家庭生活和畜禽饮用少量取水；三是为保障生产安全和公共安全临时应急取(排)水；四是为农业抗旱和维护生态与环境必须临时应急取水等。除此以外，其他利用取水工程或者设施直接从江河、湖泊或者地下取用水资源的，都必须申请取水许可，并依法缴纳水资源费。

②标准的制定：水资源费征收标准由省、自治区、直辖市人民政府价格主管部门会同同级财政部门、水行政主管部门制定，报本级人民政府批准，并报国务院价格主管部门、财政部门和水行政主管部门备案。其中，由流域管理机构审批取水的中央直属和跨省、自治区、直辖市水利工程的水资源费征收标准，由国务院价格主管部门会同国务院财政部门、水行政主管部门制定。

③水资源费的管理与使用：县级以上人民政府水行政主管部门、财政部门和价格主管部门负责水资源费的征收、管理和监督。征收的水资源费应当按照国务院财政部门的规定分别上缴中央和地方国库。征收的水资源费应当全额纳入财政预算，由财政部门按照批准的部门财政预算统筹安排，主要用于水资源的节约、保护和管理，也可以用于水资源的合理开发。任何单位和个人都不得截留、侵占或者挪用水资源费。

④农业用水的水资源费有关规定：农业是水资源利用的大户，如何妥善处理农业生产直接取水的水资源费征收问题，关系到节约水资源和农民减负增收的问题。国家在政策制定过程中给予了高度重视。

据水利部统计，2004 年，全国农业生产取水 3585.7 亿 m^3，占当年总取水量的 64.6%，其中农田灌溉取水 3227.1 亿 m^3，占农业生产取水量的 90%。由于用水模式粗放，不利于水资源的可持续利用，国务院决定对农业生产取水征收水资源费，目的在于促进灌溉方式转变、培养农民节约用水意识。

在政策制定中，国家统筹考虑了减轻农民负担与促进水资源节约利用两个因素，对不缴、免缴和低标准缴纳 3 种情况作了规范。

一是明确了农民使用本集体的水塘、水库中的水，家庭生活和畜禽饮用等少量取水，不需要缴纳水资源费。农民使用供水工程例如水库中的水，只需向供水工程单位缴纳水费。

二是农业生产用水定额由省、自治区、直辖市核定，直接从江河、湖泊或者地下取用水资源从事农业生产的，只要没有超过定额，就不需要缴纳水资源费，也就是说，对于大量的、分散的单个农业生产者而言，基本上都可以免缴水资源费。

三是农业生产超定额取水的，虽然需要缴纳水资源费，但水资源费征收标准也比较低。据水利部估算，全国农业水资源费征收标准综合平均水平大约为0.002元/m^3，大大低于工业、城市居民等用水的水资源费标准。

（8）生态移民政策

我国的生态移民政策脱胎于扶贫政策，也是解决生态脆弱地区和重要生态功能区生态恢复和保护，实现群众脱贫的一项重要手段。生态移民政策和扶贫政策有着十分密切的关系，两者“你中有我，我中有你”。特别是扶贫工作目前面临的主要问题是如何解决源于恶劣自然条件而造成的贫苦问题，生态移民政策与扶贫政策的结合就更为紧密。

我国西部有很多偏远地区，自然环境恶劣，不具备“就地扶贫”的条件且扶贫的成本太高，只有通过移民才能解决他们的脱贫问题，其中生态移民是一种重要途径。这些年来，各地的移民开发创造了许多卓有成效的做法。据不完全统计，这些年来，各级政府从当地实际情况出发，通过多种方式和途径迁移安置260万贫困人口，其中已稳定在迁入地居住的达241万，占92.9%，使全国需要自愿移民的搬迁贫困人口由750万减少到了500万左右。

生态移民政策的具体内容如下：

①概念与类型：生态移民是为了保护一个地区特殊的生态或者让一个地区的生态得到修复而进行的移民。根据发改委国土开发与地区经济研究所对我国生态移民问题的有关研究，生态移民包括生态脆弱区移民和重要生态区移民两种。如甘肃、宁夏20世纪80年代开展的吊庄移民和近年内蒙古牧区的生态移民就属于前者；三江源国家级自然保护区的生态移民则属于后者。

②移民计划：我国实施真正意义的生态移民是从2000年开始的，计划将西部地区700万农民通过移民来促其脱贫。目前我国政府组织的移民包括工程移民和生态移民。我国生态移民的扶贫移民开发按照群众自愿、就近安置、量力而行、适当补助四项原则进行。在充分尊重民意、尊重民族风俗习惯基础上进行移民。国家还提出，一定要注意让移民有一个稳定的经济收入，要建立新的产业。各种政策要配套，比如土地的使用证、新的户口证，都让移民拿到手。

③生态移民的政策：对符合移民条件的迁移户，国家给予专项补偿。但不同省份因情况不同，补偿标准也有所不同。如宁夏六盘山移民的标准为易地搬迁的投资标准为人均3500～4000元，基础建设的人均补偿标准为2500～3000元，移民建房补偿标准为人均1000元。甘肃移民安置中，安置一个移民安排资金的标准为3000元左右。此外，在土地、户籍等政策上，对生态移民也有相应的优惠和扶持政策。

(9)矿产资源开发的有关补偿政策

1997年开始实施的《中华人民共和国矿产资源法》明确规定：开采矿产资源，应当节约用地。耕地、草地、林地因采矿受到破坏的，矿山企业应当因地制宜地采取复垦利用、植树种草或者其他利用措施。开采矿产资源给他人生产、生活造成损失的，应当负责赔偿，并采取必要的补救措施。同时，《中华人民共和国矿产资源法实施细则》对矿山开发中的水土保持、土地复垦和环境保护的具体要求作了具体的规定，对不能履行水土保持、土地复垦和环境保护责任的采矿人，应向有关部门缴纳履行上述责任所需的费用，即矿山开发的押金制度。但是，目前能够真正实施矿产资源开发押金制度的地方还很有限，浙江等地实施得较好。多数地区主要以青苗补助和房屋占用赔偿的方式支付矿山资源开发中的有关补偿问题。

(10)耕地占用的有关补偿政策

由于城市化和工业化的进程不断加快，我国耕地占用问题十分严重。为保障基本耕地的动态平衡，国家制定了耕地占用的补偿政策。《基本农田保护条例》规定，经批准占用基本农田的单位，应按照占多少垦多少的原则进行补充，不能实现者应缴纳耕地开垦费，用于开垦新的耕地。

(11)三江源保护工程

根据国务院批准的《三江源自然保护区生态保护与建设总体规划》，从2005年开始，将用7年时间，总投资75亿元，开展对三江源地区的生态保护与建设。现已全面完成三江源生态保护与建设项目、农牧民生产生活基础设施建设项目和支撑项目三大类项目，包括退牧还草、已垦草原还草、退耕还林、生态恶化土地治理、森林草原防火、草地鼠害治理、水土保持和保护管理设施与能力建设，生态移民工程、小城镇建设、草地保护配套工程和人畜饮水工程，人工增雨工程、生态监测与科技支撑等22项建设内容的实施方案。

(12)流域治理与水土保持政策

为减少水土流失，促进农村小水电建设和小流域治理，1998年水利部和财政部联合制定了《小型农田水利和水土保持补助费管理规定》，并将“小型农田水利和水土保持补助费”的专项资金纳入国家预算，用于补贴扶持农村发展小型农田水利、防止水土流失、建设小水电和抗旱等方面的投入。

5.3.2 生态补偿相关政策存在的问题

通过对上述生态补偿政策的分析和总结，可以看出目前我国生态补偿政策还存在以下几个方面的问题(汪涓，2007；冯东方，2006)。

(1) 专门设计的生态补偿政策较为缺乏

目前，涉及生态补偿内容的相关政策近十余项，但真正以生态补偿为主体而设计的政策却微乎其微。与生态补偿有关的政策主要是从某一种生态要素或为实现某一种生态目标而设计的政策。因此，虽然这些政策中涉及保护和恢复生态环境的相关内容，但整个政策的作用还是服务于其他目标的。这样，在具体实施政策的过程中，就常常会出现忽视生态保护与修复的内容的现象，由此生态补偿的真正目的也无法实现。

从我国各项政策的实际情况来看，各项政策虽然从不同的角度对生态补偿问题给予了一定关注，但各项政策的具体实施也无法真正实现保护生态环境的目标。生态系统是一个复合系统，不是某一种单一的生态要素，要切实实现生态补偿的目标，就必须从保护整个生态系统服务功能的角度而出发，设计专门的生态补偿政策。

(2) 生态补偿政策带有强烈的部门色彩

现有的生态补偿政策都普遍带有强烈的部门色彩。政策实施过程中，无论是资源的开发与保护，还是保护生态环境，具体的操作中都会涉及多个行政管理部门，不同行政管理部门又都具有各自的职责范围。因此，在实际操作中各个部门就会偏重自身的职责和利益来进行政策设计，并依靠国家有关规律法规将这些部门性的政策固化。其中，具有代表性的就是有关林业生态补偿的政策。我国已实施有关林业生态补偿的政策包括退耕还林、生态公益林补偿金、天然林保护工程等，毋庸置疑这些政策对减少森林资源破坏、修复生态环境和保护森林生态系统功能都发挥了显著作用。但具体看来，政策的实施效果并不尽如人意，还存在诸多问题，尤为突出的是部门利益化和利益部门化的双重现象。其他的政策也存在不同程度的部门化问题。因此，从提高政策实施效果的角度出发，需要客观评价目前的生态补偿政策，并在此基础上进行相应的修改和完善，尽量减少甚至避免政策部门利益化的问题，以期达到更好的效果。

(3) 缺乏长期有效的生态补偿政策

在现有的生态补偿政策中，退耕还林、退牧还草、生态公益林补偿金等政策是最具有生态补偿含义的政策，这些政策的核心和出发点都是希望通过对为生态保护作出牺牲和贡献的农民、牧民等直接的利益相关者的经济补偿而实现保护和改善生态环境的目的。从这个角度看，这些政策也非常符合我们倡导的理念。但是，无论是退耕还林、退牧还草，还是天然林保护等这些最具生态补偿含义的政策，也都是以项目、工程或计划作为载体来实施，具有明确的时间限制，这样便会使得政策无法延续，也会给政策的实施效果带来变数和风险。进一步说，在政策的实施期限内，由于农、牧民为保护和改善生态环境所牺牲的经济利益能够得到一定的补偿，因此他们会限制自己的生产和开发活动，从而达到保护生态环境的目的。反之，一旦当他们为保护和改善生态环境所牺牲的经济利益得不到经济补偿时，他们便会为了基本的生活和发展需求，放弃从保护生态环境的角度去限制自己的生产和开发活动的想法，转向重新生产和开发，这便会对当地的生态环境造成无形的压力，严重的还将造成区域性的生态破坏或生态灾难。不幸的是，从目前我国实施的生态补偿政策来看，很多政策都是有时间限制的，缺乏一种持续和有效的生态补偿政策。

(4)缺乏利益相关者的充分参与

生态补偿政策的根本目的是调节生态保护背后相关利益者的经济利益关系，因此，生态补偿政策涉及众多利益相关者。但是，我国在政府有关政策的制定过程中，却非常缺乏相关利益者广泛参与的机制和实现途径，现有的生态补偿相关政策也不例外。由于没有能够广泛听取广大利益相关者的意见，现有的政策更多的还是体现了中央政府的意志，不能广泛代表广大生态保护相关利益方的利益。缺乏相关利益者的充分参与主要表现在两个维度：一是由于各地自然条件和人文资源的不同，在认定补偿对象上不能因地制宜，充分考虑地区之间的差异；二是在补偿标准的制定上，更多地体现出中央政府的意愿，而不能充分考虑农民、牧民、企业团体和各级地方政府的意愿和期望。

(5)生态补偿标准过低

生态补偿的核心是对通过保护生态的利益相关者进行相应的经济补偿来实现保护和改善生态环境的目的。但是，当生态环境保护者不能得到足够的经济补偿时，便会出现两种情况：一是保护者出于保护生态环境的崇高目的，自觉约束自己的行为和生产、开发活动，虽然有利于生态保护，但却会造成保护者经济利益的损失，甚至导致保护生态环境者陷入贫困；另一种情况是，因保护生态环境而损失了经济利益的人，为了维护家庭的正常生活、生产和发展的需求，很可能再次进行破坏生态环境的生产和开发活动。因此，合理的补偿标准是保证生态补偿政策实施效果的重要前提条件。在标准制定过程中，由于生态补偿利益相关者没有广泛参与到政策制定中，造成现行生态补偿相关政策的补偿标准严重背离现实，存在补偿标准过低的现象，上述两种现象都普遍存在，严重影响了有关补偿政策的实施效果。

(6)资金使用上没有真正体现生态补偿的含义

虽然目前有许多与生态补偿内容十分贴近的政策，但是这些政策在资金使用渠道上并没有真正体现出生态补偿真正的含义。尤其是矿产资源补偿费、矿产资源税和水资源费。在政策所筹集资金的使用中，生态保护的内容居于特别次要的地位，甚至可有可无，与矿山开发和水资源开发中严重的生态破坏和水源保护等的实际需求严重背离。因此，今后在修改和完善政策时，必须强调生态保护和生态补偿的含义，并通过调整资金使用方向等手段，达到保护生态和补偿生态保护者的目的。

(7)整合现有的政策是今后的一项重要工作内容

生态补偿的目的是通过调整生态保护相关利益者经济利益关系实现保护生态环境，维护生态系统稳定。而从现有的生态补偿政策来看，均不能满足上述需求，在政策设计中存在内容不全、目标不清晰、手段简单和部门利益化等问题。因此，从长远发展来看，需要从保护整个生态系统的生态服务功能的角度出发，整合现有的生态补偿相关政策，制定生态补偿的专项政策，建立生态补偿机制。在整合现有政策和建立专项生态补偿政策时，要对流域生态补偿问题、矿产资源开发的生态补偿问题、特殊生态功能区的生态补偿问题等给予特别的关注，要明确补偿的责任主体、被补偿的对象、补偿的资金渠道、补偿的方式等问题，以便指导国家、地方各级政府建立和实施有效的生态补偿机制。

5.4 我国生态补偿财政政策现状及创新

5.4.1 生态补偿财政政策现状

(1)生态补偿机制的两个层次

我们把生态补偿政策细分为如下两个层次。第一层次的生态补偿政策：补偿生态效应外溢的政策。目前，我国正在开展功能区划分，即把我国国土分为禁止开发、限制开发、优化开发、重点开发等四大类。每一类功能区，它的生态效应有所不同。从总量上看，禁止开发、限制开发地区就是生态效应的生产区，是这一层次的生态补偿机制的受益者；而优化开发、重点开发地区，则是生态效应的受益区，是这一层次生态补偿机制的付费者。计算补偿标准的依据，就是生态效应的外溢效应以及生态效应生产者为实现这一功能而必须失去的经济建设成本。第二层次的生态补偿政策：生态效应生产地的建设、保护、开发的成本补偿。在每一个功能区，为了实现生态功能区的要求，达到生态功能区应生产的生态效应，功能区内部必须进行生态建设、生态保护和生态开发。由于财力不足，需要通过生态补偿机制来弥补其生态建设、生态保护和生态开发的成本。我国目前的生态补偿政策，实际上大都是在预防生态破坏、生态保护、生态开发、生态建设的过程中，对因此造成的利益损失者进行的补偿。因此，它属于第二层次的生态补偿。因此，总结、分析现有的生态补偿政策，可以形成一个比较完整的第二层次的生态补偿政策体系。

(2)生态补偿财政政策的两种方式及创新

①公共财政。从 1998 年开始，我国开始建设公共财政框架。为了应对全球金融危机，我国继续采取积极的财政政策，加大财政对公共领域的投资力度，财政支持重点方向已经包括环境保护在内的公共性较强的领域。这种财政政策的总体走向，使生态环境保护支出得到了进一步的强化，财政在生态环境保护与建设活动中发挥了更加积极的调节和引导作用。

2009 年 5 月 19 日，国务院批转国家发展和改革委员会《关于 2009 年深化经济体制改革工作的意见》(国发[2009126]号)，提出要围绕推进基本公共服务均等化和主体功能区建设，健全中央政府和地方政府财力与事权相匹配的体制，健全公共财政职能，优化财政支出结构，加快理顺环境税费制度，研究开征环境税；要完善水资源费征收管理体制，加快推进跨省流域生态补偿机制试点工作；推进矿产资源补偿费制度改革，建立与资源利用水平和环境治理挂钩的浮动费率机制。2009 年我国财税体制改革新动向为我国建立生态补偿财政机制创造了新的机会。

在公共财政框架下，税收制度改革重点将放在围绕着建设节约型社会、提高资源利用能力进行的针对资源、能源消耗、污染、环境保护的管制，与此相关的改革将包括消费税、所得税、资源税以及地方税等领域相关税目、税率、减免条款的调整。同时考虑开征以环境污染、资源消耗等为税基的环境税。

在非税收入管理领域，财政部计划将目前现有的 33 项政府基金项目逐步压缩，使之转化为规范的行政性收费或国有资产(资源)的租金，从而形成一种和市场经济相适应的非税收入体系。随着改革的进一步深入，预算外收入将纳入非税收入管理的范畴，进一步走向规范。传统的“以林养林”、“以矿养矿”、“以水养水”、“价外加价”、“价外加费”等固有政策路径来设计建立生态补偿基金很难突破财政部现有的基金管理制度。

②财政转移支付。政府间财政转移支付是一政府向另一政府单方面、无偿的财力转移，主要表现为上级政府对下级政府的纵向补助，它是构成政府

间财政关系制度构架的三大支柱之一。科学规范的转移支付制度是规范化分税制财政体制的重要组成部分，也是有效解决政府间财力分配差异、实现地区公共服务均等化的基本手段之一。我国生态环境财政转移支付制度始于20世纪90年代，生态环境财政资金转移支付种类、投向受一定时期经济发展水平、财政实力和生态环境政策等因素的影响。2007年之前反映政府活动范围的财政预算科目设置上，生态环境保护财政转移支付并非像基本建设支出、文教科卫支出等那样作为一个独立的支出科目，而是被寄托在基本建设支出、农林水利气象等部门事业费和三项费用专项支出等部门预算科目之下，没有将生态建设纳入环境保护作为单独的预算科目。2007年开始，财政部在调整后的政府预算科目中将环境保护作为独立的功能支出科目单独设置，从政府间纵向关系的角度看，该科目属于中央预算专项转移支付范畴。

在2007年修订的政府环境保护预算科目中，直接带有生态补偿性质的转移支付项目主要有自然生态保护、天然林保护、退耕还林、风沙荒漠治理、退牧还草；在政府农林水利事务预算支出科目中，农业事务中的草原草场保护、农业资源保护以及林业事务中的种苗和造林、森林生态效益补偿、育林基金、森林植被恢复费，水利事务中的水土保持、水资源费，扶贫事务中的农村基础设施建设，工业商业金融等事务中的地质矿产资源利用与保护、矿产资源补偿费。从广泛意义上来看，我国财政支持生态环境建设和保护预算支出科目很多，且几乎涵盖自然资源和环境管理部门的所有事务支出，体现了财政对自然生态系统的补偿义务，而且从预算支出性质上来看，真正体现生态补偿，尤其是针对自然资源产权所有者或经营者的生态补偿在预算使用方向上进行了比较好的设计，如退耕还林、天然林保护等重大工程政策设计中考虑到了对产权主体的直接补偿，但是在自然保护财政支出中显然还欠缺这种政策设计的意图。

从预算具体支出项目而言，环境保护财政支出事项多而复杂，尤其是在自然生态保护支出事项中繁杂，农村环境保护事务与其他自然保护区、退耕还林、天然林保护、退牧还草以及生物及物种资源保护等支出事项在空间上有高度的重叠，这在一定程度上限制了环境财政资金的集中使用效率。

新中国成立之后，限于财力薄弱，国家财政在生态环境保护方面的投入一直保持比较低的水平。改革开放以后，我国经济得到了快速发展，财政收入大幅度上升，生态环境保护财政投入也随着上升。就生态环境建设和污染防治总体而言，我国在前四个五年计划中环保投资总额分别是：“七五”期间476.42亿元，“八五”达到1306.57亿元，“九五”期间为3447.52亿元，“十五”期间突破了7000亿元。“十五”跟“九五”相比正好翻了一番。从1998年开始，受东南亚金融危机的影响以及特大洪水灾害的冲击，我国开始转变适度从紧的财政政策，实施扩大财政举债规模和财政支出的积极财政政策，加大了生态建设投资力度。1998年8月，全国人大常委会第四次会议审议通过了财政部的中央预算调整方案，决定增发1000亿元国债，同时配套增加1000亿元银行贷款，全部用于基础设施专项建设资金。由此，我国正式启动了积极的财政政策，仅“十五”期间，中央财政通过国债资金，直接安排生态建设和污染治理方面的支出累计达1083亿元，主要用于京津风沙源治理，西部中心城市环保设施建设，“三河三湖”污染防治，污水、垃圾产业化及中水回用，北京环境污染治理，森林生态效益补偿等项目(李勇，2006)。

5.4.2　完善我国生态环境补偿财政机制政策建议

(1)完善资源环境税费制度，扩大生态补偿资金财政渠道

完善现行资源环境税费制度，增加资源环境税费收入，是财政支持生态环境建设和建立生态补偿财政机制的重要物质基础。为此，我们建议从以下几个方面完善相关税费制度。

①改革资源税收征收办法，提高资源税收入水平。如上所述，资源税占税收总收入只是很小的份额，这不仅影响了国家与地方的税收，更带来了资源盲目开采的后果，造成资源的严重浪费和环境破坏。因此，从2004年起，税务总局就会同有关部门，从调整税额和拓展征税品目入手，开始启动对资源税的改革调整。2004年对山东、陕西、山西、青海、内蒙古五省(区、市)煤炭资源税单位税额进行调整的基础上，2005年又调整了河南、宁夏、贵州、重庆、山东、云南、福建、安徽、湖南、湖北、广东、内蒙古12省区煤炭资源税单位税额，调整的范围为2～4元/t。同时调整了全国原油、天然气和部分金属矿产品的资源税单位税额。另外，还授权部分省市开征了未列举的其他非金属矿原矿资源品目的资源税，拓宽了资源税开征的空间。为此，建议将资源税由从量征收改为从价征收，或者改为按占有资源量征收，以此扩大资源税收。此外，要稳步推进对现有的资源类税收，如城市维护建设税、城镇土地使用税、土地增值税、耕地占用税收和消费税的“绿色”改造。上述税收主要是针对土地等自然资源开发和利用行为的课税，因此税收使用应当体现自然资源和生态保护的含义。在构建新的资源税收体系中，可以考虑整合这些税收，并适时规定这些税收收入的生态补偿功能，明确该部分税收用于生态环境建设和保护事业的资金比例和管理办法。

②适时恢复森林资源税收制度，使森林资源价格能够反映森林资源破坏和生态恢复成本。2006年我国全面取消农业税收，停止对森林资源征收农业

税，其直接目的是减轻农民负担，提高农民经营林业的收入水平。但是该项政策没有考虑森林资源和农作物之间的功能效益区别，森林资源具有巨大的生态效益，是国土生态安全的重要屏障，取消林业税收进一步削弱了自然资源价值形成机制，加剧了森林资源开发利用和保护矛盾。2002 年我国南方集体林区的福建和江西等省率先推行集体林权制度改革，为了推行该项改革，调低和取消了林业基金和行政事业收费标准，进一步削弱了森林资源价值规律，还给地方政府筹措森林资源建设和保护资金带来了巨大困难（孔凡斌，2008）。对森林资源课税是世界通行的做法，西方发达国家对森林资源经济行为征收税收的做法对保护和合理利用森林资源，维护生态安全起到了重大作用。在我国生态安全面临严峻形势下，适时恢复森林资源税收制度，并且逐步提高税收标准有现实必要性。

③研究资源环境费改税实施办法，推进费改税改革步伐。在我国，费改税是针对目前我国费大于税的不规范的政府收入格局而提出的一项政策主张。在目前我国的政府收入格局中，规范性的政府收入和非规范性的政府收入同时并存。两者均为列入预算管理的财政收入。费改税是把那些具有税收性质或名为费实为税的政府收费项目，纳入税收轨道。对那些本来属于收费范畴或名与实均为费的政府收费项目，则要按照收费的办法加以规范，实现税费归位。针对目前存在资源环境行政性收费名目繁多、部门林立、整合效益差、资金使用效率低等问题，需要采取积极而稳妥的政策措施进行必要的改革。目前资源环境费改税是比较现实和可行的，具体思路是分步到位。

④将土地出让金纳入生态环境财政资金管理范围。目前，土地出让金是地方财政非税收入的重要组成部分，统计数据显示，2006 年全国土地出让金达 7000 亿元，2008 年接近 1.3 万亿元，即便是 2008 年受房地产市场低迷影响，全国土地仍然维持在 9600 亿元的高水平上。目前，我国关于土地出让金的管理缺少直接的法规监管，使用管理存在的问题比较多。据业内专家测算，除去征地、拆迁、补偿、税费等成本，土地出让的净收益一般在 40% 以上（刘展超，2009）。这也意味着，近 3 年地方政府获得的土地出让净收益，每年应在 4 000 亿元以上。如果按照净收益 15% 的比例计算，每年当有 600 亿元资金用于土地整治工作之中。但实际情况却是每年不到 10 亿元。因此，可以考虑将土地出让金净收益的一定比例（20% ~30%）纳入资源收费范围，实现中央地方共享，有利于增加资源税收入和增强中央对重点区域生态环境调控能力。

⑤完善我国环境税收体系，设立流域水污染防治和生态建设专项基金，作为流域生态补偿资金的重要补充。针对我国的环境状况和现行税制中有关环境税收措施存在的不足，借鉴国外的经验，建立和完善我国环境税收制度

的基本思路可以是，在进一步完善现行环境保护税收措施的基础上，尽快研究开征环境保护税，使其作为环境税收制度的主体税种，构建起一套科学、完整的环境税收制度体系。按照国际通行的做法，环境税的课征对象应是直接污染环境的行为和在消费过程中会造成环境污染的产品。从税收的公平性考虑，环境税的征收范围应具有普遍性，即凡属此类行为和产品均应纳入课征范围。但考虑到我国目前缺乏这一税种的制度设计和征收管理经验，在开征此税的初期，课征范围不宜太宽。应采取循序渐进的办法，先从重点污染源和易于征管的课征对象入手，待取得经验、条件成熟后再扩大征收范围。根据目前我国各级政府之间的事权划分情况，环境税应作为地方和中央共享税，由国家税务局系统负责征收管理，并按照属地原则划分税收管辖权。在开征环境税后，应当同时取消排污收费制度(吕春雷，2007)。

(2)整合生态环境财政资金，设立政府财政性生态补偿基金

改革管理体制、整合环境财政资金已成为建立政府有效支持生态环境保护体系面临的一个急需解决的问题。针对环境保护资金整合效果不佳、使用效率低等问题，本书提出如下完善建议：

①明确环境保护财政资金整合的主要目标。环境保护财政资金整合不是简单的调整和归并，也不是单纯地将某一部分资金划归一个部门或机构管理，而是形成一个有机的管理系统。资金整合要实现的主要目标就是，形成分类科学、分工明确、管理规范、运转有序的环境保护财政资金运行管理机制，提高财政资金使用效率；构建投入稳定增长、投入结构合理、政策反应灵敏的环境财政支持与保护机制，提高政府生态环境保护和建设宏观调控能力和效率。

②设计环境保护财政资金整合方案。在现行管理体制下，整合环境保护财政资金必须改革现行环境保护财政资金管理体制，重新配置部门环境保护职能。根据以往的实践和改革发展的需要，环境保护财政资金整合大体可以采取两种方案：一种是“部门间职能整合方案”，即：合理调整和归并部门职能，整合环境保护财政资金。在归并一些机构并相应调整相关部门职能的基础上，整合政府环境保护资金，逐步改变目前生态环境保护基本建设投资、科研开发投资与其他财政资金分割管理的格局。由于涉及较大范围的国家行政体制改革，需分步实施。另一种是“以地区发展规划(计划)为载体，以专项转移支付为支撑的整合方案”。具体设想是，根据国家发展总体战略和生态功能区划以及地区特点，以省(市、区)为单位，编制生态环境保护发展规划并将其细化为具体项目方案，经特定程序研究确定后，中央通过专项转移支付

的方式直接将环境保护财政资金安排给地方。中央各有关部门不再直接安排、管理项目，其职能调整为指导、监管、督促地方组织实施规划、计划中的项目。

③在整合政府涉及环境保护机构的基础上，进一步归并环境保护财政资金。部门职能整合是资金整合的基础，资金整合是部门职能整合的落脚点。在前述部门职能整合基础上，分两步整合政府环境保护财政资金。第一，从我国生态环境保护的实际需要出发，合理界定需要政府支持的环境保护事务。今后一段时期内需要政府提供公共产品和服务的领域包括：流域水资源生态安全、重大林业生态工程建设、矿区环境治理和生态恢复、自然保护区建设、流域和区域生态补偿等。第二，按照政府环境保护事务的内容和范围，结合公共财政管理原则，合理确定政府环境保护财政资金分类。从政府环境保护事务出发，归并设置政府环境保护财政资金，突出政府环境保护财政资金的公共性。环境财政资金可以初步分设为四大类：资源环境类资金、环境管理服务类资金、保护类资金、区域发展类资金(陈雷，2007)。

④加强立法，实现环境保护财政资金使用管理的规范化和透明化。整合管理职能和资金仅仅是重建了政府环境保护的管理架构和资金结构，还必须相应制定一系列法规。建立政府生态环境保护的法律架构，用法律来调整财政部门、政府农业和农村发展事务管理部门与环境保护财政资金使用者之间的关系，从而实现环境保护财政资金使用管理的规范化和透明化，真正达到整合环境保护财政资金的目标。完善我国环境保护支持法律体系，必须从法律和行政法规两个层面入手。在法律层面上，重新修订《环境保护法》，同时抓紧制定出台《政府预算环境保护资金使用管理条例》、《生态环境灾害救助条例》、《重要生态功能保护区援助条例》等法律；在行政法规层面上，建议抓紧制定内容更具体、操作性更强的比较完善的行政法规。

通过上述一系列改革后，将集中起来的生态环境税费全部用于生态环境保护和建设，重点支持西部和流域中上游重要生态功能区生态环境建设，同时从生态环境税费收入资金中拿出30% ~50%，设立一个纯政府性生态补偿基金，按照专项资金管理方法进行管理，全额用于生态补偿的相关支出。

(3)完善生态环境财政保护项目支出预算的全过程监管机制

自1999年我国开始实施以部门预算为核心的预算管理制度改革以来，构筑对财政性资金的控制体系，在目标取向上强调对预算收支的全面反映和控制，成为我国构建公共财政框架的一个关键环节(财政部驻湖南专员办课题组，2008)。环境保护项目支出预算管理作为支出预算管理的核心内容，是当前环境保护预算管理制度改革的一个关键点。我们参照财政部驻湖南专员办课题组研究成果，针对目前环境保护资金使用管理中存在的诸多问题，建议从以下几个方面强化管理。

①明确建立项目支出预算全过程管理模式的总体思路。首先，要建立项目支出预算全过程管理模式，优化项目支出预算管理，理顺项目支出预算管理体制。其次，要规范制度，健全环境保护项目支出预算管理机制。其基本内容应该包括：合理界定人大监督、财政监督、审计监督和公众监督之间的分工协作关系以及建立中介机构监督引入机制以及构建环境保护项目支出预算管理全过程动态监督机制。

②要调整环境保护预算职能，深化预算管理体制改革。整合现行环境保护项目支出预算管理部门职能。改变按资金性质分块、多头管理的状况，根据项目支出管理流程进行职能调整。主管部门应该偏重于对环境项目支出预算编制及执行过程的业务指导，项目支出基础数据及基本资料的初审；国家发展和改革委员会等宏观经济管理部门应该偏重于宏观经济预测与策划以及对环境保护项目立项与实施过程的专业性指导；财政部门应该偏重于项目预算资金的分配与管理，其他部门不应过多参与项目资金的具体分配与管理。建立环境保护预算编制、执行和监督相分离的内部制衡机制。强化现有的监督部门，独立行使财政监督职能。建立部门间管理信息共享制度。消除部门间信息屏障，通过搭建畅通的信息共享平台，实现项目支出预算管理信息，包括“项目库”信息、预算信息、监管信息等，在相关部委间实现信息的充分共享，以提高项目支出预算管理成效。

③要尽快完善指标体系，建立环境保护项目绩效评价机制。一个有效的绩效评价机制，不仅要考评项目的资金落实、资金使用及财务管理情况等的规范性，更要考评项目实施的经济效益和社会效益是否取得了预期的效果。建立绩效考核奖惩机制，将环境保护项目支出绩效考评的结果与项目立项审批、预算分配联系起来，对于绩效考评结果好的项目单位，在项目立项和预算分配方面给予一定的优先权，对于绩效考评结果差的项目单位，在项目立项和预算分配方面进行重点关注。

④要健全法规制度，建立完善的制度保障机制。公共财政实际上体现的是一种民主制度和依法治国框架下的理财。从目前的法制环境来看，不论是针对环境保护财政支出监督客体行为的法律法规，如《预算法》、《会计法》，还是针对财政监督主体行为的法律法规，如《财政监督工作暂行规定》，都存在着诸多不完善之处。因此，要结合现实情况和具体要求尽早做出改进，从而为优化项目支出预算管理提供良好的外部环境。要进一步完善立法，实现

环境保护财政资金使用管理的规范化和透明化。要探索建立政府生态环境保护的法律架构，用法律来调整财政部门、政府生态环境建设和保护事务管理部门之间的关系，从而实现环境保护财政资金使用管理的规范化和透明化，真正达到整合环境、保护财政资金的目标。

（4）完善政府间环境保护事权分配机制，建立地方政府环境保护财政转移支付体系

针对我国政府间生态环境保护事权划分模糊，区域生态环境功能地位、政府环境保护责任与区域经济发展水平和地方政府财力不匹配的问题，必须建立与区域政府财力相互匹配的新型政府间环境事权分配机制。为此，我们建议从以下几个方面具体完善政策。

①要科学界定中央生态环境事权。中央政府生态环境事权主要是解决具有跨行政区外部性以及代际外部性的国家环境问题，重点负责具有全国性公共物品性质的生态环境保护事务等全局性工作，例如跨省流域（大江、大河）水环境治理、流域生态建设和保护、流域生态补偿、国家级自然保护区管理、国家级生态功能区管理、流域历史遗留污染物的处理处置以及突发性生态环境事件的处理和应对；承担一些外溢性很广、公益性很强的生态环境基础设施的建设投资，跨地区、跨流域以及国家生态功能保护区域的污染综合治理工程、生态保护和建设工程、水土保持建设工程，特别是加强对重点流域和区域的生态保护建设工程。

②要综合考虑区域生态环境因素，完善中央财政转移支付制度，促进地区间生态环境治理财政能力均等化。可以考虑在中央一般性转移支付制度中，增加生态环境条件因素，具体可以考虑增加如下因素：降水量因素、地形地貌因素（海拔、坡度）、流域中的地理位置（上、中、下游位置）、植被覆盖度（森林覆盖度及森林质量因素）、生态地位（在全国和区域生态功能区划中的类型、功能区面积占国土面积比例）等，同时考虑人口密度和社会经济发展相对指数（现代化指数）等因素。为此，还需要建立起一套科学的生态环境性财政转测算指标体系和评价方法，用以测算全国区域范围内生态性转移支付指数和确定相应的转移支付系数，纳入中央和地方转移支付的范畴。这一系数，既能考虑生态效应的功能，又能兼顾中央和地方财政的支付能力。

③明确地方政府生态环境保护事权。我国《环境保护法》原则性地规定了地方事权范围，但是这些环保事权原则性的划分，没有考虑具体区域的生态环境敏感性、生态地位和生态环境影响范围，划分非常笼统，尤其是对地方政府间生态环境保护财政责任以及行政管理责任没有进行原则性的规范，使地方政府的生态环境保护事权的落实缺少物质基础。为此，我们认为，地方

政府在自然资源保护和生态建设方面的事权还应因地制宜根据当地所处的流域、区位、环境特征进行分类界定，具体可以全国生态功能区划和地方生态功能区划成果为基础，划定不同等级的生态保护地理单元，根据各单元的生态环境建设和保护任务目标，明确政府间的具体生态环境事权。

④建立和完善地方政府环境保护财政转移支付体系。生态环境保护和建设具有显著的外溢效益，同时也具有强烈的内在效益，因此区域生态环境保护是地方政府公共事务中的重要组成部分，地方政府财政负担有义不容辞的责任。当前，我国浙江、广东等经济发达省在辖区流域建立了政府环境保护财政转移支付制度。但是大部分地方还没有建立起规范的政府间环境财政转移支付制度，即便是本级财政对辖区内的生态环境建设支持力度也并不强、实际投入严重不够，对中央环境保护财政的依赖性还很强。其主要原因是财力所限，同时也有生态环境事权意识不强，责任不落实的因素。在当前环境保护财政机制条件下，应当发挥中央财政对地方环境财政的引导作用，一方面要通过政策和法律逐步规范地方各级政府的生态环境事权的落实，规定地方各级政府财政责任，逐步建立起地方政府间财政转移支付制度，在区域范围内平衡环境保护财政投入能力，实现环境事权和财权的均等化。另一方面中央财政在加大转移支付力度、规范一般性转移支付的同时，应积极安排一部分资金作为“生态环境保护奖励和补助”，通过“以奖代补”有效地调动地方政府生态环境保护投入的积极性。具体办法可以考虑中央财政转移支付与地方财政本级环境保护财政支出直接挂钩，对于本级环境保护支出增长达到一定幅度或者本级环保支出占本级财政总支出达到一定比例的地方政府进行奖励性转移支付；同时与省级以下环境保护转移支付实绩挂钩，引导上一级地方政府尽量多地将中央财政转移支付资金及自身财力分配落实到基层财政，完善省级对下级的转移支付制度(苏明，刘军民，张洁，2008)。

⑤积极探索建立生态环境保护政府间横向支付制度。我国财政理论界有学者在纵向转移支付理论的基础上又提出了横向转移支付的简单设想，认为横向转移就是由富裕地区直接向贫困地区转移支付，就是通过横向转移改变地区间既得利益格局来实现地区间公共服务水平的均衡(陈共，2001)。从横向转移支付的国际实践来看，目前国际上只有德国在实行，并且以法律的形式固定下来，设计出了一整套复杂的计算依据以及确定转移支付的数额标准(杜振华，焦玉良，2004)，其州与州之间横向转移支付制度的主要目的是保持社会稳定，纯粹生态性政府转移支付在国际上还没有成功的例子。从我国情况来看，开始于20 世纪 90 年代中期东部对中西部地区的对口支援、帮扶等举措，还不是严格意义上的横向转移支付制度，而且由于这些地区间的支

援、帮扶主要不是建立在市场的基础之上，因而不能充分体现这些地区间内在的产业分工和经济与生态交换的内在联系。近几年来，地方政府在流域生态环境财政横向支付制度方面进行了初步探索，比较成功的是浙江省在行政辖区内的市、县之间建立了政府间生态补偿模式，其他省，如广东省、安徽省以及福建省也在积极探索(孔凡斌，2010)。

从总体上看，我国生态环境政府间财政横向转移支付的实践规模并不大，在全国范围内推广具有很大的难度。尽管建立生态环境财政横向转移支付存在很多困难，但是我们可以参照国内外已有的成功经验，通过完善流域水资源产权制度、构建区域之间合作交流平台、建立财政横向转移资金的管理制度以及完善政策和法律制度不断克服存在的问题。同时中央生态环境财政转移支付资金应当发挥引导和激励作用，对流域范围内建立生态环境财政横向转移支付制度的地方，政府可以实行“以奖代补”制度，鼓励地方政府加大财政投入力度，促进各地全面实施横向转移支付机制。

6 生态补偿标准的确定

6.1 确定合理补偿标准的意义与原则

实施森林生态效益补偿的制度，关键是要确定合理补偿标准。森林生态效益补偿的标准不仅受到社会经济发展水平的制约，同时也受到社会经济发展对于森林生态环境的需求程度以及社会公众对于森林生态效益补偿资金的承受能力限制。只有所确定的补偿标准充分考虑到相关利益团体经济承受能力、公共意识、森林可持续经营成本及其缺口，即以生态上合理、经济上可行和社会可接受作为判定补偿标准的准则，才会使得所确定的补偿标准具有可操作性。因此，森林生态效益补偿标准的合理确定是实施森林生态效益补偿的基础，是森林生态效益补偿的核心问题，关系到补偿的效果以及补偿者的承受能力，也是实施森林生态效益补偿的难点，合理确定森林生态效益补偿标准具有重要意义。

基于以上确定合理森林生态效益补偿标准的重要性，确定合理的森林生态效益补偿标准的准则应该是生态上合理、经济上可行和社会可接受。因此，补偿标准的确定应当考虑到以下几方面：

第一，根据不同的时空条件确定哪些森林生态服务功能应该纳入补偿范围；

第二，森林到底发挥多大的生态环境效益，作为补偿的上限值；

第三，为使森林健康合理的发展林业部门所要投入的经营成本是多少，以此作为补偿的下限值；

第四，综合考虑受益地区的经济承受能力。

由以上几方面确定生态效益补偿标准，除考虑森林发挥的生态效益和林地投入的成本外，也考虑到了受益者的经济承受能力。只有这样才能做到生态上合理、经济上可行和社会的目的，还能够考虑到相关利益团体经济承受能力、公共意识、森林可持续经营成本及其缺口。

6.2 生态效益补偿标准的依据

6.2.1 按生态效益提供者的投入和机会成本计算

生态效益补偿标准的计算应包括生态效益提供者为了生态系统的保护而投入的人力、财力和物力。同时，由于生态效益提供者在保护生态系统的同时放弃了自身的发展机会和可以获得的经济利益，因而生态效益补偿标准的计算要将这部分机会成本纳入进来。所以，从理论上来分析，生态效益的补偿标准的最低额应该是直接投入和机会成本的加总。

6.2.2 按生态破坏的恢复成本来计算

社会发展中的一系列活动会造成一定范围内的植被减少、水土流失等环境破坏后果，这些后果直接影响到所在区域的水土保持、水源涵养、固碳释氧、气候调节等生态效益的发挥，减少了整个社会的福利(安宁，2009)。因此，应该按照“谁破坏、谁恢复”的原则，将环境破坏后生态恢复的成本作为生态效益补偿的参考标准。

6.2.3 按生态受益者所获利益来计算

由于生态效益具有正外部性，因此生态效益的受益者免费享有生态系统提供的生态效益和生态产品，这使得生态效益提供者的行为没有得到回报。为了使生态保护的这部分正外部性内部化，就需要生态效益的受益者向生态效益的提供者支付一部分的费用。因此生态效益补偿标准就可以通过产品或者服务市场交易的价格和交易的数量来进行计算。

6.2.4 按所提供的生态效益的价值来计算

生态效益价值评估是对生态系统所能提供的涵养水源、保育土壤、固碳释氧、净化大气环境、积累营养物质、生物多样性保护等生态效益价值进行货币化的评估和核算。国内外已经对这些效益的价值评估方法进行了大量的研究，通过对效益的价值评估并根据当前社会经济发展水平进行适当的调整，可以为生态效益补偿的标准制定提供相应的参考。

6.3 生态效益价值评估方法

生态效益价值评估是进行生态效益补偿的依据之一。企业或者个人花费了人力、财力和物力来保护自然环境，使得自然环境可以发挥出最大效用的效益，而生态效益也给社会和其他人带来了福利。但是企业或者个人付出的力量并没有从生态效益受用者中得到相应的补偿，因此为了追求部分经济效益，一定程度会导致自然资源的消耗，并导致整个社会的资源配置的扭曲。为了达到资源的最优化配置，使得生态环境发挥出最大的效用就必然要对生态效益进行合理的补偿，补偿标准的确定就需要知道生态效益发挥了多大的作用，并把相应的生态效益进行量化衡量。

6.3.1 生态效益价值评估一般方法

目前对生态系统服务的评价方法主要有3类（张艳，2012），即能值分析法、实物量评价法和价值量评价法。能值分析法主要是采用统一的能值标准为量纲，把系统中不同种类、不可比较的能量转化成同一标准的能值来衡量和分析，从而定量分析系统服务功能的价值。实物量评价法主要从实物质量总量的角度进行评价。价值量评价法是从经济学角度评价生态系统服务的价值量。按照市场类型不同，可以将价值量评价方法进行分类，主要分为以下三类：直接市场价值法（Direct Market Valuation）、替代市场价值法（Indirect Market Valuation）和假想市场价值法（Surrogate Market Valuation）。

（1）直接市场价值法

直接市场价值法具体包括市场价值法、机会成本法、人力资本法、生产率变动法、避免成本法和影子价格法等。目前直接市场价值法应用较为广泛，主要因为此类研究方法是通过对生态系统各参量进行详细计算而得到的，计算过程、结果较为清晰，说服力强，不过此类方法需要有足够的实物量数据和具体的市场价格或影子价格，这有时限制了直接市场价值法的应用范围。

①市场价值法。市场价值法也被叫作生产率法，是指评估有市场价值的生态系统服务产品和功能的一种方法，适用于没有费用支出的但有市场价值的环境效应价值核算。如木材市场价格以及森林为其他生物提供生存环境而带来的生态价值。虽然这些价值并没有切实的进入到市场进行交易，但是其存在市场价格，可通过市场价格进行估算，并确定森林生态的价值。张眉认为，公益林生态补偿价格应主要包括森林生态系统的生态价值（生态系统服务功能的效益约为木材价值的8～20倍）。从理论上说，森林提供多少外部价值量就应该补偿多少，这便是理论补偿标准。森林生态系统的市场价值法的计算公式如下（林奥京，2011）：

$$V = \sum S_i \times P_i$$

式中：V——森林生态系统产品价值；

S_i——森林生态系统第 i 类产品面积；

P_i——第 i 类产品单位面积的市场价值。

市场价值法是目前使用最多的一种方法，该方法要求森林生态系统统计资料全面、完整。

②机会成本法。机会成本法(Opportunity Cost)是保护区(投入主体)为了保护当地森林生态环境而放弃一部分产业的发展，从而失去了获得相应效益的机会。王金南把放弃产业发展所可能失去的最大经济效益称为机会成本，并作为森林生态补偿的标准(王金南，2006)。

机会成本 P 满足如下关系：

$$P = (G_0 - G) \times N_0$$

式中：G_0——参照地区的人均 GDP（元/人）；

G——生态区人均 GDP（元/人）；

N_0——生态区的总人口（万人）。

或者

$$P = (R_0 - R) \times N_t + (S_o - S) \times N_f$$

式中：P——补偿金额(万元/年)；

R_0——参照地区城镇居民人均纯收入(元/人)；

R——生态区城镇居民人均纯收入(元/人)；

N_t——生态区城镇居民人口（万人）；

S_0——参照地区农民人均纯收入(元/人)；

S——生态区农民人均纯收入(元/人)；

N_f——生态区农业人口（万人）。

当森林生态的社会经济效益不能直接估算时，可以利用反映森林最佳用途价值的机会成本来计算生态环境的损失或森林生态服务的价值。但机会成本法所计算出来的标准往往会高于补偿的支付意愿，而且森林保护区损失的效益全部被补偿者承担也是不公平的，因为森林生态区在保护过程中也获得了一定的生态环境效益。

③人力资本法。人力资本法也叫工资损失法，是通过市场价格和工资的多少来确定个人对社会的潜在贡献，并以此来估算生态环境变化对人体健康影响的损益。生态环境恶化对人体健康造成的影响主要有 3 个方面：一是污染致病、致残或早逝，从而减少本人和社会的收入；二是开支增加，主要指医疗费用的增加；三是精神或心理上的代价。

④避免成本法。避免成本法是指当某一生态效益丧失时，将可能给社会带来的损失。如洪水控制避免了财产损失、废水处理避免了给人类带来健康问题等。但是要用避免成本法来准确地评估生态效益的价值却并不那么容易。因为采用避免成本法的关键是准确评估生态效益丧失时所带来的经济损失，而经济损失的确定是要根据现实生活中发生的实际案例。由于实际案例中所带来的损失难以准确估计，因此其生态效益也就很难确定。

(2)替代市场价值法

替代市场价值法也称隐含市场法，是指生态系统中的某些效益虽然没有直接的市场交易和市场价格，但是通过考察人们与市场相关的行为，特别是在与生态环境联系紧密的市场中所支付的价格和他们获得的利益，间接地推断出人们对环境的偏好，以人们对于一些商品的花费来代替某些生态效益的价值。但必须注意到，生态系统中的一些生态效益是不能被私人物品完全替代的。且替代市场价值法虽然能够利用一些直接市场法无法利用的真实可靠的信息，但这种信息通常不仅仅是生态系统效益作用的结果，因此排除众多不相关因素就成为使用替代市场价值法的主要障碍。替代市场法主要有：防护费用法、恢复成本法，影子工程法、影子价格法、资产价值法、旅行费用法等。

①防护费用法。防护费用法也称预防性支出法，是人们为防止环境质量下降、生态系统服务减少所准备预防性支出的费用作为环境破坏、生态系统服务减少的最小成本，来评估环境质量或该生态系统效益的经济价值。这一方法是假定人们为了避免可能造成的危险而支出费用来保护自己，支出的费用只是对生态系统效益的经济价值的最低估计。该方法的缺点是只能评估利用价值而不能评估非利用价值。

②恢复成本法。恢复成本法是通过计算恢复一项已经丧失的生态效益所需要的成本来估算其价值。恢复一项生态效益到它原来状态的是重新获得消费者剩余和非使用价值。恢复的费用实际上是人们希望继续享受特定生态效益服务的最小支付意愿。应用这种方法时，最为关键的是要准确地界定所要恢复的生态效益的特性。而且只有当人们愿意付出成本来恢复那些已经丧失的生态系统的效益时恢复成本法才有意义。

③影子工程法。影子工程法又称替代工程法，是恢复成本法的一种特殊的形式。影子工程法是指当某个生态系统遭受到破坏后，可以人工建造一个跟原来生态系统功能相同或者类似的替代工程，建造所耗费的费用近似等于被破坏的生态系统的服务价值量。当森林生态系统某类价值量难以估计时，

可以通过影子工程法来估计。譬如森林生态系统的涵养水源效益是无形的，难以评估，这时可以通过单位蓄水量的库容建设成本(占地拆迁补偿、工程造价、维护费用等)和总水分调节量之积来估算。但是替代工程并非唯一的，不同的替代工程造价是不同的，这就造成了生态系统评估的非唯一性，价值量本身也就差异化了。通过此类方法计算的森林生态系统效益主要包括：涵养水源、保持水土、保护土壤、促进营养物质的累积、调节气候、净化空气等。其具体的数学表达式如下：

$$V = \sum C_i \times G_i$$

式中：V——森林生态系统某服务功能的价值；

C_i——第 i 类替代工程的费用；

G_i——第 i 类替代工程的容量。

④影子价格法。森林生态系统提供的能在市场上进行交易的服务产品，其市场价格体现出其价值所在。但有些服务产品不能在市场交易，也就没有市场价格，但其价值仍然存在，这时我们可以通过在市场上找出与该生态系统所提供的服务产品功能相同或是类似的产品，以这种产品的价格来替代没有市场交易的产品的价格，这样生态系统服务产品的价值就会被体现出来。

⑤替代成本法。替代成本法是当生态效益的价值难以确定时根据现有的可用替代品的成本来作为生态系统效益的经济价值的评价方法。该方法的有效性取决于：一是替代品应该是最低成本的；二是替代品的人均需求应与所替代的物品的需求相一致；三是替代品能够和所替代的物品提供相同的功能。该方法的缺点是生态系统的许多效益是不存在替代品的。

⑥资产价值法。资产价值法又叫享受价格法，是根据生态系统变化带来某些产品或生产要素价格的影响来决定生态系统效益的价值。该方法认为一项生态效益的经济价值来源于该服务的市场价格。享受价格法主要应用于评估不动产市场附近的生态系统的价值，如周边良好的水质、优美的景色、便捷的交通等都有助于增加土地或房屋的价值。享受价格法的数学表达式为：

$$V = f(S, N, Q)$$

式中：V——资产的价值(生态系统效益价值)；

S——资产本身的特征；

N——资产社区周围特点变量；

Q——资产周围的生态系统变量。

这种方法暗含着土地或房屋附带的这些属性的价值是可以量化的并且生态系统的变化影响着资产未来的收益，但因为现实中这些真实的市场交易案例并不多，所以也就给这一方法评估生态效益价值带来了困难。

⑦旅行费用法。旅行费用法也被称为费用支出法或游憩费用法。目前我国国内众多森林生态系统具有旅游价值，众多森林生态系统成为国内5A景区，吸引大量的游客。所以旅行费用的核算对于评价森林系统的服务价值是非常有意义的。对于旅行费用，主要包括以下费用：交通费、食宿费、门票费、通讯费等。但是旅行费用法也有很多缺点。如一个生态系统交通便利和居住区较近时，其经济价值必然比较大且旅行费用法计算出来的价值也只是生态系统游憩价值的一部分。

(3)假想市场价值法

假想市场价值法也叫意愿调查法，是对没有市场交易和实际市场价格的生态系统效益(纯公共物品)，通过调查人们改善环境的支付意愿和环境质量损失的接受赔偿意愿来衡量生态系统的经济价值。该方法主要是条件价值法、选择实验法等。假想市场价值法在既无市场又无替代市场的情况下，有时能解决许多其他方法无法评价的效益问题，但这种方法不是一种市场行为，因而很大程度上取决于被调查者愿意，主观性比较大。

①条件价值法。条件价值法又被称为支付意愿法(WTP)、调查评估法、假设评价法和调查评价法等。此类方法是对消费者进行直接调查，了解消费者的支付意愿，或者他们对产品或服务的数量选择愿望来评价生态系统服务功能的价值。在评估一种没有市场交易的生态服务价值的时候，人们经常采用条件价值法，例如公共资源或如水和空气等不能分割的物品以及历史文化资源等。消费者的支付意愿往往会低于生态系统服务的价值。根据获取数据的不同途径，条件价值法可以细分为投标博弈法、比较博弈法、无费用选择法、优先评价法和德尔菲法。

条件价值法的程序是通过问卷或访谈的方式，来获得人们对于假设市场中某种产品或服务的需求函数。在生态效益价值评估方面，条件价值法常用来评价生态系统维持生物多样性、净化水源和防止侵蚀的价值。条件价值法存在一些缺点。在调查人们的WTP结果时，不同的问卷设计方式可能导致不同的结果。受访群体的文化水平、收入程度都对调查的结果产生影响。

近十余年来国外生态与环境经济学中，条件价值法是对公共物品价值评估中最重要的方法。这主要因为当要评估的生态系统服务功能没有在市场上交易，无法利用货币形式或者替代工程估计其价值时，条件价值法能够解决这些类似生态资产的“公共商品”的价值评估问题，可以对各种环境的无形效益和有形效益的经济价值进行有效的评估。但条件价值法同样也有弊端，如支付意愿可能会被过高估计。最大支付意愿的补偿标准是利用实地调查获得的森林生态区最大支付意愿与该区人口的乘积得到，估算公式为(张艳，2012)：

$$P = \sum WTP_u \times POP_u$$

式中：P——补偿的数值；

WTP——最大支付意愿；

POP——各类人口；

u——不同森林生态区。

意愿调查评估法直接评价调查对象的支付意愿或受偿意愿，理论上应该是最接近边际外部成本的数值，但结果存在着产生各种偏差的可能性，如不进行细致足量的问卷调查，则可能出现重大偏差。

②选择实验法。选择实验法(CE)主要用于确定由一系列有价值的特征组成的物品(如文化遗址、自然保护区)由于某种特征的变化对该物品价值的影响，是目前环境与自然资源经济领域较先进且影响较大的非市场价值评估方法。

选择实验法的最大优点就是可以使一个“复合物品”的某个具体特征的价值予以量化，同时可以观察到人们所要进行的不同选择。

(4)生态效益价值评估一般方法的比较分析

由以上分析可知，现行的生态系统一般价值评估方法都有各自的优点和不足，每种方法的理论基础、适用范围和可操作性也各有不同。现将其优缺点具体总结如表9。

表9 生态效益价值评估方法优缺点汇总

Tab 9 A summary of Ecological benefit evaluation methods's advantages and disadvantages

分类	评估方法	优点	缺点
直接市场价值法	市场价值法	运用直接的市场价格，评估比较客观	数据全而要求高，不能评估间接利用和非利用价值
	机会成本法	解决有些生态系统效益难以直接评估的问题	应用条件是资源必须具有稀缺性且有多种用途
	人力资本法	对难以量化的生命价值进行量化	具有效益归属问题和理论的缺陷
	避免成本法	用某一生态效益丧失所带来的损失衡量其经济价值	损失难以度量，参数难以确定

（续）

分类	评估方法	优点	缺点
替代市场价值法	防护费用法	将人们防护该生态效益退化付出的费用作为生态效益的价值	不能评估非利用价值且评估的生态效益价值为最低
	恢复成本法	将人们愿意恢复一项生态效益的付出作为该效益的价值	对生态系统效益经济价值的最低估价
	影子工程法	用替代工程的投资额来代替难以价值化的生态效益	替代工程的成本难以全面估算生态系统多方面的功能价值
	影子价格法	用市场上服务产品功能相同或是类似的产品价格替代难以价值化的生态效益	市场上难以找到服务产品功能相同或是类似的产品
	替代成本法	用替代品的成本评价生态效益的经济价值	生态系统很多效益没有替代品且难以准确计量
	资产价值法	利用生态系统变化对某些生产要素价格的变化来评估其经济价值	需要的数据量大且对精确度要求很高，不能评估非利用价值
	旅行费用法	利用消费者的旅行费用评估生态系统游憩效益的价值	评估的价值只是游憩价值的一部分且不能评估非利用价位
假想市场价值法	条件价值法	能对没有实际市场和替代市场交易和价格的生态效益开展评估	人们的主观观点会对结果产生大的影响，需要大量的调查数据
	选择实验法	可以量化“复合物品”具体特征的价值且可以观察到人们的选择	实际应用领域和数量偏少，还没有广泛地推广

通过上面的介绍和表 9 的汇总我们可以得出，生态系统所发挥的生态效益目前并没有确定的市场价格，属于一种“准市场化”或“未市场化”的生态产品。现行的针对生态效益的价值评估，主要是通过不同的方式将不同量纲的各种森林生态效益统一转化为可以衡量的货币值。

直接市场法主要包括了市场价值法、机会成本法、避免成本法和人力资本法 4 种方法。与替代市场法和假想市场价值法相比，直接市场法最大的特点就是运用市场上出售产品的直接价格来衡量生态系统中生态效益的价值量。在现实中应用此方法来计算生态效益价值的案例如大气污染导致农作物的减产，影响了农产品的价格；森林调节径流量功能对水力发电的影响以及湿地调控地下水功能对农业生产的影响等。用直接市场法评估生态效益的价值量，因为两者之间有直接的因果关系，所得到的结果比较客观，能反映出生产率和生产成本的变化情况。但是在目前具体的生态效益价值量的评价中，直接市场法和另外两种方法相比运用的并不广泛，这主要是因为：一是生态系统是一个复杂的动态系统，它发挥的效益常常在不同的时空尺度上存在非线性关系，来自外界环境的随机干扰也增加了它的不确定性，这些都为生态系统效益价值量评估带来了难度；二是因为相关产品或服务的市场价格必须是有效的，就目前而言市场的价格是随时在变动的，我们很难直接观测或统计相关价格数据，而生态效益的价值和它有直接的联系，因此对所需数据的要求要非常精确和全面，否则计算的方法再好也并不能完全反映出生态系统的价值；三是大部分的生态效益并不能用直接的市场价格进行衡量，两者之间很难找到联系。

替代市场法包括防护费用法、恢复成本法、影子工程法、影子价格法、替代成本法、资产价值法和旅行费用法。与直接市场法和假想市场价值法相比，替代市场法最大的特点就是用市场上与生态效益相关的一些替代物品的价值来作为生态效益的价值量。替代市场法也是目前在具体的生态效益价值计量的评价中运用得最多的一种方法，在现实的应用中如用建造一个蓄水工程的投资来衡量生态效益涵养水源中调节水量的价值量；用社会上清理 SO_2、氟化物的治理成本来表示生态系统净化环境效益中吸收污染物的价值等。但是，在能把这些生态效益用货币量衡量的同时，替代市场法也存在很多的缺点。如用防护费用法和恢复成本法来计算生态效益的价值，因为生态效益的公共物品属性，人们肯定只愿意付出他们最小的成本来享受到最大的效益，所以往往算出来的生态效益价值量偏低；用替代成本法、影子工程法或影子价格法来计算，由于很难找到相应的替代品或替代品的非唯一性，计算出来的价值量也各不相同，而且往往偏大。资产价值法的应用需要大量的数据，包括资产特性的数据、生态系统数据以及消费者个人的社会经济数据等。这些数据的难获取性也直接限制了享受价格法的应用。旅行费用法将生态效益直接等同于消费者剩余，但消费者剩余并没有反映游憩地的自身价值，而仅是区域社会经济结构的一种反映。

假想市场价值法主要是以条件价值法为主，与直接市场法和替代市场法相比，假想市场价值法的最大的特点就是通过了解消费者的主观支付意愿来对生态效益进行价值计量，这种方法具有一定的现实可行性。但是考虑到消费者不同的文化程度、收入水平这些都会对净支付意愿产生较大的影响。当受访者采取策略性的行为时，条件价值法的评价结果也会与实际的情况发生较大的偏差，比如受访者认为他们给出的受偿意愿将最终影响到政府的决策时，受访者就可能给出低于他们真实的受偿意愿水平。条件价值法现主要用于生态系统维持生物多样性的价值估算。

通过以上对比分析，我们可以看出，对于不同的生态效益要采用不同的方法进行价值计量。但是无论哪种方法，对生态效益的价值量的计量方法都存在较大的争议，不同的评估方法得出来的结果也往往相差很大。而且这些计量方法也都大多仍然停留在研究阶段，并没有进入到实际应用阶段。

6.3.2 生态效益价值评价的具体方法

国内很多学者在生态效益价值评估一般方法研究的基础上，针对我国的实际，把生态效益价值评估一般方法运用到了具体各项生态效益价值评估上，提出了各项具体的生态效益价值评估的计量方法。

（1）涵养水源价值评价方法

国内学者认为生态系统涵养水源的价值量主要表现在调节水量和净化水质两方面。目前涵养水源实物量的计算，可以通过以下三种方法：一是根据土壤的蓄水能力来计算；二是根据生态区域的年径流量来计算；三是根据生态区域的水量平衡法计算。

① 土壤蓄水法的计算公式为：

$$G_{调} = \sum_{i=1}^{n} T_i S_i = \sum_{i=1}^{n} k_i h_i S_i$$

式中：G——某一生态系统（森林、草地、农田）涵养水分的实物量，$m^3 \cdot a^{-1}$；

T_i——该生态系统的第 i 种具体类型（林分）年土壤蓄水能力，t；

S_i——该生态系统的第 i 种具体类型（林分）的面积，hm^2；

k_i——该生态系统的第 i 种具体类型（林分）的土壤非毛管孔隙度，%；

h_i——该生态系统的第 i 种具体类型（林分）的土壤厚度，m。

② 根据《生态补偿：国际经验与中国实践》年径流量法的计算公式为：

$$G_{调} = 10A(P - E - C)$$

式中：$G_{调}$——与某一生态系统（森林、草地、农田）涵养水分的实物量，$m^3 \cdot a^{-1}$；

A——计算区面积，hm^2；

P——降水量，$mm \cdot a^{-1}$；

E——生态系统的蒸发量，$mm \cdot a^{-1}$；

C——生态系统的径流量，$mm \cdot a^{-1}$。

在涵养水源实物量的计算方法中，土壤蓄水法主要从生态系统土壤的蓄水能力出发来考虑，计算了涵养水源效益的主体部分，其优点是计算简便，但它的缺点是没有考虑到土壤蓄水是一个动态变化的过程，同时也没有考虑到林冠及下层植被、地被物如枯枝落叶等对水分的保蓄作用。因此，在条件允许的情况下，用土壤蓄水法计算生态系统涵养水源的实物量还必须加上生态系统枯落物层的蓄水量。具体的计算方法表示为：枯落物层蓄水量 = 枯落物层的干重（$t \cdot hm^{-2}$）× 计算区面积（hm^2）× 枯落物层饱和吸水率（%）。年径流法计算涵养水源实物量的前提是假定生态系统中森林与其他种类型土地的年蒸发量相同，那么森林区域的年径流量即为生态系统涵养水源的能力。但实际上森林地带的蒸发量与其他类型土地的蒸发量差别是很大的，所以用年径流量计算的涵养水源实物量也不能表示真实的生态系统涵养水源的量。水量平衡法认为生态系统涵养水源的总量取决于森林地带的降水量和林分蒸散量及其他消耗的差。从理论上来讲，水量平衡法计算的生态系统涵养水源量是最完美的方法，因为它包含了生态系统中所有水量的动态去向。但缺点是在实际计算上也存在一定困难，具体林分的蒸散量很难用精确的方法来确定，而其他的消耗也只是相对估计的一个数值。因此和水量平衡法相比用土壤蓄水量和森林枯落物层来代替整个森林的涵养水量，简便易行，可操作性强。但具体计算的时候要看具体的数据收集情况而定。

在得到涵养水源的实物量后我们可以采用替代工程法（影子工程法）来计算涵养水源的价值量。用影子工程法计算生态系统涵养水源的价值，关键有3点：一是正确地估算生态系统涵养水源的水量；二是选择适宜且便于计价的水利替代工程；三是考虑人们的支付意愿。在调节水量方面我们把涵养水源的效益等同于建造了一个大的蓄水工程，用工程的建造费用来代替生态系统涵养水源调节水量的价值。因此我们可以用水库蓄水法（储存水量乘以水库建设单位的库容投资）来表示其价值；在净化水质方面，我们用水价法（储存水量乘以全国各大中城市居民用水的平均价格）来得到涵养水源净化水质的价值量。其价值量的评估公式如下：

$$U_{调} = C_{库} G_{调}$$

$$U_{水质} = C_{水} G_{调}$$

式中：$U_{调}$——生态系统调节水量的价值；

$U_{水质}$——生态系统净化水质的价值，元·a^{-1}；

$G_{调}$——某一生态系统（森林·农田）涵养水源的实物量，$m^3 \cdot a^{-1}$；

$C_{库}$——蓄水工程建设单位库容投资（占地拆迁补偿、工程造价、维护费用等），元·m^{-3}；

$C_{水}$——水的净化费用，元·t^{-1}。

涵养水源总的价值量的计算公式即为：$U_{涵养水源} = U_{调} + U_{水质}$

式中：$U_{涵养水源}$——生态系统涵养水源的总价值；

$U_{调}$——生态系统调节水量的价值；

$U_{水质}$——生态系统净化水质的价值，元·a^{-1}。

（2）保育土壤价值评价方法

目前国内研究生态系统保育土壤的价值表现在以下四个方面：一是固持

土壤的价值；二是保持土壤养分价值；三是减轻泥沙淤积价值；四是减少耕地废弃价值。

生态系统保育土壤效益的实物量可以采用以下的方法计算：

$$G_{固} = A \cdot (E_p - E_r)$$

式中：$G_{固}$——生态系统的年固土量，$t \cdot a^{-1}$；

A——计算区面积，hm^2；

E_p——潜在侵蚀模数，$t \cdot hm^{-2} \cdot a^{-1}$；

E_r——现实侵蚀模数，$t \cdot hm^{-2} \cdot a^{-1}$。

① 固持土壤的价值量评估。生态系统固土的价值量一般可以用替代工程法、综合费用效益法和潜在的土壤侵蚀损失法来计算。

替代工程法就是在得到了生态系统保育土壤的实物量之后，把保土量折算成土地面积再乘以适当的工程造地成本就得到了生态系统固土的价值。

综合费用效益法计算的要点是通过有林地在防护条件下增获的效益和无林地在无防护条件下的损失费用来评价生态系统固土效益的价值。

潜在的土壤侵蚀损失法计算的要点就是根据生态系统的固土量、土壤的容重和适当的土地价格来确定。其计算公式如下：

$$U_{固} = C_{土}/\rho \cdot G_{固}$$

式中：$U_{固}$——生态系统年固土的价值量，元 $\cdot a^{-1}$；

$C_{土}$——适当的土地价格，一般取挖取和运输单位体积土方所需的费用，元 $\cdot m^{-3}$；

ρ——土壤容量，$t \cdot m^{-3}$；

$G_{固}$——生态系统的年固土量，$t \cdot a^{-1}$。

以上三种方法中，替代工程法优点是计算简便，所需数据容易收集，但缺点是简单以工程造地的成本来替代固土的价值，工程造地的成本各地不同，替代品并不能完全表示生态效益的全部价值。因此，该方法并没有得到广泛应用；运用综合费用效益法的优点是计算出来的价值比较符合实际，但缺点是需要评估无林地防护的损失和有林地防护的增获效益，需要经过大量的调查且对数据的要求很高，所以限制了它的应用。

②保持土壤养分的价值量评估。土壤保肥的价值量的计算公式为：

$$U_{肥} = G_{固}(NC_1/R_1 + PC_1/R_2 + KC_2/R_3)$$

式中：$U_{肥}$——保持土壤中养分价值，元 $\cdot a^{-1}$；

N——土壤中的平均氮含量,%；

C_1——磷酸二铵化肥的价格，元 $\cdot a^{-1}$；

R_1——磷酸二铵化肥的含氮量,%；

P——土壤中的平均磷含量,%；

R_2——磷酸二铵化肥的含磷量,%；

K——土壤中的平均钾含量,%；

C_2——氯化钾化肥的价格，元·a^{-1}；

R_3——氯化钾化肥含钾量,%。

③减轻泥沙淤积的价值量评估。减轻泥沙淤积的价值计算方法为：

$$U_{淤} = G_{固}/\rho \cdot \lambda \cdot k$$

式中：$U_{淤}$——减轻泥沙淤积价值，元·a^{-1}；

ρ——土壤容量，t·m^{-3}；

λ——侵蚀的土壤淤积在河道、湖泊的比例，按照我国主要流域的泥沙变化规律，全国土壤侵蚀流失的泥沙有24%淤积于水库、江河、湖泊(水利部，1992)；

k——水库蓄水成本，一般取0.67元/m^3(1990年不变价)。

④ 减少耕地废弃价值。根据土壤保持量和土壤表土平均厚度来推算因土壤侵蚀而造成的废弃土地面积，再用机会成本法计算因土地废弃而失去的年经济价值，其计算公式为：

$$U_{耕} = G_{固}/\rho/h \cdot B$$

式中：$U_{耕}$——减少土地废弃的经济效益，元·a^{-1}；

ρ——土壤容量，t·m^{-3}；

h——土壤厚度，一般取0.5m；

B——土地年收益，元。

(3)固碳释氧价值评价方法

目前国内对于生态系统固碳释氧的价值量评价主要表现在固定CO_2价值和释放O_2价值评价两个方面。

在计算固碳的价值量方面，生态系统固定CO_2实物量的计算方法主要有以下两种：一是公式法；二是根据植物光合作用方程式法。

① 公式法的计算公式为：

$$G_{固碳} = S - R_d - R_s$$

式中：$G_{固碳}$——生态系统植被年固定CO_2量，t·a^{-1}；

S——净第一生产力所同化的CO_2的量，t·a^{-1}；

R_d——凋落物层呼吸释放的CO_2的量，t·a^{-1}；

R_s——土壤呼吸释放的CO_2的量，t·a^{-1}。

② 光合作用方程式法。根据光合作用方程式，植物每生产 1g 干物质需要 1.63gCO_2，同时释放 1.19gO_2。因此，生态系统中植物光合作用固碳的实物量计算公式如下：

$$G_{固碳} = 1.63R_{碳}AB_{年}$$

式中：$G_{固碳}$——生态系统植被的年固碳量，$t \cdot a^{-1}$；

$R_{碳}$——CO_2 中碳元素的含量，为 27.27%；

A——生态系统中的植被面积，hm^2；

$B_{年}$——林分净生产力，$t \cdot hm^{-2} \cdot a^{-1}$。

公式法中，是把整个生态系统植物的光合作用和呼吸作用，凋落物层的呼吸作用和土壤释放的 CO_2 作用都考虑在内，计算生态系统一年中植物净固定 CO_2 的量；而光合作用方程式法是只考虑了植被本身的光合作用和呼吸作用，以植被年净生长所固定的 CO_2 的量来作为生态系统固碳的实物量。

得到固碳的实物量后把植被的年固碳量和固碳价格相乘即得到生态系统中固碳效益的价值量，公式如下：

$$U_{碳} = C_{碳}G_{固碳}$$

式中：$U_{碳}$——生态系统植被年固碳价值，元 $\cdot a^{-1}$；

$C_{碳}$——固碳价格，元 $\cdot t^{-1}$；

$G_{固碳}$——生态系统植被的年固碳量，$t \cdot a^{-1}$。

目前，国内外的评价固碳效益价值的方法有温室效应损失法、造林成本法和碳税法，其中最常用的是造林成本法和碳税法。根据《中国森林资源核算研究》，我国人工营造杉木、马尾松、落叶松、泡桐、杨树、桉树等成本计算我国的造林成本标准为 273.30 元 $\cdot t^{-1}$碳；在碳税方面，不同国家所采取的碳税标准是不同的，如挪威的碳税率为 227 美元 $\cdot t^{-1}$碳，瑞典的碳税率为 150 美元 $\cdot t^{-1}$碳。2010 年全球碳市场交易价格大多是在 15 ~ 30 美元 $\cdot t^{-1}$碳。

在计算释氧的价值量方面，生态系统中植被释氧的实物量计算公式如下：

$$G_{氧气} = 1.19AB_{年}$$

式中：$G_{氧气}$——植被的年释氧量，$t \cdot a^{-1}$；

A——生态系统中植被的面积，hm^2；

$B_{年}$——林分净生产力，$t \cdot hm^{-2} \cdot a^{-1}$。

得到释氧的实物量后把植被的年释氧量和 O_2 制造的价格相乘即得到了生态系统中释氧效益的价值量，公式如下：

$$U_{氧} = C_{氧气}G_{氧气}$$

式中：$U_{氧}$——生态系统的年释氧价值，元 $\cdot a^{-1}$；

$C_{氧气}$——O_2 价格，元·t^{-1}；

$G_{氧气}$——植被的年释氧量，t·a^{-1}。

评价供氧效益的价值基本上采用的都是工业制氧法。我国工业制氧法的标准是369.70元·t^{-1}氧气。

（4）净化大气环境价值评价方法

目前国内对于生态系统净化大气环境价值的研究主要表现在生产负离子、吸收污染物、降低噪音和滞尘四个方面。

①生态系统生产负离子价值。在计算提供负离子价值上，根据《森林生态系统服务功能评估规范》，生态系统生产负离子量的计算公式为：

$$G_{负离子}=5.256\times10^{15}\times Q_{负离子}AH/L$$

式中：$G_{负离子}$——生态系统年提供负离子个数，个·a^{-1}；

$Q_{负离子}$——林分平均高度，m；

L——负离子寿命，min。

在得到了负离子的实物量之后，生态系统提供负离子的价值量计算公式为：

$$U_{负离子}=5.256\times10^{15}\times(Q_{负离子}-600)AHK_{负离子}/L$$

式中：$U_{负离子}$——生态系统提供负离子的价值，元·a^{-1}；

$K_{负离子}$——负离子的生产费用，元·个$^{-1}$。

②生态系统吸收污染物价值。生态系统吸收污染物主要表现在生态系统中的植被对SO_2、氟化物、氮氧化物和重金属等物质的吸收，根据《中国生物多样性国情研究报告》，阔叶林对SO_2的吸收能力为88.65kg·hm^{-2}·a^{-1}，针叶林对SO_2的平均吸收能力为215.60kg·hm^{-2}·a^{-1}，其中柏类为411.60kg·hm^{-2}·a^{-1}，杉类为117.60kg·hm^{-2}·a^{-1}，松类为117.60kg·hm^{-2}·a^{-1}；吸收氟化氢能力阔叶林和针叶林均为9.85kg·hm^{-2}·a^{-1}。

得到了单位面积的林分吸收SO_2、氟化物的吸收量后，对于生态系统吸收污染物的实物量计算公式如下：

$$G_{二氧化硫}=Q_{二氧化硫}A$$

$$G_{氟化物}=Q_{氟化物}A$$

$$G_{氮氧化物}=Q_{氮氧化物}A$$

$$G_{重金属}=Q_{重金属}A$$

式中：G_{SO_2}、$G_{氟化物}$、$G_{氮氧化物}$、$G_{重金属}$——生态系统中植被年吸收SO_2、氟化物、氮氧化物和重金属的量，t·a^{-1}；

A——林分面积，hm^2；

Q_{SO_2}、$G_{氟化物}$、$G_{氮氧化物}$、$G_{重金属}$——单位面积的林分吸收 SO_2、氟化物、氮氧化物和重金属的量。

在得到了生态系统吸收的各种污染物的实物量之后，将实物量乘以相应的污染物在市场中的单位治理价格，就得到了净化每种污染物的价值，公式如下：

$$U_{SO_2}=K_{SO_2}G_{SO_2};\quad U_{氟化物}=K_{氟化物}G_{氟化物};$$

$$U_{氮氧化物}=K_{氮氧化物}G_{氮氧化物};\quad U_{重金属}=K_{重金属}G_{重金属};$$

式中：U_{SO_2}、$U_{氟化物}$、$U_{氮氧化物}$、$U_{重金属}$——生态系统植被年吸收 SO_2、氟化物、氮氧化物和重金属的价值，单位：元·a^{-1}；

K_{SO_2}、$K_{氟化物}$、$K_{氮氧化物}$、$K_{重金属}$——每单位的 SO_2、氟化物、氮氧化物和重金属的治理费用，元·kg^{-1}；

G_{SO_2}、$G_{氟化物}$、$G_{氮氧化物}$、$G_{重金属}$——生态系统中植被年吸收 SO_2、氟化物、氮氧化物和重金属的量，t·a^{-1}。

③生态系统降低噪音价值。生态系统降低噪音的噪音量由森林生态观测站直接测定，单位：dB。在得到噪音量后，生态系统降低噪音价值量的计算公式如下：

$$U_{噪音}=K_{噪音}A_{噪音}$$

式中：$U_{噪音}$——生态系统年降低噪音的价值，元·a^{-1}；

$K_{噪音}$——降低噪音费用，元·km^{-1}；

$A_{噪音}$——森林面积折合为隔音墙的千米数，km。

④ 生态系统滞尘价值。滞尘主要为森林植被对粉尘的阻挡、过滤和吸附。根据《中国生物多样性国情研究报告》，滞尘能力针叶林为33.23kg·hm^{-2}·a^{-1}，阔叶林为10.11kg·hm^{-2}·a^{-1}。生态系统滞尘的实物量计算公式为：

$$G_{滞尘}=Q_{滞尘}A$$

式中：$G_{滞尘}$——生态系统中植被年滞尘的量，t·a^{-1}；

A——林分面积，hm^2；

$Q_{滞尘}$——单位面积的林分年滞尘的量，kg·hm^{-2}·a^{-1}。

在得到生态系统滞尘的实物量后，滞尘价值量的计算公式如下：

$$U_{滞尘}=K_{滞尘}G_{滞尘}$$

式中：$U_{滞尘}$——生态系统植被年滞尘的价值，元·a^{-1}；

$K_{滞尘}$——降尘的治理费用，元 · kg^{-1}；

$G_{滞尘}$——生态系统中植被年滞尘的量，t · a^{-1}。

(5)积累营养物质价值评价方法

生态系统积累营养物质功能主要是指生态系统中的森林植被通过各自的生化反应，把在大气、降水、土壤中吸收的氮、磷、钾等营养物质贮存在体内。对于生态系统积累营养物质的实物量的计算公式如下：

$$G_{氮} = AN_{氮含量}B_{年}$$

$$G_{磷} = AN_{磷含量}B_{年}$$

$$G_{钾} = AN_{钾含量}B_{年}$$

式中：$G_{氮}$、$G_{磷}$、$G_{钾}$——生态系统中林木固氮、固磷和固钾的量，t · a^{-1}；

$N_{氮含量}$、$N_{磷含量}$、$N_{钾含量}$——林木中氮元素、磷元素和钾元素的含量，%；

$B_{年}$——林分的净生产力，t · hm^{-2} · a^{-1}。

在得到生态系统中固氮、固磷和固钾的实物量后，将实物量乘以相应的养分市场对应的价格即得到了生态系统中积累营养物质的价值量。计算公式如下：

$$U_{营养} = AB_{年} \cdot (N_{营养}C_1/R_1 + P_{营养}C_1/R_2 + K_{营养}C_2/R_3)$$

式中：$U_{营养}$——生态系统植被积累营养物质的价值，元 · a^{-1}；

A——生态系统中植被面积，hm^2；

$B_{年}$——林分净生产力，t · hm^{-2} · a^{-1}；

$N_{营养}$——植被平均氮含量，%；

C_1——磷酸二铵化肥的价格，元 · a^{-1}；

R_1——磷酸二铵化肥的含氮量，%；

$P_{营养}$——植被中的平均磷含量，%；

R_2——磷酸二铵化肥的含磷量，%；

$K_{营养}$——植被的平均钾含量，%；

C_2——氯化钾化肥的价格，元 · a^{-1}；

R_3——氯化钾化肥含钾量，%。

(6)生物多样性价值评价方法

生物多样性包括三个层次的内容，一是生态系统的多样性；二是物种的多样性；三是遗传多样性。目前，对于生物多样性价值的评估，并没有统一的方法。现在采用的方法一般是以保护物种基准价法、森林建设与保护的机会成本、政府的投入或受益者的支付意愿来进行价值评价。

采用机会成本法的计算公式可以表示为：$V_{生}=AC_0$

式中：$V_{生}$——生态系统维持生物多样性价值，元；

A——保护多样性的面积，hm^2；

C_0——开发生态环境的机会成本。

此外，也可以通过为保护野生动物资源而支付的管理费的标准，如国家发布的《陆生野生动物资源保护管理费收费办法》来确定野生动物的单价，进而估算生物多样性价值。

(7)景观游憩价值评价方法

目前国内对于景观游憩价值评估方法应用最广泛的为旅行费用法和收益资本化法。其中受益资本化法的计算公式为：

$$V_{景}=lU_m=lU'_m/r=l\alpha N_m/r$$

式中：$V_{景}$——生态系统景观游憩价值，元·a^{-1}；

l——社会发展阶段指数；

U_m——生态系统的游憩价值，元·a^{-1}；

U'_m——生态系统的年游憩收益，元·a^{-1}；

r——社会贴现率,%；

α——每人次游憩收益，元·a^{-1}；

N_m——生态系统最大可容纳游客人次数，人次·a^{-1}。

旅行费用法就是以生态系统的旅游门票直接的收入为基础，以旅游直接收入占旅游社会收入的比重为转换系数来评估其价值。计算公式为：

$$V_{景}=I/R$$

式中：$V_{景}$——生态系统景观游憩价值，元·a^{-1}；

I——旅游的直接收入，元；

R——旅游收入占社会收入的比重,%。

(8)小结

在对目前具体的生态效益价值评估方法进行分析之后，我们可以得到具体的生态效益的价值评估方法。这些评价方法概括如表10。

表10　生态系统效益的评价方法汇总

Tab 10　Summary of Ecosystem benefit evaluation method

生态系统效益类型	评价方法
涵养水源效益	影子工程法、影子价格法
保育土壤效益	生产函数法、机会成本法、影子工程法

（续）

生态系统效益类型	评价方法
固碳释氧效益	影子价格法
净化大气环境效益	替代成本法、影子价格法
积累营养物质效益	生产函数法
生物多样性效益	条件价值法、机会成本法
景观游憩效益	旅行成本法、调查评价法

通过以上对不同类的生态效益价值评估方法比较分析，我们可以看到：目前在国家层面对生态效益开展评估的主要是涵养水源、保育土壤、固碳释氧、净化大气环境和积累营养物质这 5 个方面。与上述的 5 个评价内容相比，生物多样性和景观游憩效益的评估方法目前还没有形成统一规范，且评价结果相差较大。

6.4 生态效益补偿标准研究

针对上文中提到的众多森林生态系统价值量评价方法，许多学者也提出了森林生态系统常用到的一些补偿办法。下面将对该方面内容进行详细论述。

6.4.1 最大补偿法和最小补偿法

最大补偿法包括效益补偿法和旅行费用法，最小补偿法包括损失补偿法和成本费用补偿法。对这两种方法的应用，可根据各个地区生态环境及经济发展状况的不同分别使用。其中最大补偿方法可作为补偿的上限，可作为经济比较发达地区公益林补偿的参考依据；最小补偿方法可作为补偿的下限，此类补偿只提供维护森林生态系统正常运行的费用，以我国目前的经济状况，实行成本费用补偿法和损失补偿法比较切实可行(张艳，2012)。

(1)效益补偿法

主要对森林生态系统的各类经济效益核算后进行补偿，对于森林生态系统的效益核算，可以使用直接市场价值法对其效益进行核算，例如使用市场价值法对木材保有价值进行核算，通过影子工程法对森林生态系统在涵养水源、保持水土、保护土壤、促进营养物质的积累、调节气候、净化空气等方面的效益进行核算，通过层次分析法或补偿系数法对效益加总后的综合效益进行修正，计算出最终的效益并对补偿金额进行核算，制定补偿标准。

(2)旅行费用法

对于旅行费用法，已在上文中进行了论述。该方法需要对当地旅游费用数据进行调研、统计，对数据质量的要求较高。只有达到了数据质量的要求，才能进行全面、正确的核算。对于该费用的核算，需要对游客进行旅行费用的问卷调查。这也对问卷设计提出了较高的要求。

(3)损失补偿法

该补偿可使用机会成本法，对相关损失进行计量。对于我们常见的公益林，该类补偿可用于因公益林的营造而减少采伐量所带来的经济损失的补偿。森林划为公益林之后，有些公益林区严禁采伐，而有些公益林区只允许少量择伐，可根据减少的采伐量，按照现行的市场价，将损失的林木价值部分予以全额补偿。

(4)成本费用补偿法

此类补偿可使用成本分析法进行核算。对于森林生态系统，此类方法的补偿将用于补偿公益林管护费用和经营费用。由于公益林禁止采伐或只允许少量采伐，使得公益林管护经费难以再从采伐收益中支付。同时，公益林的择伐和运输要求造成采伐工作中的各项成本增加。该方法通过计算上述成本和费用，为补偿提供依据。

6.4.2 不充分的经济补偿法

巨大的森林生态效益是长期经营森林的结果，对它的补偿不能苛求一次到位、完全补偿，否则必受政府财力和补偿金来源的限制。因此，可主要考虑不充分补偿：在林权不变的情况下，可以补偿给所有者每年投资管理、经营公益林资金的应得利润，这种利润是社会平均利润或略高于社会平均利润，利润率采用当年工业各行业年资本金利润率。公益林的效益在当年可看成一种资本存量，按银行年利率对其进行补偿(赖晓华，陈平留，谢德新，2004)。

6.4.3 生态购买补偿法

此类补偿办法是以经营者和所有者的实际经济损失为标准，采用森林资源资产评估的方法对生态公益林进行估价，将评估的结果作为原生态公益林所有者的补偿依据。但是现阶段由于受到国家财力的限制，全面实施生态购买难度较大，但它是今后生态公益林经营发展的趋势(张艳，2012)。

7

生态补偿标准的计算

7.1 基于多元统计的森林生态补偿的调查分析——以江西省瑞昌市为例

7.1.1 江西省瑞昌市森林生态补偿概况

瑞昌市是九江市首个县级市，位于九江市城区西部，距九江城区只有20km，在九江市城镇空间布局中处于重要的地位。九江是江西省域的副中心、江西省北大门，自古就有"七省通衢"之称，在区域发展战略中占有重要地位。瑞昌作为"大九江"的重要组成部分，与"大九江"中心城区有着得天独厚的经济互补关系，是"大九江"重要的工业基地和港口分流基地，也是"大九江"承东衔西、引南接北的重要平台。瑞昌有着广阔的待开发腹地，为"大九江"区域经济社会发展提供充足发展空间，是九江市经济社会发展首选的卫星城市。

瑞昌位于"长三角"和"珠三角"两大经济圈的等距离三角地带。这两大经济区发展已进入成熟期，在结构调整和产业升级过程中，资金、技术、产业梯度发展均呈现明显的"外溢性"。全市土地总面积142311hm^2，其中山地占67.2%，水面占7.5%，耕地占15.9%，其他占9.4%，俗称"七山半水半分田，一分道路和庄园"。全市总人口45万，辖21个乡(镇、场、街道)。2011年地区生产总值达到85亿元，财政收入达到12.66亿元，其中，地方财政收入8.49亿元，总量排名九江第二；现汇收入仅次于南昌县，排名全省县级第二、九江第一，外贸出口达到1.56亿美元，连续两年荣获全省开放型经济综合先进单位①。

(1)森林资源概况

到20世纪末，全市森林总覆盖率达到54%，林业用地面积83053hm^2，占土地总面积的56.4%。其中，森林面积45926hm^2，灌木林面积30196hm^2，

---

① 数据来源于瑞昌市人民政府门户网站。

疏林地面积 2824hm^2，无立木林地面积 2265hm^2，荒地面积 1848hm^2。全市林地面积约 7.43 万 hm^2，现有国有林场 2 个，国有苗圃 1 个，乡、村林场 116 个，经营面积 0.8 万 hm^2。截至 2011 年 12 月，全市活立木总蓄积为 157.6 万 m^3，拥有 4.23 万 hm^2 国家和省级生态公益林，占林地面积的 56%。全市林业总产值实现 3.23 亿元。“十二五”规划纲要提出，到 2015 年，全市森林覆盖率将达到 62%，农村森林覆盖率将达到 70%，规划建设总规模 5.8 万 hm^2 的生态林。

瑞昌市生态体系建设以城镇四旁绿化、森林公园、自然保护区、保护小区为“点”，以主要河流、乡级以上公路，九武铁路为“线”，以主要河流源头和广大土地脊薄、岩石裸露地段为“面”，构建“点、线、面”相结合的全市森林生态网络体系。以国家生态公益林试点工程（国家生态公益林试点工程 1.83 万 hm^2）、退耕还林工程、绿色通道工程、防护林带工程、丘陵人工低产林改造工程、野生动植物保护及自然保护区建设为重点，实现森林资源在空间布局上的均衡、合理配置，最大限度地发挥森林综合效益①。

（2）补偿标准现状

根据《江西省生态公益林管理办法》（江西省人民政府令第 172 号），生态公益林补偿资金包括中央财政森林生态效益补偿基金和省财政安排的公益林补偿资金（以下将两项资金合并简称生态公益林补偿资金）。生态公益林补偿资金补偿对象为生态公益林的林权所有者及管护者。

生态公益林补偿资金分为管护支出和项目支出两部分。2011 年，中央补偿基金平均补助标准为 75 元·hm^{-2}·a^{-1}，森林生态效益补偿省级补助 31.7 万元。2011 年江西省平均补偿标准为 232.5 元·hm^{-2}·a^{-1}，其中 225 元用于管护支出，7.5 元用于项目支出。

对不同权属的生态公益林，管护支出按以下方式管理：

①国有的生态公益林，其管护支出由同级财政按面积全部拨付到国有单位。由国有单位组织专职管护人员（包括专职护林员及管护监管人员，下同）进行生态公益林管护和建设。管护支出用于专职管护人员管护工资和资源建档、森林防火、林业有害生物防治、林木补植、抚育以及其他相关支出，不得用于建设楼堂馆所及购置小汽车等。

②集体和个人所有的公益林，由当地林业主管部门统一聘请专职管护人员进行生态公益林管护和建设，所需经费从管护支出中按每亩不超过 2 元的

① 数据来源于瑞昌市人民政府门户网站。

标准提取，专项用于专职管护人员的管护费用支出和基层林业工作站监管支出，其中基层林业工作站监管支出标准不超过7.5元·hm^2·a^{-1}。

③对生态公益林林权所有者与经营者分离等情况，管护支出拨付由林权所有者与经营者协商确定①。

7.1.2 问卷设计

问卷设计分为以下几部分：①受访者基本情况；②受访者的森林营造与管护费用；③受访者的意愿，包括受访者参与生态林保护的意愿调查及其期望的补偿标准。第一部分主要是受访者年龄、文化程度、家庭人口数、家庭年均林业总收入、林业收入的主要来源等基本情况。第二部分为受访者森林营造与管护费用情况。第三部分为受访者对于目前森林生态补偿标准的意愿调查。受问卷大小限制，意愿调查问题包括：

(1)接受程度

“总体上，您认为目前的森林生态补偿标准可否接受？（非常接受，基本接受，不能接受，非常不接受）”。

(2)与生活水平的关联

“您认为生态公益林建设如何影响您的生活水平？（提高，无变化，降低）”；“如果没有了补贴，您的生活会陷入困境吗？（不会，可能会，现在还不知道，一定会）”。若生态公益林建设提高了受访者的生活水平，且失去了补贴后受访者的生活会陷入困境，则一定程度上说明森林生态补偿对于受访者的生活造成的影响是正向的、积极的，否则相反。

(3)受访者期望的补偿标准

该部分采用封闭式问答，“您认为每年每公顷至少应该补贴多少元可以接受？”

7.1.3 抽样调查

为了研究农户期望的森林生态补偿标准的影响要素，2012年1~2月，项目组选取江西省瑞昌市青山林场和大德山林场作为研究对象进行了调查。

青山系由“秦山”演变而来。相传秦始皇吞并六国，一统天下，游历华夏名山大川，采摘长生不老灵丹妙药，慕名登斯山之巅，眺长江，瞰江南龙心大悦，封之名“秦山”。后由本地谐音演化为青山。青山位于江西省北部，瑞昌市中部，北瞻长江，东依庐山，最高海拔921.3m，素有“瑞昌屋脊”之称，

---

① 数据来源于江西省人民政府门户网站。

堪称庐山“姊妹山”。青山林场属政企合一单位，下辖1个村(青山村)，3个分场(下庙分场、风车口分场、华山分场)，总人口2043人，其中农业人口1670人，国营事业单位人口373人，耕地77.8 hm^2(其中水田4 hm^2)。林场国营部分总经营面积1.8万hm^2(其中有林山1200 hm^2)，林木总蓄积8.3万m^3。青山林场面积50多km^2，集青山秀水、溶洞为一体，年平均气温15℃，是赣北道教圣地，同时又是理想的度假避暑圣地。青山具有良好的区位条件、优美的生态环境、丰富的人文景观和自然观。2000年，九江市委、市政府相继作出决定，将青山森林公园和秦山风景名胜区列为创建九江文明城市和庐山风景区中的一条森林生态旅游线。

大德山林场位于瑞昌市中部，与湖北阳新交界的边远山区，曾成为大革命时期的赣鄂边界瑞阳革命根据地。1985年组建国有林场，并辖3个行政村，27个自然村，现总人口4000人，其中林业单位人口1000余人。全场主要以林业生产为主，林地经营面积933.3 hm^2，其中宜林地面积606.7 hm^2，主要分布在南北海拔600m以上的高山上。2010年林场完成荒山造林556.5 hm^2，现已完成山场流转491.4 hm^2(其中集体部分110.5 hm^2，国营部分380.9 hm^2)。

本研究按照随机抽样原则选取5个乡(镇)，在每个样本乡(镇)分别选取2个村，共10个村521户农户进行实地调查，回收问卷515份，有效问卷506份，有效率达98.25%。本次调查的方法主要采用问卷调查方法，对调查地点生态公益林建设情况、农户的基本特征、收入及对于补偿标准的意愿进行全面的调查。

7.1.4 调研结果统计

(1)受访者的经济社会情况统计

使用SPSS18.0对受访者基本情况分析如下：

①性别和年龄情况统计。性别和年龄情况如图27、图28所示。

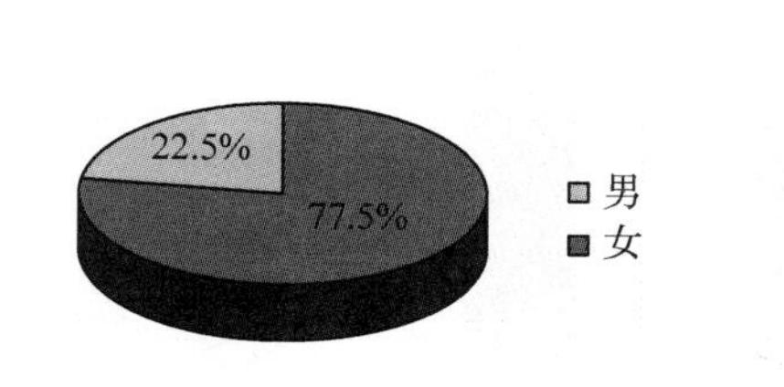

图27 受访者性别情况统计

Fig 27 Respondents gender statistics

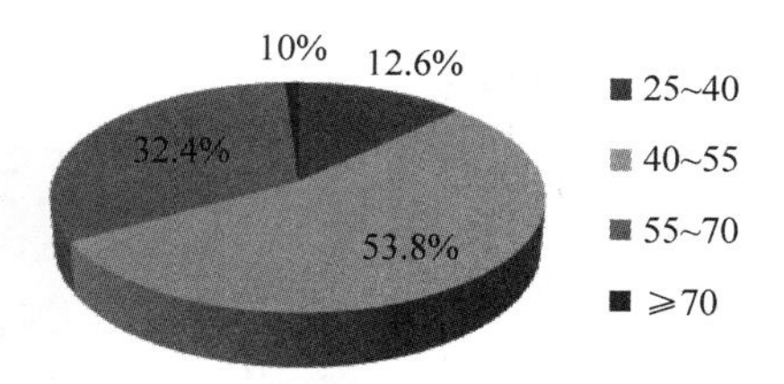

图28 受访者年龄情况统计

Fig 28 Respondents age statistics

②学历和职业情况统计。学历和职业情况统计如图 29 及图 30 所示。

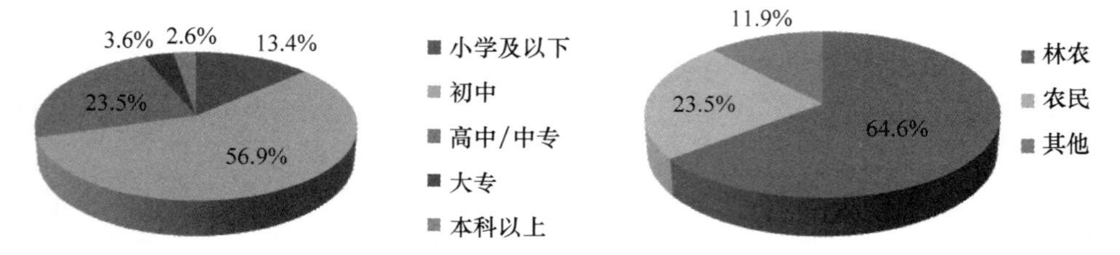

图 29　受访者学历情况统计

Fig 29　Statistics on Education of Respondents

图 30　受访者职业情况统计

Fig 30　Statistics on Vocations of Respondents

③林业收入情况统计。林业收入如图 31 及图 32 所示。

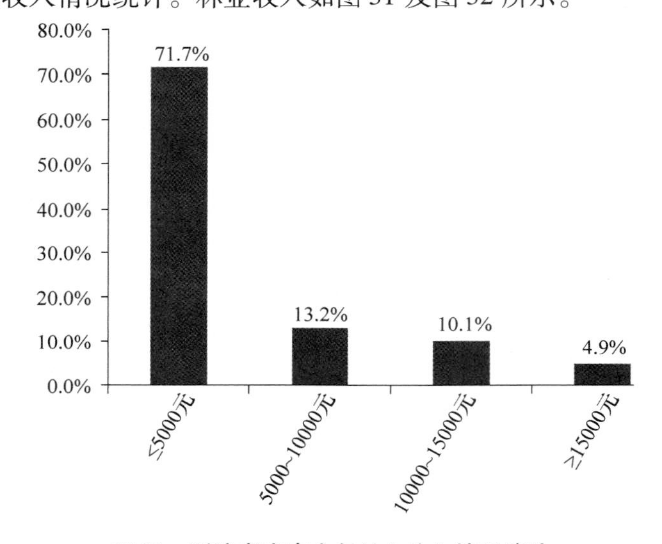

图 31　受访者家庭全年林业收入情况统计

Fig 31　Statistics on Annual Revenues of Respondents

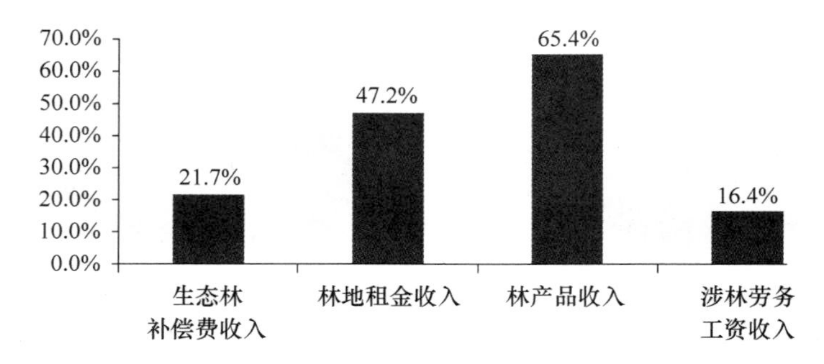

图 32　林业收入来源情况统计

Fig 32　Origins of Forestry Income

(2)受访者的森林营造与管护费用统计

①森林营造费用统计。森林营造费用统计如表 11 及图 33。

表 11 森林营造费用统计

Tab 11 Statistics on Afforesttation Costs

	频率	百分比(%)	有效百分比(%)	累积百分比(%)
≤100 元/hm^2	101	20. 0	20. 0	20. 0
100 ~ 150 元/hm^2	132	26. 1	26. 1	46. 0
150 ~ 200 元/hm^2	229	45. 3	45. 3	91. 3
≥200 元/hm^2	44	8. 7	8. 7	100. 0
合计	506	100. 0	100. 0	

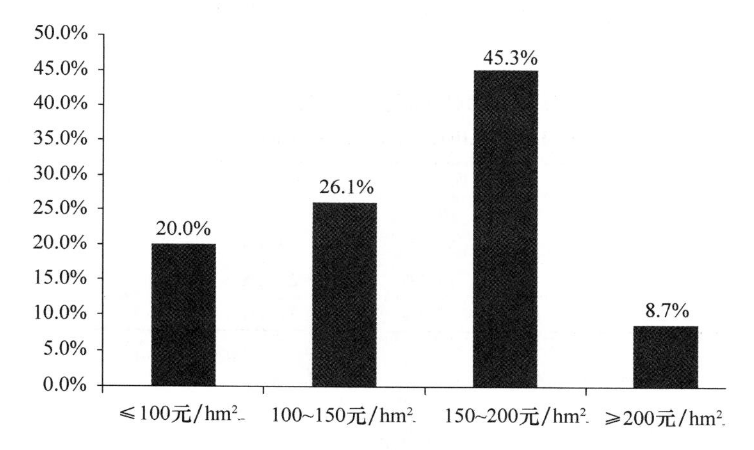

图 33 森林营造费用统计

Fig 33 Statistics on Afforestation Costs

②森林管护费用情况统计。森林管护费用统计如表 12 及图 34。

表 12 森林管护费用统计

Tab12 Statistics on Forest Protecting Costs

	频率	百分比(%)	有效百分比(%)	累积百分比(%)
≤50 元/hm^2	100	19. 8	19. 8	19. 8
50 ~ 100 元/hm^2	129	25. 5	25. 5	45. 3
100 ~ 150 元/hm^2	230	45. 5	45. 5	90. 7
≥150 元/hm^2	47	9. 3	9. 3	100. 0
合计	506	100. 0	100. 0	

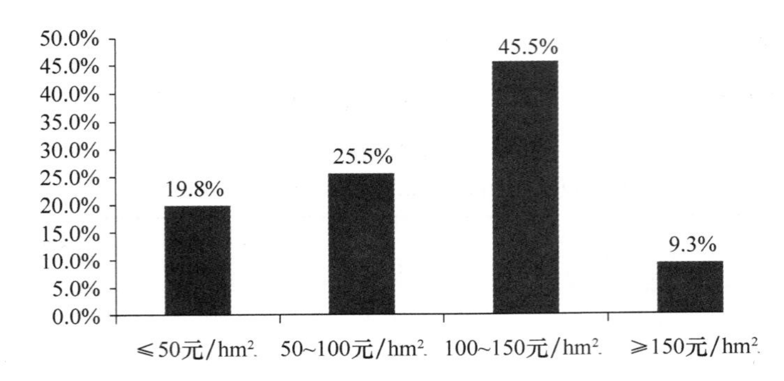

图 34 森林管护费用统计

Fig 34 Statistics on Forest Protecting Costs

③森林经营费用花费的主要方面。森林经营费用花费统计如表 13 及图 35 所示。

表 13 森林经营费用用途情况统计

Tab 13 Statistics on Forest Costs' Usage

	计数	列 N(%)	有效子表(%)	层列计数 %(底数：响应)
雇工	151	29.8%	29.8%	22.0%
农药除草、杀虫	267	52.8%	52.8%	39.0%
种苗	130	25.7%	25.7%	19.0%
劳动工具	137	27.1%	27.1%	20.0%

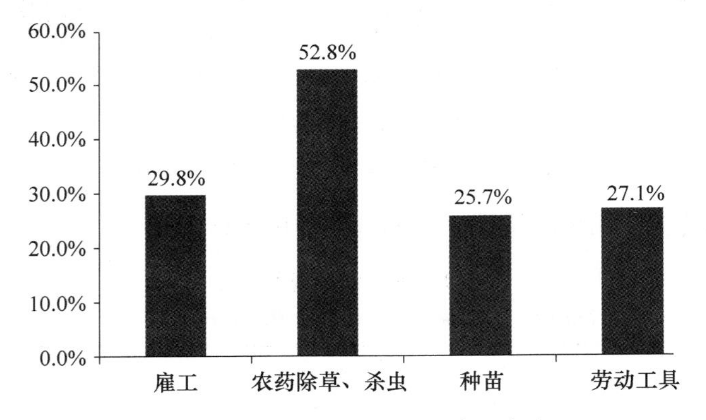

图 35 森林经营费用用途情况统计

Fig 35 Statistics on Forest Costs' Usage

(3) 受访者的意愿调查统计

①林农参与意愿情况统计。在林农参与意愿调查中，参与意愿统计如表 14 及图 36 所示。

表 14 林农参与意愿情况统计

Tab 14 Statistics on Willingness to Participate

	计数	列 N(%)	子表响应(%)	层列计数 %(底数：响应)
政府规定	245	48.4%	41.4%	41.4%
为得到补助	159	31.4%	26.9%	26.9%
家里劳动力不足	105	20.8%	17.7%	17.7%
种地不赚钱	83	16.4%	14.0%	14.0%

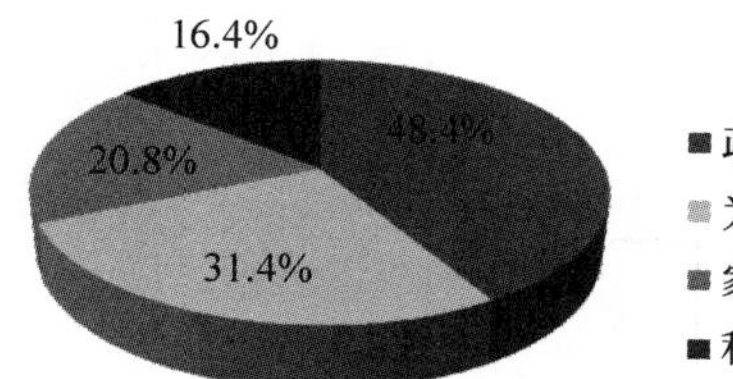

图 36 林农参与意愿情况统计

Fig 36 Statistics on Willingness to Participate

②受访者对于森林生态补偿标准的接受状况。对森林生态补偿标准的接受状况统计如图 37 所示。

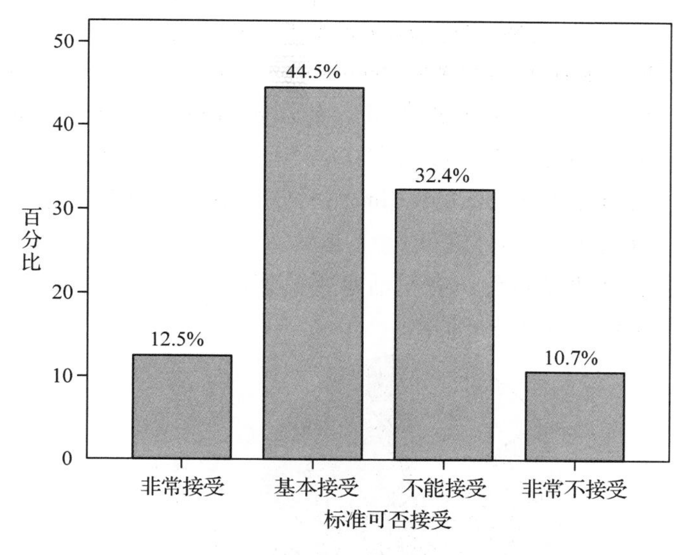

图 37 森林生态补偿标准的接受状况

Fig 37 Statistics on the Acceptance of the Forest Eco-compensation Standard

通过调查发现，44.5% 的受访者基本接受目前的补偿标准，32.4% 的受访者不能接受，12.5% 的受访者表示非常接受，少数人(12.5%)对现行补偿标准非常不接受。

③受访者期望的森林生态补偿标准。受访者期望的森林生态补偿标准如图 38 所示。

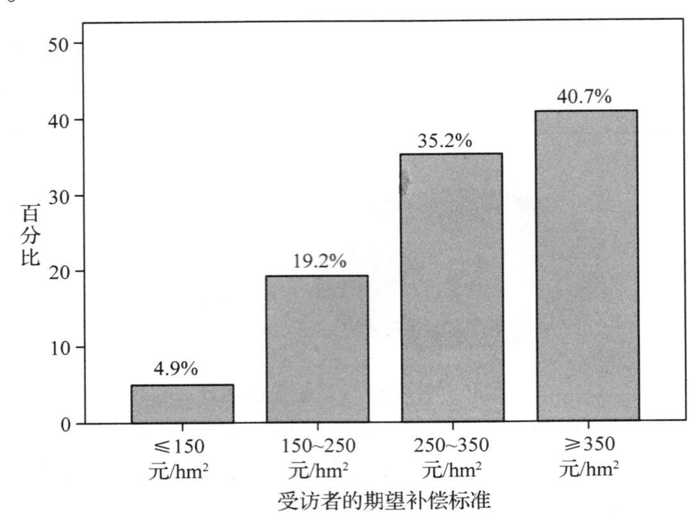

图 38 受访者期望的森林生态补偿标准

Fig 38 The Expected Forest Eco-compensation Standard of the Respondents

由图 38 可以看出，受访者期望的补偿标准高于 350 元 · hm^{-2} · a^{-1}，35.2% 的受访者期望的补偿标准是 250 ~ 350 元 · hm^{-2} · a^{-1}，19.2% 的受访者期望的补偿标准是 150 ~ 250 元 · hm^{-2} · a^{-1}，仅有 4.9% 的受访者期望的补偿标准低于 150 元 · $^{-2}$ · a^{-1}。

④生态公益林建设对受访者生活水平的影响。生态公益林建设对受访者生活水平的影响统计如图 39 所示。

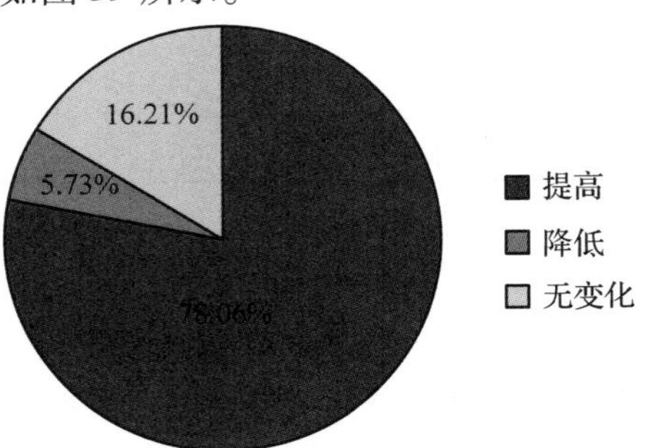

图 39 生态林建设对生活水平的影响

Fig 39 Influeence to living Standard

7.1.5 调研结果分析

(1)林业收入情况与满意程度的对数线性模型分析

为了探究村民的林业收入情况是否会影响他们对现行森林生态补偿标准的接受程度，本书采用对数线性模型进行分析，来考察被调查者的林业收入与接受程度的关联性。

采用对数线性模型分析，可得到与交互效应的双因素方差分析数学模型极为相似的表达式，即多因素分析表达式，也被称为定性数据和变换后的模型关系式：

$$\eta_{ij} = \bar{\eta} + \alpha_i + \beta_j + \gamma_{ij}$$
$$\sum_{i=1}^{2}\alpha_i = \sum_{i=1}^{2}\beta_j = \sum_{i=1}^{2}\gamma_{ij} = \sum_{j=1}^{2}\gamma_{ij} = 0,\ i = 1,2;\ j = 1,2 \tag{7.1}$$

式中 α_i，β_j 分别是 A，B 因素的主效应，γ_{ij}是 A，B 因素的交互效应。接下来就是对模型的参数估计及检验。这里主要是估计 γ_{ij}值，根据 γ_{ij}值的正负和相对大小，可以判断 A 因素的第 i 个水平，与 B 因素的第 j 个水平间的交互效应。当 $\gamma_{ij}>0$，表明二者存在正效应；若 $\gamma_{ij}<0$，则存在负效应，当 γ_{ij}均为0时，A，B 因素相互独立。若 γ_{ij}均为0，模型称为非饱和模型(因素间相互独立)，否则为饱和模型(因素间有交互效应)。

以上对数线性模型分析可以通过 SPSS 软件来实现。

本研究在应用对数线性模型分析之前，需要对变量进行交叉列联表分析。在进行交叉列联表分析前，需进行卡方检验，来判别两个变量之间是否有关联，且卡方检验的原假设是行变量与列变量是独立的。取显著性水平 $\alpha = 0.05$，对变量“林业收入”与“接受程度”分别进行卡方检验，得到卡方检验值 $0.009 < 0.05$，证明这两个变量之间有显著的相关性。由此，本书对变量“林业收入”与“接受程度”进行交叉列联表分析，如表 15 所示。

表 15 林业收入与接受程度的交叉列联表

Tab 15 Cross Reference Table of Forestry Income and Satisfication

家庭林业年收入(元)	标准可否接受			
	非常接受	基本接受	不能接受	非常不接受
≥15000	6	10	8	1
10000 ~ 15000	5	20	23	3
5000 ~ 10000	14	27	13	13
≤5000	38	168	120	37

进而，利用 SPSS 软件中的 Loglinear 模块进行分析。首先进行赋值，“林业收入情况”共有四种类型，代号分别是 1，2，3，4，按照收入的降序排列，如“1” = “≥15000”；按照同样的方法对“接受程度”变量赋值。其次进行对数线性模型分析，得到的主要输出结果及解释如表 16 所示。

表 16　收敛信息

Tab 16　Convergence Information

生成类	林业收入情况 * 满意情况
迭代数	1
“观测边际”与“拟合边际”之间的最大差异	0. 000
收敛性准则	28. 224

首先提示在饱和模型中采用的 Delta 校正值为 0. 5。表 16 显示，分析的效应除了两个分类变量，还有两者的交互作用(林业收入情况 * 满意情况)。系统经一次迭代后，即达到相邻二次估计之差不大于规定的 0. 001。输出结果见表 17。

表 17　单元计数和残差

Tab 17　Cell Counts and Residuals

家庭林业年收入情况(元)	接受情况	观测		期望		残差	标准残差
		计数	%	计数	%		
≥15000	非常接受	6. 500	0. 0	6. 500	0. 0	0. 000	0. 000
	基本接受	10. 500	0. 0	10. 500	0. 0	0. 000	0. 000
	不能接受	8. 500	0. 0	8. 500	0. 0	0. 000	0. 000
	非常不接受	1. 500	0. 0	1. 500	0. 0	0. 000	0. 000
10000 ~ 15000	非常接受	5. 500	0. 0	5. 500	0. 0	0. 000	0. 000
	基本接受	20. 500	0. 0	20. 500	0. 0	0. 000	0. 000
	不能接受	23. 500	0. 0	23. 500	0. 0	0. 000	0. 000
	非常不接受	3. 500	0. 0	3. 500	0. 0	0. 000	0. 000
5000 ~ 10000	非常接受	14. 500	0. 0	14. 500	0. 0	0. 000	0. 000
	基本接受	27. 500	0. 1	27. 500	0. 1	0. 000	0. 000
	不能接受	13. 500	0. 0	13. 500	0. 0	0. 000	0. 000
	非常不接受	13. 500	0. 0	13. 500	0. 0	0. 000	0. 000

（续）

家庭林业年收入情况(元)	接受情况	观测		期望		残差	标准残差
		计数	%	计数	%		
≤5000	非常接受	38.500	0.1	38.500	0.1	0.000	0.000
	基本接受	168.500	0.3	168.500	0.3	0.000	0.000
	不能接受	120.500	0.2	120.500	0.2	0.000	0.000
	非常不接受	37.500	0.1	37.500	0.1	0.000	0.000

由于对模型采用系统默认的饱和模型，而实际例数(Observed)与期望例数(Expected)相同，进而残差(Residuals)和标准化残差(Std. Residuals)均为0。

表18 拟合优度检验

Tab 18 Goodness-of-Fit Tests

	卡方	df	Sig.
似然比	0.000	0	0.
Pearson	0.000	0	0.

表18是模型的拟合优度检验，由于是饱和模型，所以卡方值和自由度均为0，而Sig无信息显示。

表19 K-Way和高阶效果

Tab 19 K-Way and Higher-Order Effects

	K	df	似然比		Pearson		迭代数
			卡方	Sig.	卡方	Sig.	
K-Way和高阶效果a	1	15	691.737	0.000	1007.486	0.000	0
	2	9	20.786	0.014	21.989	0.009	2
K-way效果b	1	6	670.951	0.000	985.497	0.000	0
	2	9	20.786	0.014	21.989	0.009	0

表19是对模型是否有高阶效应进行检验，原假设是高阶效应为0，即没有高阶效应。表中检验分为两部分。第一部分：K-way和高阶效果(a)，是分别利用似然比方法和Pearson方法检验模型中K维交互作用以及K维以上交互作用是否显著，两种检验方法的结果均表明，应拒绝原假设，即二维交互作用以及一维以上交互作用(即主效应)均极为显著。第二部分：K-way效果(b)，是检验模型中K维交互作用自身是否显著，同样有似然比方法和Pearson方法。

结论与第一部分类似。此处，由于第二部分是检验 K 维交互作用自身是否显著，因此在检验一维主效应时不再包含二维交互作用，因而其卡方值减少，减少的值恰好为二维交互的值。

表 20　参数估计值

Tab 20　Parameter Estimates

效果	参数	估计	标准误	Z	Sig.	95%置信区间	
						下限	上限
林业收入情况＊接受情况	1	0.472	0.303	1.560	0.119	-0.121	1.066
	2	-0.026	0.263	-0.098	0.922	-0.542	0.490
	3	0.043	0.277	0.156	0.876	-0.500	0.586
	4	-0.286	0.290	-0.988	0.323	-0.854	0.281
	5	0.052	0.207	0.249	0.803	-0.355	0.458
	6	0.469	0.208	2.256	0.024	0.061	0.876
	7	0.169	0.215	0.785	0.432	-0.252	0.589
	8	-0.169	0.174	-0.972	0.331	-0.510	0.172
	9	-0.600	0.204	-2.948	0.003	-1.000	-0.201
林业收入情况	1	-1.076	0.199	-5.396	0.000	-1.467	-0.685
	2	-0.484	0.158	-3.068	0.002	-0.794	-0.175
	3	0.030	0.124	0.244	0.807	-0.213	0.273
接受情况	1	-0.293	0.145	-2.024	0.043	-0.576	-0.009
	2	0.685	0.115	5.942	0.000	0.459	0.911
	3	0.405	0.123	3.298	0.001	0.164	0.645

表 20 是对模型参数的估计以及对参数的检验结果。由于公式 7.1 是对数线性固定模型效应的分析，应满足效应和为零的约束条件，故根据上表结果可推得各参数为：

$\alpha_1=-1.076$，$\alpha_2=-0.484$，$\alpha_3=0.03$，$\alpha_4=0-\alpha_1-\alpha_3=1.530$；

$\beta_1=-0.293$，$\beta_2=0.685$，$\beta_3=0.405$，$\beta_4=0-\beta_1-\beta_2-\beta_3=-0.797$；

$\gamma_{11}=0.472$，$\gamma_{21}=-0.026$，$\gamma_{31}=0.043$，$\gamma_{41}=0-\gamma_{11}-\gamma_{21}-\gamma_{31}=-0.489$；

同理，可得：

$\gamma_{12}=-0.286$，$\gamma_{22}=0.052$，$\gamma_{32}=0.469$，$\gamma_{42}=-0.235$；

$\gamma_{13}=0.169$，$\gamma_{23}=-0.169$，$\gamma_{33}=-0.6$，$\gamma_{43}=0.6$.

参数值为正，表示正效应；反之为负效应；零为无效应。分析提供的信息是：

①β_1 和 β_4 为负值，β_2 和 β_3 为正值，且 $\beta_4 < \beta_1 < \beta_3 < \beta_2$，$\beta_2$（“基本接受”）=0.685，说明接受调查的多数人对于目前的补偿标准接受的结果，β_3（“不能接受”）=0.405，表明不能接受的也占相对大的比重，非常接受以及非常不能接受的受调查者占小部分。

②$\alpha_1 < \alpha_2 < \alpha_3 < \alpha_4$，说明各收入阶层的被调查者对现行补偿标准的接受程度是不同的，其中，林业收入最高的受访者对于现行补偿标准的接受程度最低。相反，林业收入最低的受访者的接受程度最高。模型呈现出的结果是，高收入的受访者满意程度比较低，低收入的受访者满意程度比较高。

(2)受访者意愿的影响指标因子分析模型

本研究因子分析的步骤如下：

①原始数据及指标解释。本研究选取了影响被调查者期望的补偿标准的9个指标，其中包括被调查者社会经济基本情况指标以及森林营造与管护费用指标，分别为：X_1—性别，X_2—职业，X_3—家庭人口数，X_4—文化程度，X_5—年龄，X_6—家庭全年林业收入，X_7—森林营造费用，X_8—森林管护费用，X_9—生态林建设对生活水平的影响。

②计算结果。在进行因子分析之前，往往先要了解变量之间的相关性来判断进行因子分析是否合适。由相关系数矩阵可知，原始变量之间有较强的相关性(Sig. <0.05，拒绝原假设)。由以下 SPSS 输出方差解释表及碎石图可看出，前4个特征值较大，其余5个特征值均较小。前3个公共因子对样本方差的贡献和为56.197%，因此本研究选取前4个公共因子建立因子载荷阵。这里采用的是主成分法提取因子。输出结果如表21及图40。

表21 解释的总方差

Tab 21 Total Variance Explained

成分	初始特征值			提取平方和载入			旋转平方和载入		
	合计	方差的 %	累积(%)	合计	方差的 %	累积(%)	合计	方差的 %	累积(%)
1	1.629	18.100	18.100	1.629	18.100	18.100	1.532	17.025	17.025
2	1.343	14.924	33.024	1.343	14.924	33.024	1.327	14.739	31.764
3	1.083	12.029	45.053	1.083	12.029	45.053	1.116	12.403	44.168
4	1.003	11.144	56.197	1.003	11.144	56.197	1.083	12.030	56.197
5	0.949	10.544	66.741						
6	0.892	9.912	76.653						

（续）

成分	初始特征值			提取平方和载入			旋转平方和载入		
	合计	方差的 %	累积(%)	合计	方差的 %	累积(%)	合计	方差的 %	累积(%)
7	0.814	9.043	85.696						
8	0.731	8.124	93.820						
9	0.556	6.180	100.000						

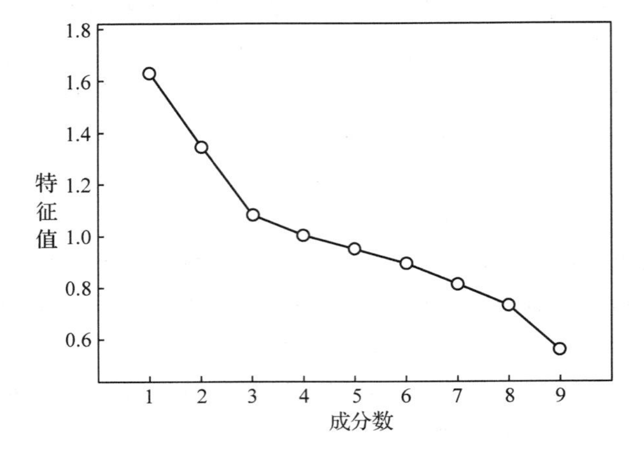

图 40　碎石图

Fig 40　Scree Plot

对因子载荷阵进行方差最大化(Varimax)正交旋转，得到输出结果见表22。

表 22　旋转成份矩阵

Tab 22　Rotated Component Matrix

	成分			
	1	2	3	4
性别	0.756	0.019	0.062	-0.065
职业	0.148	0.076	0.715	0.233
家庭人口数	-0.267	0.742	-0.181	0.065
文化程度	-0.371	-0.753	-0.118	0.105
年龄	-0.474	0.399	0.432	-0.078
家庭全年林业总收入	-0.032	0.204	-0.563	0.293
森林营造费用	-0.336	-0.005	-0.157	0.627
森林管护费用	0.278	-0.049	0.148	0.722
生态林建设对生活水平的影响	0.560	-0.005	0.074	0.049

由上表可得出受访者意愿影响指标体系的因子分析模型：

$$
\begin{aligned}
X_1 &= 0.756F_1 + 0.019F_2 + 0.062F_3 - 0.065F_4 \\
X_2 &= 0.148F_1 + 0.076F_2 + 0.715F_3 + 0.233F_4 \\
X_3 &= -0.267F_1 + 0.742F_2 - 0.181F_3 + 0.065F_4 \\
X_4 &= -0.371F_1 - 0.753F_2 - 0.118F_3 + 0.105F_4 \\
X_5 &= -0.474F_1 + 0.399F_2 + 0.432F_3 - 0.078F_4 \\
X_6 &= -0.032F_1 + 0.204F_2 - 0.563F_3 + 0.293F_4 \\
X_7 &= -0.336F_1 - 0.005F_2 - 0.157F_3 + 0.627F_4 \\
X_8 &= 0.278F_1 - 0.049F_2 + 0.148F_3 + 0.722F_4 \\
X_9 &= 0.56F_1 - 0.005F_2 + 0.074F_3 + 0.049F_4
\end{aligned} \tag{7.2}
$$

由因子分析模型可知，第一个主因子 F_1 主要由性别(X_1)、生态林对生活水平的影响(X_9)、年龄(X_5)指标决定，该指标在主因子 F_1 上的载荷分别为0.756、0.56、0.474。同理可知，第二个主因子 F_2 主要由家庭人口数(X_3)、文化程度(X_4)决定。第三个主因子 F_3 主要由职业(X_2)、家庭全年林业收入(X_6)决定，第四个主因子 F_4 主要由森林管护费用支出(X_8)、森林营造费用支出(X_7)决定。

最后，计算因子得分，以各因子的方差贡献率占三个因子总方差贡献率的比重作为权重进行加权汇总，得出的综合得分 F，即：

$$F = (17.025 \times F_1 + 14.739 \times F_2 + 12.403 \times F_3 + 12.03 \times F_4)/56.197 \tag{7.3}$$

进一步运用 SPSS 软件进行回归计算，得到因子得分，如表 23 所示。

表 23　成分得分系数矩阵

Tab 23　Component Score Coefficient Matrix

	成分			
	1	2	3	4
性别	0.501	0.054	-0.036	-0.048
职业	0.022	0.034	0.646	0.245
家庭人口数	-0.114	0.560	-0.170	0.062
文化程度	-0.278	-0.586	-0.023	0.076
年龄	-0.348	0.253	0.431	-0.056
家庭全年林业总收入	0.060	0.186	-0.513	0.253
森林营造费用	-0.200	-0.005	-0.081	0.571
森林管护费用	0.175	-0.017	0.132	0.677
生态林建设对生活水平的影响	0.368	0.026	0.003	0.055

得到各影响指标的因子得分后，可以对样本数据进行分析。在此，以 F_1 因子得分为 X 轴，F_2 因子得分为 Y 轴，作出第一因子与第二因子的散点图如图 41 所示。同理，可以输出第一因子与第三因子、第二因子与第三因子、第二因子与第四因子、第三因子与第四因子的散点图。

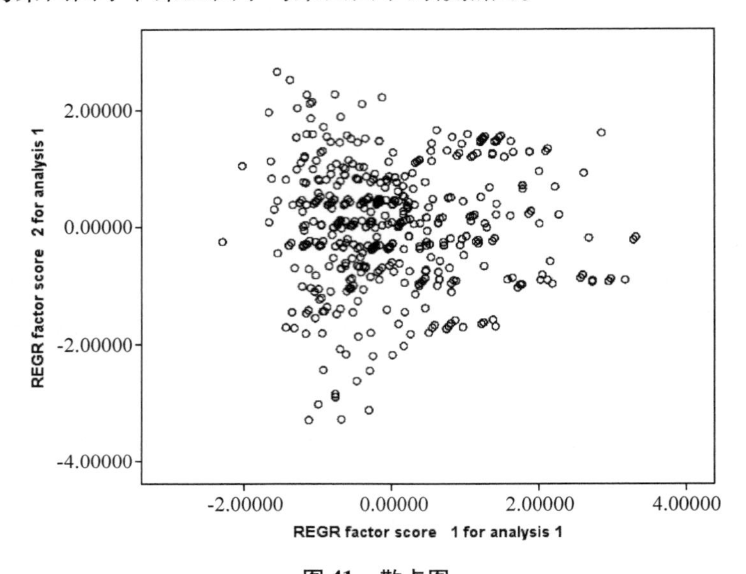

图 41 散点图

Fig 41 Scatter Plot

③结果分析。由旋转后的因子载荷矩阵可以看出，公共因子 F_1 在 X_1（性别）、X_9（生态林对生活水平的影响）、X_5（年龄）上的载荷值都很大。X_1，X_5 是反映受访者性别、年龄和生活水平变化状况的指标；同理可知，第二个主因子 F_2 在 X_3（家庭人口数）、X_4（文化程度）上的载荷较大，是反映受访者家庭人口、文化程度的公共因子，在此因子上的得分则反映了受访者的教育和家庭分布状况。第三个主因子 F_3 在 X_2（职业）、X_6（家庭全年林业收入）上有较大的载荷，是反映了受访者经济状况的指标。第四个主因子 F_4 在 X_8（森林管护费用支出）、X_7（森林营造费用支出）上有较大的载荷，是反映受访者森林维护成本的指标。

从以上分析来看，第一个主因子 F_1 的累积方差贡献最高，说明性别、年龄、生活水平变化状况是影响受访者意愿的主要方面，尤其是性别因素，对于 F_1 的贡献相对较大，这也反映了性别不同，在生态林保护活动中的受偿意愿也不同。第二个主因子 F_2 则反映出家庭人口的多寡、文化程度的高低对于受访者意愿也造成了直接的影响。散点图反映出第一公共因子与第二公共因子的关系，反映出二者有很大的关联性，皆因两者都为受访者的基本状况，并且对于受访者的受偿意愿都有较大影响。第三个主因子 F_3 与第四个主因子 F_4 为受访者经济状况与成本状况指标，反映出两者对于受偿意愿影响比较大。

(3)受访者意愿的影响因素相关分析

变量和变量之间的关系可以分为：确定性关系，即变量之间的关系可以用精确的函数描述出来；不确定性关系(统计相关关系)，即变量之间存在某种联系，但是这种联系是不能用精确的函数描述出来的。

如果仅仅研究变量之间的相互关系的密切程度和变化趋势，并用适当的统计指标描述，就是相关分析。本研究首先运用 SPSS 进行典型相关分析，推导典型函数，找出对典型函数的相对贡献最大的变量，其次进行相关分析，确定相关系数。

①典型相关分析。典型相关分析(Canonical Correlation Analysis)首先由霍特林于 1936 年提出，是研究两组变量之间相关关系的多元分析方法。它借用主成分分析降维思想，分别对两组变量提取主成分，且使从两组变量提取的主成分之间的相关程度达到最大，而从同一组内部提取的各主成分之间互不相关，用从两组之间分别提取的主成分的相关性来描述两组变量整体的线性相关关系。它能够揭示出两组变量之间的内在联系。

典型相关分析有六步骤：a. 确定典型相关分析的目标；b. 设计典型相关分析；c. 检验典型相关分析的基本假设；d. 估计典型模型，评价模型拟合情况；e. 解释典型变量；f. 验证模型(Joseph F. Hair, etc., 1998)。

本研究将变量分为两组，第一组变量表示受访者的基本状况，有“性别”、“职业”、“家庭人口数”、“文化程度”、“年龄”、“家庭全年林业总收入”；第二组表示受访者的态度，有“森林经营费用支出”、“森林管护费用支出”、“现行标准可否接受”、“期望的补偿标准”。赋值 X_1 =“性别”，X_2 =“职业”，X_3 =“家庭人口数”，X_4 =“文化程度”，X_5 =“年龄”，X_6 =“家庭全年林业总收入”。同理，赋值 Y_1 =“森林经营费用支出”，Y_2 =“森林管护费用支出”，Y_3 =“现行标准可否接受”，Y_4 =“期望的补偿标准”。分析结果输出如表 24、表 25、表 26、表 27。

表 24 典型相关系数的显著性检验

Tab 24 Significance Test of Canonical Correlation Coefficient

序号	λ 统计量	卡方统计量	自由度	伴随概率
1	0. 892	56. 952	24. 000	0. 000
2	0. 960	20. 616	15. 000	0. 005
3	0. 990	5. 081	8. 000	0. 749
4	0. 998	0. 897	3. 000	0. 826

表 25 典型相关系数

Tab 25 Canonical Correlations

序号	典型相关系数	序号	典型相关系数
1	0. 498	3	0. 091
2	0. 265	4	0. 042

表 26 第一组典型变量的标准化系数

Tab 26 Standardized Canonical Coefficients for Set-1

	1	2	3	4
X_1	0. 650	0. 214	-0. 036	0. 283
X_2	0. 330	-0. 071	0. 391	-0. 861
X_3	-0. 452	-0. 208	-0. 046	-0. 353
X_4	-0. 126	0. 622	0. 450	-0. 105
X_5	0. 088	0. 785	-0. 624	-0. 186
X_6	-0. 183	0. 296	0. 490	0. 202

表 27 第二组典型变量的标准化系数

Tab 27 Standardized Canonical Coefficients for Set-2

	1	2	3	4
Y_1	-0. 657	0. 471	0. 427	-0. 417
Y_2	0. 333	-0. 518	0. 773	-0. 180
Y_3	0. 297	0. 068	-0. 346	-0. 922
Y_4	0. 488	0. 774	0. 310	0. 357

表 24 是判断两组变量相关性的各种检验，如果无法拒绝它们不相关的零假设，就不必做进一步的典型相关分析了。从输出结果来看，在 0. 05 的显著性水平下，四对典型变量中只有第一对和第二对典型相关是显著的(伴随概率

皆小于0.05），因此，本研究有理由拒绝零假设，即认为这两组变量之间有一定的相关性。

表25反映了第一组变量的前两个典型变量 V_1，V_2 的表达式(标准化后数据)。从表中可以看出，第一典型相关系数为0.498，第二典型相关系数为0.265。进而，观察标准化的典型变量的系数来分析两组变量的相关关系。由表26可知，来自受访者基本状况的第一典型变量 V_1 和第二典型变量 V_2 为：

$$V_1 = 0.650X_1 + 0.330X_2 - 0.452X_3 - 0.126X_4 + 0.088X_5 - 0.183X_6$$

$$V_2 = 0.214X_1 - 0.071X_2 - 0.208X_3 + 0.622X_4 + 0.785X_5 + 0.296X_6 \quad (7.4)$$

对于第一典型变量，X_1(性别)的系数为0.650，绝对值最大。对于第二组典型变量，X_5(年龄)的系数为0.785，绝对值最大。从中不难看出，第一个典型变量主要代表性别，第二个典型变量主要代表年龄。

类似地，由表27还可以得到第二组变量的前两个典型变量 W_1，W_2 的表示式(标准化后数据)，可以看出第一个典型变量主要代表“森林经营费用支出”(系数为0.657)，第二个典型变量主要代表“受访者期望的补偿标准”(系数为0.774)。

$$W_1 = 0.657Y_1 + 0.333Y_2 + 0.297Y_3 + 0.488Y_4$$

$$W_2 = 0.471Y_1 + 0.518Y_2 + 0.068Y_3 + 0.774Y_4 \quad (7.5)$$

综合以上分析结果，不难看出，V_1 所代表的性别，与 W_1 所代表的受访者对于期望补偿标准相关。X_1(性别)的系数为正，与 Y_1(森林经营费用支出)的符号同号，表明男性在森林经营费用方面的支出普遍高于女性。

类似地，V_2 所代表的年龄与 W_2 所代表的受访者期望的补偿标准相关。X_5(年龄)的系数与 Y_4(期望补偿标准)的系数同号，同为正，表明年龄越长者，期望的补偿标准也越高。

此外，本研究还注意到，在第一组典型变量 V_1 与 V_2 表达式中，绝对值居于其次的是 X_3(家庭人口数)，系数为 -0.452，起负面作用。第二个典型变量表达式中，X_4(文化程度)的系数为0.622，仅次于 X_5(年龄)。同理，还可以从第二组典型变量 W_1、W_2 的表示式看出，“森林管护费用支出”的系数为0.518，相关系数的大小仅次于“森林经营费用支出”(系数为0.657)。即森林经营费用支出及森林管护费用支出在此都对受访者的受偿意愿起正向作用，费用花费越高，期望的补偿标准也越高。

为了进一步研究“家庭人口数”、“文化程度”、“森林经营费用”、“森林管护费用”与受访者期望的补偿标准之间的相关性，本研究将进行两变量相关性分析。同时，研究认为有必要对“家庭全年林业总收入”与期望补偿标准的相关性进行分析。

②两变量相关性分析。两样本相关分析即是研究两个变量之间相关关系的统计方法。它主要由相关系数来反映。二维随机变量(X, Y)的相关系数表达式如下：

$$\rho_{XY}=\frac{Cov(X, Y)}{\sqrt{DX}\sqrt{DY}}=\frac{E[(X-EX)(Y-EY)]}{\sqrt{DX}\sqrt{DY}} \tag{7.6}$$

其中，$-1\leqslant\rho_{xy}\leqslant 1$，相关系数越大，相关性越强。

若$\rho_{xy}>0$，则表示X与Y正相关。

若$\rho_{xy}<0$，则表示X与Y负相关。

若$\rho_{xy}=1$，则表示X与Y正线性相关。

若$\rho_{xy}=-1$，则表示X与Y负线性相关。

若$\rho_{xy}=0$，则表示X与Y不相关。

通常情况下，ρ_{xy}是未知的，而是用样本相关系数r来代替。常用的样本相关系数有：Pearson 相关系数、Spearman 秩相关系数、Kendall 相关系数。本研究采取 Pearson 相关系数。该系数用于对定距变量的数据进行计算，即分析两个连续性数据之间的相关关系，其表达式如下：

$$r=\frac{\sum_{i=1}^{n}(x_i-\bar{x})(y_i-\bar{y})}{\sum_{i=1}^{n}(x_i-\bar{x})^2\sum_{i=1}^{n}(y_t-\bar{y})^2} \tag{7.7}$$

运用 SPSS 进行双变量相关分析，输出结果见表 28。

表 28　家庭人口数与期望补偿标准的相关性

Tab 28　Correlations between Family Population and Prospected Compensation Standard

		家庭人口数	受访者的期望补偿标准
家庭人口数	Pearson 相关性	1	-0.129
	显著性(双侧)		0.004
	N	506	506
受访者的期望补偿标准	Pearson 相关性	-0.129	1
	显著性(双侧)	0.004	
	N	506	506

由表 28 可以看出，家庭人口数与期望补偿标准的相关系数为 -0.129，说明两者为负相关性，也即家庭人口越少，期望的补偿标准越高，这似乎与常理不符。经实地考察访谈发现，家庭人口越少，按人口所分配的森林面积也越少，从而获得的补贴也越少，进而他们所期望的补偿标准越高。

表 29 文化程度与期望补偿标准的相关性

Tab 29 Correlations between Education and Prospected Compensation Standard

		家庭人口数	受访者的期望补偿标准
文化程度	Pearson 相关性	1	0. 217
	显著性(双侧)		0. 055
	N	506	506
受访者的期望补偿标准	Pearson 相关性	0. 217	1
	显著性(双侧)	0. 055	
	N	506	506

由表29可以看出，文化程度与期望的补偿标准的相关系数为0. 217，呈正相关，说明文化程度越高，对于森林生态服务功能的要求也越高，支付意愿与受偿意愿越高。

表 30 文化程度与期望补偿标准的相关性

Tab 30 Correlations between Forestry Income and Prospected Compensation Standard

		家庭全年林业总收入	受访者的期望补偿标准
家庭全年林业总收入	Pearson 相关性	1	0. 290
	显著性(双侧)		0. 019
	N	506	506
受访者的期望补偿标准	Pearson 相关性	0. 290	1
	显著性(双侧)	0. 019	
	N	506	506

由表30可知，家庭全年林业总收入与受访者期望的补偿标准成正相关，相关系数为0. 290，说明家庭全年林业收入越高，期望的补偿标准越高，印证了“收入越高，对于森林的服务功能的支付意愿与受偿意愿越高”的假设。

表 31 森林营造费用与期望补偿标准的相关性

Tab 31 Correlations between Afforestation and Prospected Compensation Standard

		家庭人口数	受访者的期望补偿标准
森林营造费用	Pearson 相关性	1	0. 420
	显著性(双侧)		0. 039
	N	506	506
受访者的期望补偿标准	Pearson 相关性	0. 420	1
	显著性(双侧)	0. 039	
	N	506	506

由表31可以看出，森林营造费用与受访者的期望补偿标准的相关系数为0.420，呈现正相关性，说明森林营造费用越高，受访者期望的补偿标准也越高。

表32 森林管护费用与期望补偿标准的相关性

Tab 32 Correlations between Forest Protection and Prospected Compensation Standard

		家庭人口数	受访者的期望补偿标准
森林管护费用	Pearson 相关性	1	0.351
	显著性(双侧)		0.024
	N	506	506
受访者的期望补偿标准	Pearson 相关性	0.351	1
	显著性(双侧)	0.024	
	N	506	506

由表32可以看出，森林管护费用与受访者的期望补偿标准的相关系数为0.351，呈现正相关性，表明森林管护费用越高，受访者的期望补偿标准也越高。

综合以上相关性分析可以得出以下结论：a. 男性在森林经营费用方面的支出普遍高于女性。b. 年龄越高者，期望的补偿标准也越高。c. 家庭人口数与期望补偿标准呈现负相关，这似乎与常理不符，但是却因地而异。d. 文化程度越高，受偿意愿更高。e. 家庭全年林业收入越高，受偿意愿越高。f. 森林营造费用、森林管护费用，与受访者的期望补偿标准均呈现正相关，这也与经济学理论中的成本概念相一致。

7.2 基于生态功能的森林生态补偿标准的计算——以江西省瑞昌市为例

生态系统为我们提供了各种生态效益，如森林生态系统为我们提供了涵养水源、保育土壤、固碳释氧、积累营养物质、净化大气环境、森林防护、物种保育、森林游憩等效益；湿地生态系统为我们提供了气候调节、涵养水源、控制侵蚀、废物处理、休闲娱乐、文化科研等效益；此外草地、农田生态系统也为我们提供了食物、废物处理、固碳释氧等生态效益。

7.2.1 江西省瑞昌市森林生态效益评估

本书对瑞昌市2009年数据进行了统计计算。通过调研，收集到瑞昌市森林资源的一些资料，为了计算方便，将森林分为针叶林、阔叶林、针阔混交林、灌木林4类，其林分面积如表33所示。

表33 瑞昌市林分面积表

Tab 33 Forest area data

项目	林分类型				总计
	针叶林	阔叶林	针阔混	灌木林	
林分面积(hm^2)	25718.56	12400.02	7807.42	30196	76122

结合瑞昌市森林资源清查数据，该地区针叶林主要包括杉木类、松木类、竹林类，所占比例约为：杉木类56%，松木类27%，竹林类17%。据此，对森林生态服务价值进行估算。

生态系统服务包括多种指标，可以大体分为两类：

①生态系统产品，如林木产品、林副产品，表现为直接价值。

②支撑与维持人类赖以生存的环境，如调节气候、物质循环、稳定水文、净化环境、生物多样性的维持、防灾减灾和社会文化等难以商品化的功能，表现为间接价值(李少宁，2007)。

目前，对于森林生态系统服务价值的研究已成为生态经济学研究的前沿课题，以欧阳志云为代表的一部分学者对此做了很多有益研究。本书主要采用国家林业局发布的《森林生态系统服务功能评估规范》(LY/T1721—2008)中提供的森林生态服务功能评估指标体系对所研究区域进行价值评估。该规范除林木资源价值、林副产品和林地自身价值外，共提出了8个类别14个评估指标。结合所研究区域特点，考虑到提供负离子、降低噪音、森林防护等在研究区域内缺乏相应的数据，在此不作为研究对象。同时，该地区森林生态系统的游憩功能尚未得到充分开发，各方面资金投入不足、服务设施落后，众多森林公园均免费开放，游客稀少。所以，由森林生态系统直接产生的森林游憩价值很低，在此不包括在计算范围内。因此，本书主要对6个方面、11个指标进行研究评估。

我们可以看到，生态系统所提供给我们的生态效益是极为广泛的，不同的生态系统提供的生态效益既有区别也有联系。我国目前生态效益补偿的主体仍然是以政府的财政转移支付为主，因而，在确定生态效益补偿的时候，必须要明确生态系统所提供的生态效益与整个社会的经济发展水平以及生态建设目标的联系，明确哪些生态效益在当前可以用货币价值来衡量，可以纳入到社会的补偿的范围。本书以经济上可行、计量方法上合理、社会可接受的原则，综合了各种类型生态系统所发挥的生态效益，建立出以上的森林生

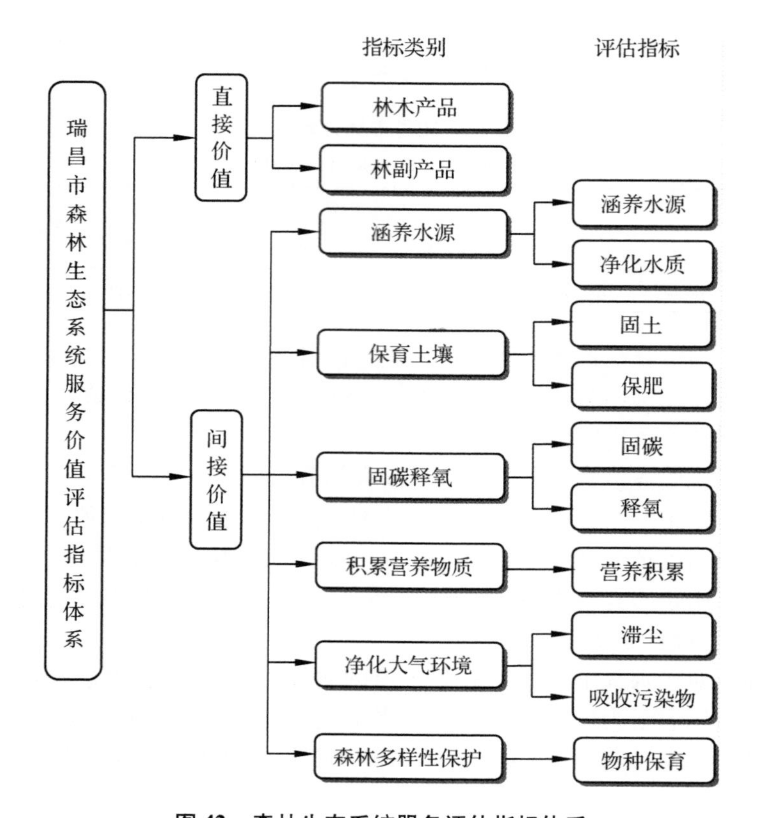

图 42　森林生态系统服务评估指标体系

Fig 42　Forest Ecosystem Services Evaluation Index System

态系统服务功能评估指标体系(图 42)，并结合江西省瑞昌市森林生态系统做详细介绍。

(1) 直接价值

直接价值主要是指生态系统提供林木、林副产品的价值。森林资源为人类提供木质林产品，林业作为一种产业，对国民经济发展具有重要贡献。森林资源提供林副产品，如我国森林具有丰富的野生动植物资源，是人类重要的食物来源。本书通过实际调研得到瑞昌市林副产品总价值为V_1 =3. 1 亿元。

(2) 涵养水源效益

涵养水源指森林对降水的截留、吸收和贮存，将地表水转为地表径流或地下水的作用。主要功能表现在增加可利用水资源、净化水质和调节径流 3 个方面。

从水量平衡角度，森林调节水量的总量为降水量与森林蒸发散(蒸腾和蒸发)及其他消耗的差值。对于森林涵养水源效益中调节水量功能的价值量评价，本书采用常规市场评估技术中的影子工程法。它是把森林涵养水源功能等效于一个蓄水工程，而且该工程的价值是可以计算的，那么该工程的修建费用或者说造价，就可以作为森林涵养水源的价值。由于水利工程的造价较易得到，森林涵养水源的价值也就可以估算了。

其价值量评估公式及参数为：

$$U_{调} = 10C_{库} A(P - E - C)$$

式中：$U_{调}$——林分调节水量功能，元/a；

$C_{库}$——水库建设单位库容投资，元/m^3；

P——降水量，mm/a；

E——林分蒸散量，mm/a；

C——地表径流量，mm/a；

A——林分面积，hm^2。

计算中，由于林区地表径流总量很小，常可忽略不计。因此，本书森林每年涵养水源的总量根据森林区域的水量平衡来计算。

净化水质计算，通过年涵养水量总量与净化水质价值乘积求得，公式如下：

$$U_{水质} = 10KA(P - E) \tag{7.8}$$

式中：$U_{水质}$——林分年净化水质价值，元/a；

K——水的净化费用，元/a。

通过调研，瑞昌市 2009 年降雨量为 1700mm，不同树种的蒸发量不同。因此，通过查阅文献与实地调研，可以得到相关树种的蒸发量。其中，针叶林数据主要包括杉木、马尾松、竹木的数据，结合各类树木所占比例线性累加计算得到。根据瑞昌市森林资源统计情况，采用上述公式以及国家林业局公布的《森林生态系统服务功能价值评估公共数据表》中水库建设单位库容投资6.1107 元/t，水净化费用 2.09 元/t，计算得到调节水量价值为 25.75×10^8 元/a，净化水质价值为8.81×10^8 元/a，总涵养水源价值为34.56×10^8 元/a，详细数据见表 34。

表 34 森林生态系统涵养水源价值评估汇总表

Tab 34 Assessment Table of Forest Ecosystem Water Conservation Benefit

项目	林分类型				总计
	针叶林	阔叶林	针阔混	灌木林	
林分面积(hm^2)	25718.56	12400.02	7807.42	30196	76122
年降水量(mm/a)	1700	1700	1700	1700	-
水分蒸散率(%)	0.742	0.533	0.735	0.659	-
水分蒸散量(mm/a)	1261.4	906.1	1249.5	1120.3	-
年涵养水源量(亿 t/a)	1.128	0.98	0.35	1.75	4.21
调节水量价值(亿元/a)	6.89	6.02	2.15	10.7	25.75
净化水质价值(亿元/a)	2.36	2.06	0.74	3.66	8.81
涵养水源总价值(亿元/a)	9.25	8.07	2.88	14.36	34.56

(3)保育土壤效益

保育土壤功能是指森林中活地被物和凋落物层截留降水，降低水滴对表土的冲击和地表径流的侵蚀作用；同时林木根系固持土壤，防止土壤崩塌流泻，减少土壤肥力损失以及改善土壤结构的功能。本书从森林固土和保肥作用两个方面来对森林保育土壤功能进行价值评估。

①固土。对于森林水土保持效益中固土功能的实物量评价，本书根据无林地土壤侵蚀量来计算，即假定森林土壤的侵蚀量为零或小到可以忽略不计。根据森林水土保持效益中固土功能的量化研究可以核算其价值，用潜在土壤侵蚀损失法计算森林固土价值的方法是：根据森林的固土量、林地土壤容重，再采用适当的土地价格计算出固土功能的价值。

公式如下：

$$U_{固土} = AC_{土}(X_2 - X_1)/\rho$$

式中：$U_{固土}$——林分年固土价值，元/a；

X_1——林地土壤侵蚀模数，t/($hm^2.a$)；

X_2——无林地土壤侵蚀模数，t/($hm^2.a$)；

$C_{土}$——挖取和运输单位体积土方所需费用，元/m^3；

A——林分面积，hm^2；

ρ——林地土壤容重，t/m^3。

根据有关文献研究成果，取当地无林地土壤侵蚀量为 17.66，并且可从相关文献得到林分土壤侵蚀模数以及林分土壤容重，并可求得挖取单位面积土方费用为 12.6 元/m^2，代入上述公式进行计算，求得固土价值为 0.165×10^8 元/a。详细数据见表 35。

表 35　森林生态系统固土价值评估汇总表

Tab 35　Assessment Table of Forest Ecosystem Conservation Soil Benefit

项目	林分类型				总计
	针叶林	阔叶林	针阔混	灌木林	
林分面积(hm^2)	25718.56	12400.02	7807.42	30196	
无林土壤侵蚀模数($t/hm^2/a$)	17.66	17.66	17.66	17.66	
林分土壤侵蚀模数($t/hm^2/a$)	0.1375	0.15	0.13	0.11	
林地土壤容重(t/m^3)	1.2629	1.21	1.235	0.797	
年固土量($10^8 t/a$)	35.68	17.94	11.08	66.49	131.202
年固土价值(10^8元/a)	0.045	0.0226	0.01396	0.0838	0.1653

②保肥。对于森林水土保持效益中保肥功能的实物量评价，本书主要计算防止土壤养分流失量。土壤养分主要是指土壤有机质、全氮和有效 N、P、K 等。通过对比无林地与有林地土层厚度和土壤养分含量，计算出有林地土壤所含的养分，以此折算为尿素、过磷酸钙、氯化钾等化肥数量(周国逸等，2000)。本书用土壤侵蚀损失法计算森林保肥价值量的方法是：因土壤侵蚀造成 N、P、K 大量损失，使土壤肥力下降，要保持土地生产力，就必须增施大量化肥。

因此，可用增加化肥的费用来代替土壤 N、P、K 损失的价值。

其价值量评估公式为：

$$U_{肥}=A(X_2-X_1)(NC_1/R_1+PC_1/R_2+KC_2/R_3+MC_3) \quad (7.9)$$

其中：$U_{肥}$——林分年保肥价值，元/a；

N——林分土壤平均含氮量,%；

P——林分土壤平均含磷量,%；

K——林分土壤含钾量,%；

M——林分土壤有机肥含量，t；

R_1——磷酸二铵化肥含氮量,%；

R_2——磷酸二铵化肥含磷量,%；

R_3——氯化钾化肥含钾量,%；

C_1——磷酸二铵化肥价格，元/t；

C_2——氯化钾化肥价格，元/t；

C_3——有机肥价格，元/t。

根据相关文献研究成果，可得到不同林分类型土壤养分(N、P、K、有机质)的平均含量。再按磷酸二铵所含全氮、全磷和氯化钾中所含全钾的比重14%、15%、50%，磷酸二铵，氯化钾的价格2400元/t和2200元/t计算，有机质价值按320元/t计算。根据上式可以计算出年保肥价值为14×10^8元/a。详细数据如表36所示。

表36 森林生态系统保肥价值评估汇总表

Tab 36 Assessment Table of Forest Ecosystem Fertilizer Benefit

项目	林分类型				总计
	针叶林	阔叶林	针阔混	灌木林	
林分面积(hm^2)	25718.56	12400.02	7807.42	30196	
无林土壤侵蚀模数($t/hm^2\cdot a$)	17.66	17.66	17.66	17.66	
林分土壤侵蚀模数($t/hm^2\cdot a$)	0.1375	0.15	0.13	0.11	
土壤养分平均含量-N(%)	0.091	0.14	0.091	0.168	
土壤养分平均含量-P(%)	0.08	0.09	0.073	0.11	
土壤养分平均含量-K(%)	1.31	1.353	0.991	1.054	
土壤养分平均含量-有机质(%)	2.33	3.5	3.01	3.36	
土壤养分价值-N(元/t)	15.6	24	15.6	28.8	84
土壤养分价值-P(元/t)	12.8	14.4	11.68	17.6	56.48
土壤养分价值-K(元/t)	57.64	59.53	43.6	46.38	207.15
土壤养分价值-有机质(元/t)	745.6	1120	963.2	1075.2	3904
年保肥价值(10^8元/a)	3.75	2.64	1.42	6.19	14.00

综上所述，可以得到森林生态系统保育土壤的总价值为14.17×10^8元/a，具体结果如表37所示。

表37 森林生态系统保育土壤价值评估汇总表

Tab 37 Assessment Table of Forest Ecosystem Soil Conversation Benefit

项目	林分类型				总计
	针叶林	阔叶林	针阔混	灌木林	
林分面积(hm^2)	25718.56	12400.02	7807.42	30196	
年固土价值(10^8元/a)	0.045	0.0226	0.01396	0.0838	0.1653
年保肥价值(10^8元/a)	3.75	2.64	1.42	6.19	14
年保育土壤总价值(10^8元/a)	3.8	2.66	1.434	6.27	14.17

(4)固碳释氧效益

生态系统通过植物的光合作用和呼吸作用与大气中的CO_2和O_2进行交

换，光合作用固定 CO_2 同时释放 O_2，这对维持地球大气中的 CO_2 和 O_2 的动态平衡有着不可代替的作用。光合作用的反应方程式为：

$$6CO_2 + 12H_2O \xrightarrow{\text{阳光}} C_6H_{12}O_6 + 6O_2 + 6H_2O$$

由光合作用方程式可知植物每生产 1g 干物质需要 1.63gCO_2，同时释放 1.19gO_2；经计算森林生态系统每生长 $1m^3$ 的蓄积，大约可以吸收固定 0.85tCO_2，平均每公顷森林可以释放 2.02tO_2。

国际上已经初步建立了碳汇的交易市场，并对碳汇的交易价格有一定的规定，明确了碳交易的价格标准。基于上述原则，本书对固碳释氧这一生态效益的补偿主要从生态系统中植被的固碳和释氧的两个方面出发进行考虑。通过计算植被一年中净固定的 CO_2 中碳含量和净产生 O_2 的量并结合碳汇的交易价格来对固碳释氧这一效益的补偿价值进行计量。

由于计算固定 CO_2 和释放的 O_2 的价值量往往是根据间接的造林补偿标准成本法或者以其他国家的碳税率作为基础，计算出来的价值量偏大也不能反映真实交易的价值。因此，对于固碳释氧这一生态效益的价值，可以用上面所述的固定 CO_2 和释放的 O_2 的价值量作为补偿的上限，但是不能作为补偿的标准。

近年来，随着《京都议定书》的正式生效，国际碳汇交易发展迅速。碳排放权作为一种稀缺资源也具有了商品的属性，我国碳汇交易市场也在逐步建立。所以，本书希望从森林碳汇功能的角度出发，以实际碳汇交易价格来确定生态系统固碳释氧效益的价值。生态系统固碳释氧效益的价值的计算公式为：

$$V_{\text{固}} = G_{\text{碳}} P_{\text{碳}}$$

式中，$V_{\text{固}}$ 表示生态系统释氧效益的价值，元/a；$G_{\text{碳}}$ 表示碳汇的实物量，t/a；$P_{\text{碳}}$ 表示碳汇的交易价格，元/t。

本书考虑的碳汇实物量主要是森林植被的固碳量。虽然农作物等其他的草本植物也可以起到一定的固碳作用，但是其固碳的周期一般维持在一年左右。所以他们所固定 CO_2 的量实际上是处于自我循环的一种状态，对减少大气中 CO_2 的量不会起到很大的作用。考虑森林的固碳量的时候，因为树木的生长需要几年甚至是几十年的时间，所以其固碳量也有差别的，对森林固碳量的考虑应该是一个动态的过程，碳汇实物量的单位应该是 t/a。但是由于作者的能力有限，因此森林碳汇量的计量采用静态的计量方法，计量单位为 t。

在森林碳汇量计量的时候，最常用的方法就是自然计量方法和经济计量方法。自然计量方法是从自然科学的角度来计量森林的实际固碳量，它包括了林木固碳量、林下植物固碳量和林地固碳量，其计算公式如下：

$$G_{\text{碳}} = B_F \times \delta \times \rho \times \gamma + \alpha(B_F \times \delta \times \rho \times \gamma) + \beta(B_F \times \delta \times \rho \times \gamma)$$

$$=2.439(B_F \times 1.9 \times 0.5 \times 0.5)$$

式中：$G_{碳}$——碳汇的实物量，$t \cdot a^{-1}$；

B_F——森林蓄积量，m^3；

δ——森林蓄积换算成生物量蓄积的系数，也称生物量扩大系数，一般取1.9；

ρ——将森林蓄积转换成生物干重的系数，即容积密度，一般取0.5；

γ——将生物干重转换成固碳量的系数，即含碳率，一般取0.5；

α——林下植物固碳量换算系数，即根据林木生物量计算林下植物（含凋落物）固碳量，一般取0.195；

β——林地固碳量换算系数，即根据森林生物量计算林地固碳量，一般取1.244。

经济计量方法是从森林碳汇的经济价值角度进行森林碳汇的计量。因为在碳汇的市场交易中，只有林木的固碳量进入了森林碳汇交易市场，而林下植物固碳量和林地固碳量则没有参与到碳汇的交易中去。具体计算公式如下：

$$G_{碳}=B_F \times \delta \times \rho \times \gamma$$

式中：$G_{碳}$——碳汇的实物量，$t \cdot a^{-1}$；

B_F——森林蓄积量，m^3；

δ——森林蓄积换算成生物量蓄积的系数，也称生物量扩大系数，一般取1.9；

ρ——将森林蓄积转换成生物干重的系数，即容积密度，一般取0.5；

γ——将生物干重转换成固碳量的系数，即含碳率，一般取0.5。

在确定了森林碳汇的实物量之后，要确定补偿价格，必须要明确我国森林碳汇的交易价格，并了解碳汇交易价格的形成机制。

国际市场的碳汇交易定义为交易一方凭借购买合同向另一方购买一定数量的温室气体减排量，以实现它的减排目标。目前国际市场上碳交易的类型可以分为两类：一类是基于配额的市场，即排放许可证市场，在交易中需求者购买排放配额。另一类是基于项目的市场CDM，即清洁发展机制。对于发达国家来说，增加了其履约的灵活性，使其降低履约成本；对于发展中国家来说，协助发达国家的减排可以获得发达国家的资金和技术。在价格方面，国际碳汇市场存在配额市场（EUAs）和减排信用市场（CERs）两个不同市场的价格，两者之间的交易价格也存在一定的差距和波动。我国作为发展中国家，参与的是以项目为基础的碳汇交易，因此CDM框架下的减排交易就是我国碳汇交易的主要机制。

森林碳汇作为一种商品，肯定有其供给者和需求者，那么其交易价格原则上应该是由供给和需求两种力量决定的均衡价格。结合到碳汇的具体交易而言，碳汇交易具备商品的基本属性，可以进行出让、分割或交易且能够在生产和消费中产生效益。碳汇需求受到实际的排放量、配额分配额度、经济形势等因素的影响；碳汇的供给也受到供给国的政策、合作项目成本、实际签发数等因素的影响，各个市场的作用共同影响着供给和需求，最终确定了市场的均衡价格。价格确定的供需平衡模型如图 43 所示。图中横轴表示碳汇的实物量，纵轴表示碳汇的价格，D 表示碳汇的需求曲线，S 表示碳汇的供给曲线。当碳汇的需求价格 R_d 大于供给价格 R_s 时，碳汇的供给方必然增加产量，R 将向右移动。同样，当碳汇的需求价格 R_d 小于供给价格 R_s 时，碳汇的供给方必然减少产量，R 将向左移动。最终在供求的影响下 $R_d = R_S$，得到一个均衡的价格 A_o。

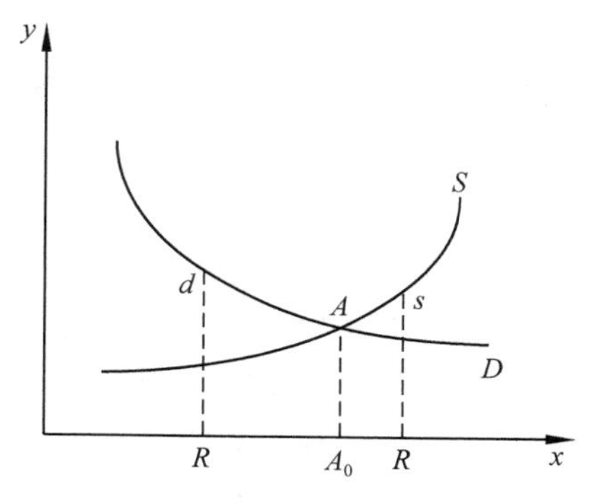

图 43 供需平衡模型

Fig 43 Supply and demand balance model

然而，与一般传统商品市场相比较，碳汇交易市场具有相对特殊性。碳汇交易市场并不是因为自然需求而产生的市场，它是基于国际规则，在政府的约束下而产生的。因此，这个市场不仅受到一般的传统市场供求规律的影响，同时也由政府来决定它的商业化的程度，市场的价格、需求、供给等都与政策因素直接相关，因此其价格也并非完全的市场化。所以，除了供需平衡模型决定碳汇交易价格之外，资源的价格理论也在一定的程度上决定着碳汇的交易价格。

根据资源价格理论，商品的市场价格是由商品的成本和利润组成。商品的成本是维持简单再生产的基本条件，利润一般是由向国家缴纳的税金和长期的社会平均利润组成。因此，一般商品的平均价格应该为商品本身的成本价格和税金以及社会平均利润的加总。

结合到碳汇的交易价格，碳汇通过产权的界定而进入市场进行交易，它不仅仅具备商品的属性，同时还具备资源型商品“稀缺”的特殊属性。所以其价格的构成既有一般商品的部分，也有自身资源价格的部分。那么碳汇交易的均衡价格可以表示为：

$$均衡价格 = 成本价格 + 税金 + 社会平均利润 + 资源价格$$

结合我国碳汇交易的实际，我国碳汇交易是基于项目的清洁发展机制

(CDM)而开展的，因此碳汇交易的成本主要包括一些项目的成本、环境的成本等，我国的碳汇交易的均衡价格可以表示为：

均衡价格 = 环境成本 + 项目成本 + 税金 + 社会平均利润 + 资源价格

从我国实际来说，我国目前碳汇交易的供给量小于需求量，因此我国作为初级的碳汇市场提供价格为 R_s 的碳汇商品，经过中介机构在二级市场交易后价格上升为 R_d。与国际碳汇市场相比，我国的碳汇市场仍然处于起步的阶段，政策措施和市场机制都尚未完善，缺乏价格的形成机制。而且我国在CDM 市场中的规范和监管还不完善，并且作为 CER 的最大供应国，却没有碳汇价格的定价权，从市场的结构来看还处于买方市场，我国的企业自身并不能自主定价，国内市场也并未形成相应的价格，我国只能被动地接受买方开价。因此，政府应通过制定最低的限价来确定碳汇交易的价格，即我国市场的碳交易价格平均不得低于国际上平均的 8.5 欧元/t。

基于以上分析以及我国目前碳汇减排信用市场的实际，我们在实际的计算中采用碳减排信用市场(CERs)一个时期内(通常取上一年度)的平均价格来作为生态效益补偿的单位价格。同时，当平均价格低于国内的限价时，我们采用国内的最低限价来作为生态效益补偿的单位价格，公式如下：

$$P_{碳} = \begin{cases} P & (P > 8.5) \\ 8.5 & (P \leqslant 8.5) \end{cases}$$

综上所述，生态系统固碳释氧效益的补偿价值可以表示为：

$$V_{固} = G_{碳}' P_{碳} = B_F \times \delta \times \rho \times \gamma \times P_{碳}$$

式中：$V_{固}$——生态系统固碳释氧效益的补偿价值；

$G_{碳}$——碳汇的实物量，$t \cdot a^{-1}$；

B_F——森林蓄积量，m^3；

δ——森林蓄积换算成生物量蓄积的系数，也称生物量扩大系数，一般取 1.9；

ρ——将森林蓄积转换成生物干重的系数，即容积密度，一般取 0.5；

γ——将生物干重转换成固碳量的系数，即含碳率，一般取 0.5；

$P_{碳}$——碳汇交易的均衡价格，元 $\cdot t^{-1}$。

结合上述计量方法的介绍，以江西省瑞昌市为例采用自然计量方法计算固碳和释氧的价值。

①固碳

第一类，植被固碳，其实物量计算公式及参数设置为：

$$G_{植被固碳} = 1.63 R_{碳} A B_{年}$$

式中：$G_{植被固碳}$——植被年固碳量，t/a；

$R_{碳}$——CO_2 中碳的含量，为 27.27%；

$B_{年}$——林分净生产力，$t/hm^2 \cdot a$；

A——林分面积，hm^2。

第二类，土壤固碳，其实物量计算公式及参数设置为：

$$G_{土壤固碳} = AF_{土壤}$$

式中：$G_{土壤固碳}$——土壤年固碳量，t/a；

$F_{土壤}$——单位面积林分土壤年固碳量，$t/hm^2 \cdot a$；

A——林分面积，hm^2。

固碳的价值量计算公式及参数设置为：

$$U_{碳} = AC_{碳}(1.63R_{碳} B_{年} + F_{土壤碳})$$

式中：$U_{碳}$——林分年固碳价值，元/a；

$B_{年}$——林分净生产力，$t/hm^2 \cdot a$；

$C_{碳}$——固碳价格，元/t；

$R_{碳}$——CO_2 中碳的含量，为 27.27%；

$F_{土壤碳}$——单位面积林分土壤年固碳量，$t/hm^2 \cdot a$；

A——林分面积，hm^2。

有关研究表明，不同林型、同一树种的不同结构、同一林型的不同生长阶段、不同起源的同一树种，碳含量差异较大。因此，要精确估算森林的固碳价值应采用不同森林类型的碳含量作为转换系数。根据有关文献研究成果，可得到瑞昌市不同林分的净生产力以及土壤固碳量。再根据固碳价格 1200 元/t 计算可得瑞昌市总固碳价值为 0.77×10^8 元/a，如表 38 所示。

表 38 森林生态系统固碳效益评估汇总表

Tab 38 Assessment Table of Forest Ecosystem Carbon Fixation Benefit

项目	林分类型				总计
	针叶林	阔叶林	针阔混	灌木林	
林分面积(hm^2)	25718.56	12400.02	7807.42	30196	
林分净生产力($t/hm^2 \cdot a$)	10.1	7.8	7.724	5.096	
林分土壤固碳量($t/hm^2 \cdot a$)	0.624	0.46	0.62	0.4	
总固碳量(10t/a)	2.76	1.00	0.75	1.89	6.4
总固碳价值(10^8元/a)	0.33	0.12	0.090	0.23	0.77

②释氧：其实物量计算公式及参数设置为：

$$G_{氧气}=1.19AB_{年}$$

式中：$G_{氧气}$——林分年释氧量，t/a；

$B_{年}$——林分净生产力，t/hm^2·a；

A——林分面积，hm^2。

其价值量计算公式及参数设置为：

$$U_{氧}=1.19C_{氧}AB_{年}$$

式中：$U_{氧}$——林分年释氧价值，元/a；

$B_{年}$——林分净生产力，t/hm^2·a；

$C_{氧}$——氧气价格，元/t；

A——林分面积，hm^2。

目前 O_2 制造价格为1000元/t，根据上述林分净生产力及计算公式，可得到释氧价值为 6.79×10^8 元/a，具体结果如表39所示。

表39 森林生态系统释氧价值评估汇总表

Tab 39 Assessment Table of Forest Ecosystem Oxygen Release Benefit

项目	林分类型				总计
	针叶林	阔叶林	针阔混	灌木林	
林分面积（hm^2）	25718.56	12400.02	7807.42	30196	
林分净生产力（t/hm^2·a）	10.1	7.8	7.724	5.096	
总释氧量（10t/a）	30.91	11.51	7.18	18.31	67.91
释氧价值（10^8元/a）	3.09	1.15	0.78	1.83	6.79

(5)净化大气环境效益

本书仅选取森林吸收污染物（主要包括 SO_2、氟化物、氮氧化物）和滞尘两项指标来评估其环境效益。

其计算公式如下：

$$U_{二氧化硫}=K_{二氧化硫}\cdot Q_{二氧化硫}\cdot A$$

$$U_{氟化物}=K_{氟化物}\cdot Q_{氟化物}\cdot A$$

$$U_{氮氧化物}=K_{氮氧化物}\cdot Q_{氮氧化物}\cdot A$$

式中：$U_{二氧化硫}$——林分年吸收 SO_2 价值，元/a；

$U_{氟化物}$——林分年吸收氟化物价值，元/a；

$U_{氮氧化物}$——林分年吸收氮氧化物价值，元/a；

$K_{二氧化硫}$——SO_2 的治理费用，元/kg；
$K_{氟化物}$——氟化物的治理费用，元/kg；
$K_{氮氧化物}$——氮氧化物的治理费用，元/kg；
$Q_{二氧化硫}$——单位面积林分年吸收 SO_2 量，$kg/hm^2 \cdot a$；
$Q_{氟化物}$——单位面积林分年吸收氟化物量，$kg/hm^2 \cdot a$；
$Q_{氮氧化物}$——单位面积林分年吸收氮氧化物量，$kg/hm^2 \cdot a$；
A——林分面积，hm^2。

$$U_{滞尘} = K_{滞尘} \cdot Q_{滞尘} \cdot A$$

式中：$U_{滞尘}$——林分年滞尘价格，元/a；
$K_{滞尘}$——降尘清理费用，元/kg；
$Q_{滞尘}$——单位面积林分年滞尘量，$kg/hm^2 \cdot a$；
A——林分面积，hm^2。

通过相关文献查阅可以得到不同林分对 SO_2、氟化物和氮氧化物的吸收量。目前，SO_2、氟化物和氮氧化物的治理费用分别为 1.20 元/kg、0.69 元/kg、0.63 元/kg。根据上述公式可计算出吸收污染物总价值为 0.124×10^8 元/a，具体如表 40 所示。

表 40　森林生态系统吸收污染物价值评估汇总表

Tab 40　Assessment Table of Forest Ecosystem Absorption of Pollutants Benefit

项目	林分类型				总计
	针叶林	阔叶林	针阔混	灌木林	
林分面积(hm^2)	25718.56	12400.02	7807.42	30196	
林分吸收 SO_2 量($kg/hm^2 \cdot a$)	121.058	88.65	152.18	152.18	
林分吸收氟化物量($kg/hm^2 \cdot a$)	4.443	0.5	2.58	2.58	
林分吸收氮氧化物量($kg/hm^2 \cdot a$)	6	6	6	6	
林分吸收 SO_2 价值(10^4元/a)	373.61	131.91	142.56	551.43	1199.53
林分吸收氟化物价值(10^4元/a)	7.88	0.43	1.39	5.38	15.08
林分吸收氮氧化物价值(10^4元/a)	9.72	4.69	2.95	11.41	28.77
吸收污染物总价值(10^8元/a)	0.0391	0.0137	0.0147	0.0568	0.124

通过文献查阅可以得到不同林分的单位滞尘量。按照降尘清理费用标准 0.15 元/kg 计算，可得林分滞尘总价值为 2.127×10^8 元/a，具体如表 41 所示。

表 41　森林生态系统净化大气价值评估汇总表

Tab 41　Assessment Table of Forest Ecosystem Purification Environment Benefit Function

项目	林分类型				总计
	针叶林	阔叶林	针阔混	灌木林	
林分面积(hm^2)	25718.56	12400.02	7807.42	30196	
单位林分滞尘量($kg/hm^2 \cdot a$)	32045.5	10110	21655	21655	
林分滞尘总量($10^8 kg/a$)	8.24	1.25	1.69	6.54	17.72
林分滞尘价值(10^8元/a)	0.989	0.150	0.203	0.785	2.127
净化大气环境总价值(10^8元/a)	1.028	0.164	0.218	0.841	2.251

(6)积累营养物质效益

生态系统积累营养物质功能是指植被把吸收的氮、磷、钾等营养物质贮存在体内，而这些营养物质最终也会通过微生物的分解作用重新进入土壤中供植物吸收利用，组成了一个养分循环的系统。

对于不同植物，其对同一种养分吸收能力是不同的。同时，同一植物对于不同养分的吸收能力也不同。

其实物量评估公式及参数设置为：

$$U_{营养} = AB_{年}(N_{营养}C_1/R_1 + P_{营养}C_1/R_2 + K_{营养}C_2/R_3)$$

式中：$U_{营养}$——林分年营养物质积累价值，元/a；

$N_{营养}$——林木含氮量,%；

$P_{营养}$——林木含磷量,%；

$K_{营养}$——林木含钾量,%；

R_1——磷酸二铵化肥含氮量,%；

R_2——磷酸二铵化肥含磷量,%；

R_3——氯化钾化肥含钾量,%；

C_1——磷酸二铵化肥价格，元/t；

C_2——氯化钾化肥价格，元/t；

$B_{年}$——林分净生产力，$t/hm^2 \cdot a$；

A——林分面积，hm^2。

通过相关文献可以得到不同林分类型的 N、P、K 的吸收能力。再根据磷酸二铵所含全氮、个磷和氯化钾中所含全钾的比值以及磷酸二铵和氯化钾的价格计算，全磷和氯化钾中所含全钾的比重分别为 14%、15%、50%，磷酸二铵，氯化钾的价格分别按 2400 元/t 和 2200 元/t 计算，通过上述公式计算年营养物质积累价值为 0.945 × 10^8 元/a，具体如表 42 所示。

表 42　森林生态系统林木营养物质积累价值评估汇总表

Tab 42　Assessment Table of Forest Ecosystem Nutrient Accumulation Benefit

项目	林分类型				总计
	针叶林	阔叶林	针阔混	灌木林	
林分面积(hm^2)	25718.56	12400.02	7807.42	30196	
林分净生产力($t/hm^2 \cdot a$)	10.1	7.8	7.724	5.096	
林木含 N 量(%)	0.2952	0.244	0.281	0.237	
林木含 P 量(%)	0.14645	0.524	0.566	0.972	
林木含 K 量(%)	0.673	1.12	1.033	1.39	
N 积累价值(元/t)	50.61	41.83	48.17	40.63	181.23
P 积累价值(元/t)	23.43	83.84	90.56	155.52	353.35
K 积累价值(元/t)	29.61	49.28	45.45	61.16	185.50
营养物质积累价值(10^8元/a)	0.269	0.169	0.111	0.396	0.945

(7)物种保育效益

森林生态系统为生物物种提供生存与繁衍的场所，从而起到保育作用。

本书采用国际衡量生态系统物种多样性常用的指标 Shannon-Wiener 指数来评估保护区森林物种多样性保育价值，Shannon-Wiener 指数可较好地反映森林生物多样性的丰富程度。

Shannon-Wiener 指数计算物种保育价值，共划分为 7 级：当指数 < 1 时，$S_{生}$ 为 3000 元/$hm^2 \cdot a$；当 1 ≤ 指数 < 2 时，$S_{生}$ 为 5000 元/$hm^2 \cdot a$；当 2 ≤ 指数 < 3 时，$S_{生}$ 为 10000 元/$hm^2 \cdot a$；当 3 ≤ 指数 < 4 时，$S_{生}$ 为 20000 元/$hm^2 \cdot a$；当 4 ≤ 指数 < 5 时，$S_{生}$ 为 30000 元/$hm^2 \cdot a$；当 5 ≤ 指数 < 6 时，$S_{生}$ 为 40000 元/$hm^2 \cdot a$；当指数 ≥ 6 时，$S_{生}$ 为 50000 元/$hm^2 \cdot a$。

物种保育价值计算公式如下：

$$U_{生物} = S_{生} \cdot A$$

式中：$S_{生}$——单位面积年物种损失的机会成本，元/$hm^2 \cdot a$；

$U_{生物}$——林分年物种保育价值，元/$hm^2 \cdot a$；

A——林分面积，hm^2。

通过相关文献可以得到不同森林类型 Shannon-Wiener 多样性指数。结合上述公式可以计算出物种保育年总价值为 7.566 × 10^8 元/a，具体如表 43 所示。

表 43　不同森林类型 Shannon-Wiener 多样性指数

Tab 43　The Shannon-Wiener Diversity Index of Different Forest Types

项目	林分类型				总计
	针叶林	阔叶林	针阔混	灌木林	
林分面积(hm^2)	25718.56	12400.02	7807.42	30196	
Shannon-Wiener	1.5	3.6	2.6	2.7	
物种损失的机会成本(元/hm^2·a)	5000	20000	10000	10000	
物种保育年总价值(10^8元/a)	1.286	2.480	0.781	3.020	7.566

(8)生态系统服务价值总量

根据上述数据，可得到生态系统的服务价值总量为 57.10×10^8 元/a，具体数据如表 44 所示。

表 44　生态系统服务价值评估汇总表

Tab 44　The Assessment Table of Ecosystem Services Value

服务功能	价值量(10^8元/a)	单位价值(元/hm^2·a)
森林产品	3.1	
涵养水源	34.56	45404.74
保育土壤	1.11	1459.21
固碳释氧	7.56	9930.52
积累营养物质	0.95	1242.04
净化大气环境	2.25	2957.53
物种保育	7.57	9939.67
合计	57.10	75006.11

7.2.2　综合森林生态效益补偿标准研究

在进行完各项不同生态效益的计量之后，最后就要确定综合生态效益的补偿标准。在确定综合生态效益补偿标准时不能是简单的将各项生态效益的计量结果加总。原因一是生态系统是一个有机的整体，它在发挥生态效益时并不是各项生态效益各自单独起作用，所有的生态效益相互之间都有密切的联系，互相交叉影响。如积累营养物质和保育土壤两个效益之间构成了营养物质的循环，单独地把两个效益相加就出现了重复计算的问题，因此并不能把各自生态效益进行简单的加总来作为总的补偿的标准。二是现实生活中人们对于每种生态效益认识是不同的，不同的区域各项生态效益的重要性程度也不同。简单地把各项生态效益进行加总，表示各项生态效益是同等重要。而实际上人们对于每项生态效益的重要性认识上是不同的，所以在补偿的同时就要考虑各项生态效益补偿的优先级。三是各项生态效益进行补偿的现实操作性程度也不同。因此，本书在确定生态效益补偿标准的时候考虑用两种不同的方法对简单加总后的生态效益进行修正，使得确定的综合生态效益补偿标准更加符合当前的实际。

7.2.2.1 *层次分析法*

层次分析法(AHP)是一种定性和定量相结合的决策分析方法，它是将决策者对复杂系统的决策思维过程模式化、数量化的过程。

层次分析法的步骤为：建立层次结构模型、构造影响因素的比较判断矩阵、影响因素的单层次排序、一致性检验和权重的最终确定。

(1)建立生态系统层次结构模型

把生态系统作为一个复杂的系统进行评价，首先要将各因素按照不同的属性自上而下地分解成若干层，最上层为目标层、最下层为对象层、中间为准则层。按照前面对生态系统生态效益指标的选取，我们把本书研究的目标分为两层，目标层即为总的生态效益(A)；准则层即为选取的6个生态效益指标。生态效益指标的层次结构表如表45所示。

表45 生态效益指标层次结构表

Tab 45 Ecological benefit index hierarchy table

目标层	准则层
生态效益(A)	涵养水源效益(B_1)
	保育土壤效益(B_2)
	固碳释氧效益(B_3)
	净化大气环境效益(B_4)
	积累营养物质效益(B_5)
	物种保育(B_6)

(2)构造影响因素的比较判断矩阵

在确定了生态效益指标的层次结构表后就要构建比较判断矩阵，它表示对于目标层(生态效益)而言，准则层的各个生态效益指标的相对重要性。那么对于准则层 B 中各生态效益指标相对生态效益(A)而言的相对重要性，为此可构建 $A-B$ 判断矩阵，其一般形式如表46所示。

表 46　矩阵汇总表

Tab 46　Matrix

A_K	B_1	B_2	B_3	…	B_n
B_1	b_{11}	b_{12}	b_{13}	…	b_{1n}
B_2	b_{21}	b_{22}	b_{23}	…	b_{2n}
B_3	b_{31}	b_{32}	b_{33}	…	b_{3n}
…	…	…	…	…	…
B_n	b_{n1}	b_{n2}	b_{n3}	…	b_{nn}

矩阵中，b_{ij}表示相对于A_k而言，两个具体的生态效益指标B_i和B_j的相对重要性，其取值如表 47 所示。

表 47　相对重要性标度表

Tab 47　Relative importance table

标　度	定　义
1	两个因素相比，具有同等的重要性
3	两个因素相比，一个因素比另一个因素稍微重要
5	两个因素相比，一个因素比另一个因素明显重要
7	两个因素相比，一个因素比另一个因素重要得多
9	两个因素相比，一个因素比另一个因素极端重要
2，4，6，8	为上述判断的折中
$1/b_{ij}$	两个因素的反比较

在构造比较判断矩阵的过程中，可以采用德尔菲法向相关的专家发放专家评价问卷表(表 48)，对这 6 个生态效益的相对重要性进行评估。

表 48　专家评价问卷表

Tab 48　Expert evaluation questionnaire

生态效益(A)	涵养水源效益(B_1)	保育土壤效益(B_2)	固碳释氧效益(B_3)	净化大气效益(B_4)	积累营养物质效益(B_5)	物种保育(B_6)
涵养水源效益(B_1)						
保育土壤效益(B_2)						
固碳释氧效益(B_3)						
净化大气效益(B_4)						
积累营养物质效益(B_5)						
物种保育(B_6)						

(3)影响因素的单层次排序

影响因素的单层次排序就是把本书所研究的各项生态效益排出评比顺序，这就是要求计算出判断矩阵的最大特征向量，最常用的方法就是方根法。

以前面设计的 $A-B$ 判断矩阵为例，用方根法计算特征向量的近似解：

$$W_{Bi} = [W_{B1,} W_{B2,} \cdots W_{Bn,}], \sum_{i=1}^{n} w_{Bi} = 1$$

第一步：将判断矩阵的每一行元素相乘：$w_{Bi} = \prod_{j=1}^{n} b_{ij}, (i = 1,2,3\cdots n)$

第二步：计算 w_{Bi}的 n 次方根：$\overline{w_{Bi}} = \sqrt[n]{w_{Bi}}$，$(i=1, 2, 3\cdots n)$

第三步：对 w_{Bi}进行规范化处理：$\hat{w}_{Bi} = \frac{\overline{w_{Bi}}}{\sum_{i=1}^{n} \overline{w_{Bi}}}$，$(i = 1, 2, 3\cdots n)$

在得到了判断矩阵的特征向量之后就可以求出判断矩阵的最大特征根 λ_{max}。

(4)一致性检验

因为需要不同的专家进行判断矩阵的打分，因此在应用层次分析法时，保持判断的一致性是非常重要的，所以需要进行一致性的检验。

从理论上说，如果判断矩阵是完全一致的，那么它应该满足：

$$b_{ij} \cdot b_{jk} = b_{ik}, (i, j, k=1, 2, 3\cdots n)$$

但实际上构造的判断矩阵满足这一条件是不可能的。因此对判断矩阵一致性的要求为绝对值最大的特征值和该矩阵的维数相差不大即可。按照这一标准引入判断矩阵一致性比率(CR)的计算公式：

$$CR = \frac{CI}{RI}$$

其中，CI 为衡量一个比较判断矩阵($n>1$ 阶方阵)不一致程度的指标，计算公式为 $CI = \frac{\lambda_{max} - n}{n-1}$，$\lambda_{max}$为判断矩阵的最大特征根。$RI$ 为平均随机一致性指标，它只和矩阵的阶数有关，对于 1 - 9 阶的矩阵，其具体的取值如表 49 所示。

表 49 平均随机一致性检验

Tab 49 The average random consistency test

阶数	1	2	3	4	5	6	7	8	9
RI	0.00	0.00	0.58	0.90	1.12	1.24	1.32	1.41	1.45

当 $n<3$ 时，判断矩阵永远具有完全的一致性。当 $n\geqslant3$ 时，计算判断矩阵的一致性比率。若 $CR<0.1$，则认为判断矩阵具有可以接受的一致性。若 $CR\geqslant 0.1$，则需要调整和修正判断矩阵，并使其满足一致性的条件。

(5)权重的最终确定

最后根据专家对生态效益两两比较结果得到了生态效益重要性的判断矩阵。按照层次分析法的单层次排序和一致性检验的步骤，得到的最终权重的确定结果。那么最终的综合生态效益的补偿价值就是各项生态效益的补偿金额和对应的每一项权重乘积的加总，用公式表示为：

$$V_{补偿价值}=\alpha_1 V_{涵}+\alpha_2 V_{保}+\alpha_3 V_{固}+\alpha_4 V_{净}+\alpha_5 V_{积}+\alpha_6 V_{物}$$

式中：$V_{补偿价值}$——综合生态效益的补偿价值，元 · a^{-1}；

$V_{涵}$、$V_{保}$、$V_{固}$、$V_{净}$、$V_{积}$、$V_{物}$——生态系统涵养水源效益、保育土壤效益、固碳释氧效益、净化大气环境效益和积累营养物质效益、物种保育效益的补偿价值，元 · a^{-1}；

α_1、α_2、α_3、α_4、α_5、α_6——以上 6 个生态效益所确定的权重。

这一权重的确定过程是根据所研究地区的实际情况，根据专家对该研究区域的认识进行相应打分而确定，因此每一次权重的确定只适合于特定的研究地区，对不同地区的研究需要重新运用层次分析法进行权重的确定。

7.2.2.2 补偿系数修正法

通过补偿系数，对效益加总计算出的补偿金额进行修正核算，制定补偿标准。计算公式如下：

$$V=\sum C_i\times G_i$$

式中：V——森林生态系统生态效益；

C_i——第 i 类生态服务单位效益；

G_i——第 i 类生态总量。

森林生态补偿标准 P 计算公式如下：

$$P=k\times V$$

式中：k——森林生态系统补偿修正系数。

该系数是对补偿标准的修正，以确保补偿标准符合当地的经济、社会发展条件。

(1)补偿修正系数的确定

皮尔曲线是 1938 年比利时数学家哈尔斯特(P. F verhulst)首先提出的一种特殊曲线。后来，近代生物学家皮尔(R. Pearl)和 L · J · Reed 两人把此曲线应用于研究人口生长规律。所以这种特殊的曲线称之为皮尔生长曲线，简称皮尔曲线。当经济的发展变化表现为初期增长速度缓慢，随后增长速度逐渐加快，达到一定程度后又逐渐减慢，最后达到饱和状态的趋势，即原时间序列倒数的一阶差分的环比为一个常数时，可以用皮尔曲线来描述。

皮尔(R. Pearl)生长曲线模型是用来反映因变量 P 随时间 t 变动趋势的模型，它主要描述：事物发展初期，因变量增长缓慢，随后进入急速增长阶段，达到一定程度后，增长率逐渐降低。这种变动趋势反映了事物发展周期性变化的特征。

皮尔(R. Pearl)生长曲线模型公式如下：

$$P = \frac{L}{1 + ae^{-bt}}$$

式中：P——代表事物发展特性的参数；

L——为 P 的最大化值，若定义 P 值区间为[0. 1]，则 $L = 1$；

a、b——常数，对模型变化趋势有影响的常数；

t——自变量参数，常为时间或者经济发展程度。

由上式可见，当 $t \to -\infty$，$P = 0$；模型曲线拐点为 $t = \ln(a/b)$，这时 $P = 0.5L$，曲线关于拐点对称，曲线的斜率变化率由正变为负，增长速度开始降低；当 $t \to +\infty$时，P 值取最大值，$P = L$。从变化趋势上看，当 t 值增大时，P 值开始慢慢增长，到达拐点后，说明 P 值的增长对 t 值产生了制约影响，变化率逐渐变小，直到不再变化。从中可以看出，当 $t \to -\infty$时，可以象征当社会发展水平很低时，因变量 P 变化非常缓慢，例如人口数的增长很缓慢、人们对于生态价值的相对支付意愿水平也很低。t 值增大时，P 值增长率慢慢增大，犹如人口达到一定数量，人们的生产率将会大幅增加情况一样；当到达拐点处，说明人口数量增加与环境等其他因素产生了相互影响，并影响人口的增长率，人口增长率下降；当 $t \to +\infty$时，可以象征当社会发展水平极高时，因变量 P 变化非常缓慢，说明人口数量达到饱和的最大值 L，即 $L = 100\%$，如图 44 所示。

人们对生态环境价值认识的变化与皮尔生长模型有着相同的变化规律。因此，利用简化的皮尔生长曲线模型和代表经济社会发展水平的恩格尔系数可求得生态补偿修正系数。

为了使模型满足需求，需进行一些必要的转化。当经济较为发达时，对于森林生态系统的维护成本的投入就会增加，人们对于环境的支付意愿也会增大，这样补偿额度将会增大。所以，森林生态补偿修正系数也应该比较大，而该系数与皮尔生长曲线变化趋势相同，可使用该曲线对补偿系数进行修正。

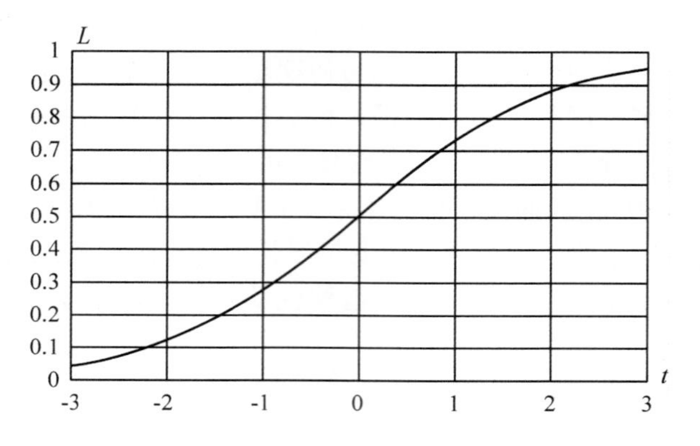

图 44　皮尔生长曲线

Fig 44　Pierre growth curve

生态补偿修正系数也可以理解为用来衡量在当前的经济发展水平下，人们愿意支付生态环境服务的付费标准系数。

分析皮尔生长曲线原始模型，P 的取值范围是[0，1]，系数 $L=1$，为方便研究我们简化模型，认为 $a=b=1$。皮尔曲线的简化模型如下：

$$P=\frac{L}{1+e^{-t}}$$

同时，我们还引入恩格尔系数的概念。恩格尔系数是指食品支出占家庭或者个人消费支出总额的百分比，计算公式如下：

$$En=\frac{P_{食品}}{P_{总消费}}\times 100\%$$

居民生活水平有 5 个阶段组成：贫困、温饱、小康、富裕和最富裕。而这 5 个阶段和恩格尔系数的倒数是对应的，具体见表 50。

表 50　恩格尔系数与生活水平的关系

Tab 50　Engel coefficient and the relationship between the life level and it

发展阶段	贫困	温饱	小康	富裕	极富裕
恩格尔系数 En	>60%	60% ~50%	50% ~30%	30% ~20%	<20%
$1/En$	<1.67	1.67 ~2	2 ~3.3	3.3 ~5	>5

根据发展阶段在生态补偿系数曲线中的对应关系(当发展阶段 $1/En=3$ 的时候，正是生态补偿系数曲线的拐点，En 为恩格尔系数)，因此用 $T=t+3$ 作为横坐标，代替时间 t 轴。其中恩格尔系数是变化的，一般来讲，大都以一年为限，计算该年的恩格尔系数。所以引入变量 i 作为年度值。修正后补偿系数

如下式所示：

$$k_i = \frac{1}{1 + e^{-(\frac{1}{En_i} - 3)}}$$

式中：k_i——第 i 年生态补偿修正系数；

En_i——第 i 年恩格尔系数。

恩格尔系数与皮尔生长曲线结合确定生态补偿修正系数如图 45 所示。

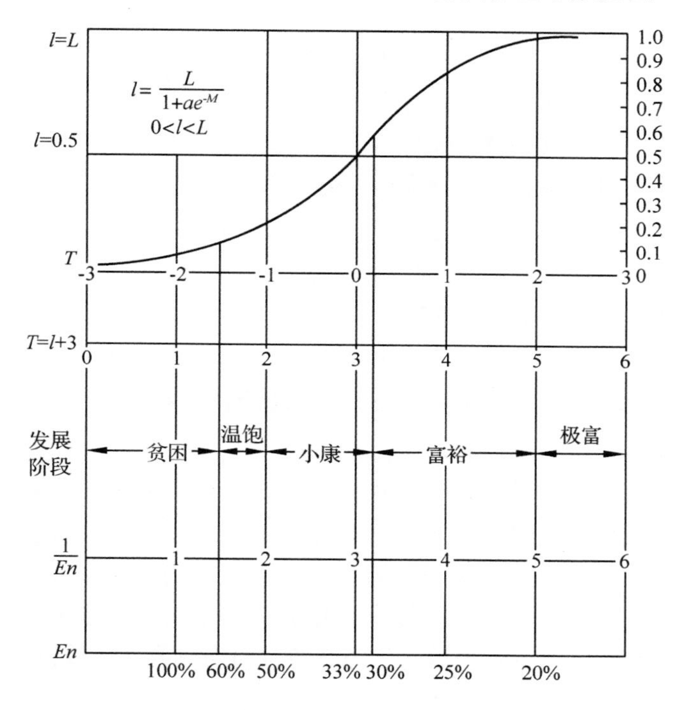

图 45　恩格尔系数与皮尔生长曲线模型

Fig 45　Engel coefficient and Pierre growth curve model

(2)基于补偿系数修正法的生态补偿模型

通过对森林生态系统补偿修正系数的研究，我们可以结合森林生态系统服务价值的经济核算，最终计算出生态补偿标准。生态补偿标准 P 计算公式如下：

$$P = k \times V$$

式中：P——生态补偿标准；

k——补偿修正系数；

V——生态系统服务价值。

其中，补偿修正系数 k，由恩格尔系数进行确定。确定恩格尔系数，应当以所研究地区发展阶段为依据。该系数的确定由很多因素所决定，例如生态林种类、当地居民平均发展水平等。当然，不同地域、不同类型森林生态系统的制约因子也是有多有少，都应根据当地的实际情况而定。通过生态补偿模型可以看出，确定当地的恩格尔系数以及生态系统服务价值，是研究森林生态补偿标准的关键。其中恩格尔系数可由以下公式进行计算：

$$En = \frac{P_{食品}}{P_{总消费}} \times 100\%$$

式中：$P_{食品}$——个人食品消费支出；

$P_{总消费}$——个人总消费支出。

经过变换，可得生态补偿标准计算公式为：

$$P_i = \frac{1}{1 + e^{-(\frac{P_{总消费}}{P_{食品}} - 3)}} \times V$$

式中：P_i——第 i 年生态补偿标准；

V——第 i 年生态系统评估价值。

7.2.3 江西省瑞昌市森林生态补偿价值的计算

(1) 森林生态服务价值修正

森林生态效益具有外部性，这种外部性会导致市场失灵，不能对资源形成最优配置。通过以上对瑞昌市森林生态效益的量化，并从社会经济发展水平出发对生态效益核算结果进行调整，为外部性的内部化奠定了基础，也对森林生态效益补偿标准的制定也提供了依据。本书引入贴现率来实现对未来的生态效用的调整，经过调整后的生态效益价值即成为生态效益补偿的价值。

一般来说，贴现率与贴现系数呈反比，未来价值折合的现值越大，人们越重视未来价值，照顾后代享受资源的利益。考虑到森林生态效益的补偿一般是由中央及地方财政拨款进行，因此本书利用基于时间偏好的社会贴现率对生态效益进行贴现。

钟全林等的研究表明，社会贴现率为10%（范围在5% ~12%）时，是维持生态公益林正常经营和管理活动的最低标准（钟全林等，2001）。因此，假设瑞昌市森林资源存在的时间为 20 年（实际上，森林应当永存，时间年限应为无穷大，这里只针对补偿标准而言），贴现率为10%，其生态效益年贴现值表达式为：

$$U(t) = U/(1+i)^t$$

式中：$U(t)$——森林生态效益年贴现值（元/hm^2·a）；

U——森林生态效益价值(元);

I——社会贴现率(%);

T——时间(a)。

将相关数据代入上式，得到瑞昌市森林生态系统价值年贴现值为 11149.18 元/hm^2·a。

(2)森林生态补偿价值计算

通过收集该市统计数据，2009 年农村居民人均生活消费支出 4352 元，家庭恩格尔系数为 50.9%；城镇居民人均消费支出 6553 元，同比增长 7.5%；家庭恩格尔系数为 48.8%。对照表 50 可以看出，该市农村居民发展阶段处于温饱水平，经济发展相对落后，也将制约林业的发展。

将该市恩格尔系数 50.9% 代入补偿修正系数公式可得补偿修正系数为：0.262。将该数值代入生态效益补偿计算公式，可计算出在当前条件下该市的补偿值为 2921.59 元/hm^2。

7.2.4 江西省瑞昌市森林生态补偿分析

在本书中，由上一章求得瑞昌市的森林生态效益年补偿标准为 2921.59 元/hm^2·a，或 194.77 元/亩·a，这比目前以平均 232.5 元/hm^2·a（15.5 元/亩·a)进行补偿的标准多了 179.27 元/亩·a。但单纯从森林生态效益评估中得到的补偿标准并不能做到生态上合理、经济上可行、社会可以接受这 3 条补偿标准的原则，而应当将森林生态效益价值和森林经营成本综合考虑，来确定森林生态效益补偿标准。然而，在这方面的研究至今尚无更多的参考，在此可以进一步考虑国内外补偿理论中的最大补偿原理和最小补偿原理进行确定(周国逸，2000)。

由于最大补偿法是基于森林生态效益的经济价值来计算的，包括涵养水源、净化大气、固碳释氧、水土保持、生物多样性保护和森林游憩等方面。根据上一章的计算，瑞昌市的森林生态效益价值为 57.10×10^8 元/a。这种补偿方法虽然有足够的科学依据，但补偿标准过高，就目前瑞昌市的平均生活水平来说，还不具备实施这种补偿的条件。在本书中，该值可作为补偿标准的上限。

最小补偿法包括损失补偿与成本费用补偿两种方法。在本书中这两项补偿内容可作为补偿标准的下限。本研究问卷设计的时候就考虑到营林费用与管护费用，将这两项作为成本指标，在此基础上，问卷涉及受访者能否接受现行补偿标准以及期望的补偿标准。所以，具体地可以将调查得出的 350 元/hm^2·a，或 23.33 元/亩·a 作为补偿标准的下限。

综上所述，本书尝试制订瑞昌市森林生态效益补偿标准的范围，具体为：

$$U_{补偿标准} \in [U_{补偿下限}, U_{补偿上限}]$$

式中：$U_{补偿标准}$——森林生态效益补偿价值(元)；

$U_{补偿上限}$——森林生态效益最大补偿价值(元)；

$U_{补偿下限}$——森林生态效益最小补偿价值(元)。

综合以上分析，本书尝试制定的瑞昌市森林生态补偿标准的范围为：[350，2921.59](元/hm^2·a)，或[23.33，194.77](元/亩·a)。

7.3 基于条件价值法的森林游憩资源价值补偿计算——以江西三清山为例

森林游憩是森林资源的一个重要功能。波兰学者的研究表明，森林游憩的平均消费者剩余为71.53美元/人·次，森林游憩并进行野外宿营的消费者剩余为179.89美元/人·次，森林游憩观光的消费者剩余为253.61美元/人·次(费世民，2004)。因此，对森林的游憩价值进行评价和补偿研究，对促进森林游憩的发展具有重要意义。

7.3.1 三清山森林游憩概况

三清山是道教名山，风景秀丽，坐落于江西省上饶市东北部。1988年8月被列为第二批国家重点风景名胜区。2005年9月被列为国家地质公园。2008年7月8日，第32届世界遗产大会将三清山列入《世界遗产名录》。三清山集天地之秀，纳百川之灵，是华夏大地一朵风景奇葩。它兼具"泰山之雄伟、黄山之奇秀、华山之险峻、衡山之烟云、青城之清幽"，被国际风景名家誉之为："世界精品、人类瑰宝、精神玉境"。三清山风景名胜区包括南清园、万寿园、西海岸、阳光海岸等十大景区，景区总面积756.6km^2，核心景区面积229km^2。三清山有2373种高等植物、1728种野生动物，构成了东亚最具生物多样性的环境，也是森林旅游的目的地；上千年的道教历史孕育了三清山著名的道教文化，使其成为全国著名的道教圣地。2009年三清山共接待游客227.3万人次，产生了良好的游憩效益。

7.3.2 森林游憩价值评价模型的选择

目前，世界上最流行的游憩价值评估方法是旅行费用法(TCM)和条件价值法(CVM)。前者是根据游客的费用支出情况建立游憩服务的需求曲线，求出消费者剩余，进而计算森林游憩价值中的利用价值。后者是在假想的市场情况下，通过直接调查和询问游憩者或公众对森林景区内环境改善或资源保护措施等的支付意愿(WTP)或对游憩环境或资源质量损失的接受赔偿意愿

(WTA)，以人们的 WTP 或 WTA 来估算森林的游憩价值，它不仅适用于景区利用价值的评估，也适用于非利用价值的评估。另外，TCM 计算的是马歇尔消费者剩余，CVM 计算的是希克斯消费者剩余，二者理论基础不同。但由于 CVM 可以直接调查消费者的支付意愿，它被誉为环境效益评价领域最重要及最有发展前途的评估方法。本书主要选择 CVM 方法来评估三清山森林游憩的价值，并对补偿标准进行研究。

对于 CVM，选择不同的意愿调查方式就会有相应的数据计算模型与之对应(俞海，2008)。本书中采用支付卡方式，并应用非参数模型计算平均 WTP。假设 WTP 符合某种概率分布，则存在累计密度函数 $F(z)$ 及对应的生存函数 $S(z)=1-F(z)$，见图 46(星胜田等，2008)。

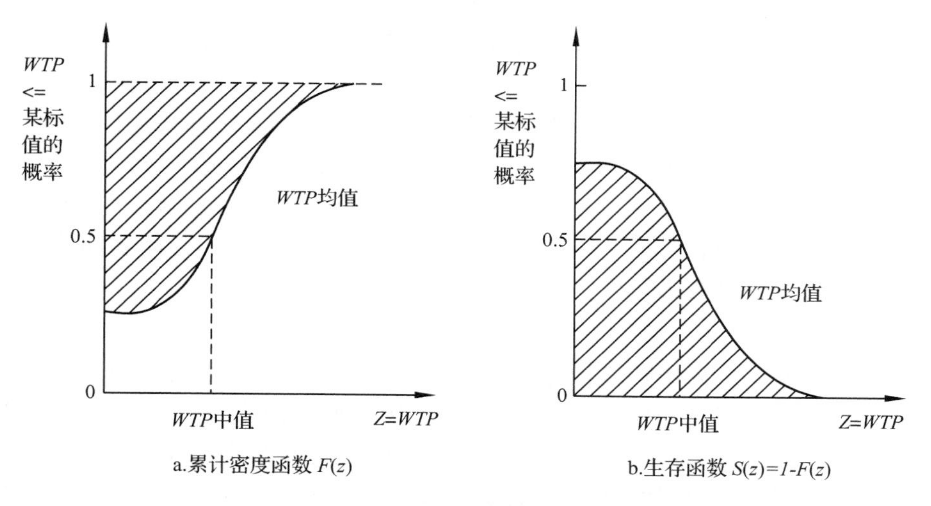

图 46 WTP 分布的累积密度函数和生存函数示意图

Fig 46 The distribution diagram of WTP

WTP 均值是指样本 WTP 的均值，即图 a 中的阴影部分面积：

$$\overline{\mathrm{WTP}} = \int_0^{\infty}(1 - F(z)dz) = \int_0^{\infty}S(z)d(z)$$

WTP 中值是指累积概率为 50% 的 WTP 值，即：

$$\mathrm{WTP} = F^{-1}(0.5) = S^{-1}(0.5)$$

以 WTP 均值或 WTP 中值为平均数，乘以总旅游人数(人次)，即可得到森林游憩的总价值。

7.3.3 问卷设计及抽样调查

(1)问卷设计

调查问卷主要包括以下几个部分：① 游客旅行基本情况；② 支付意愿；③ 个人概况。第一部分主要是旅游的基本情况包括：游客出发地、旅行方式、费用支出、目的地、旅行时间等。第二部分为有关 WTP 意愿调查的内容。主要包括：a. 利用价值，设计问题“为了享受这里的自然风景，您此次旅游最多愿意支付多少钱来购买一张门票”。这里强调针对自然风景，将风景名胜区的人文景观剔除掉，保证游客回答的意愿是为了森林景观游览的目的支付的费用；b. 遗产/选择价值，设计问题“为了以后让您及子孙后代也能够享受这里的风景，您愿意捐献多少钱的保护费用”，在此强调不管是为了自己今后还是子孙后代都能够继续享受这里的森林自然景观，为了森林游憩价值的以后使用；c. 存在价值，即“为了保存这里的野生动植物的生存环境(出自人类的爱怜之心)，您愿意捐献多少钱的保护费用”。支付意愿选择采用区间数据，即：0(拒绝支付)、1 ~ 50 元、51 ~ 100 元、101 ~ 150 元、151 ~ 200 元、201 ~ 300元、301 ~ 400 元、400 元以上。第三部分包括年龄、性别、所在单位平均年薪、受教育程度、职业等。职业和受教育程度采用封闭式问答，年龄和年薪则采用开放式问答。

(2)抽样调查

本次调查主要采用随机抽样和面对面访谈等形式。针对旅行团，如果规模在 10 人以下，只抽取 2 ~ 3 人进行调查；10 ~ 20 人的旅行团，抽样 3 ~ 5 人进行调查；并根据旅行团规模的增大适当增加访问样本的数量。在预调查的基础上，笔者参加的“教育部人文社会科学研究规划基金项目”课题组 2010 年 9 月份在三清山的黄金海岸和西海岸等自然风景区发放调查问卷 130 份，其中有效问卷 121 份，有效率为 91.3%。调查时，先由调查人员口头描述三清山风景名胜区的概况，假想的交换市场和支付方式，邀请游客自愿捐献环境保护费用，来共同保护这里的森林生态系统。然后再询问受访者的支付意愿。

在调查时，只访谈了国内游客，同时根据 2009 年旅游总人数与调查的 WTP，计算了三清山森林的游憩价值。鉴于 2007 年江西省国外旅游收入仅占旅游总收入的 3.2%，因此国外游客的 WTP 估计对整体三清山森林游憩价值的评估的影响很小。因而，在计算中将国内游客的 WTP 就作为游憩价值计算的 WTP，忽略国外游客支付意愿的调查。

7.3.4 数据分析及游憩价值计算

(1)游客基本情况统计

在调查的121份有效问卷中，男性占57.85%，女性占42.15%。从学历上看，游客中大专以上学历占68.6%，其中本科学历占38.02%，研究生占10.74%，文化水平普遍较高。在旅游出发地中，江西、江苏、广东和浙江的游客最多，分别占19%、19%、18.2%和14.9%，四者总和占所有游客的七成以上。在游客年龄构成中，20~29岁、30~39岁、40~49岁的游客比例分别为37.19%、28.1%和20.66%，中青年游客居多。在收入构成上，58.7%的游客年收入在4万元及以下，33.9%的游客年收入在4万~8万元，7.4%的游客年收入为8万元以上，整体处于中低收入水平。

(2)游憩价值的计算

1)利用价值计算。首先，笔者利用SPSS统计软件对利用价值的支付意愿进行频数分析，具体结果见表51。

表51 利用价值频数分析表

Table 51 Frequency of use value analysis table

支付意愿(元)	频数	百分比(%)	有效百分比(%)	累积百分比(%)	生存函数(%)
0	0	0	0	0	100
1~50	10	8.3	8.3	8.3	91.7
51~100	40	33.1	33.1	41.3	58.7
101~150	41	33.9	33.9	75.2	24.8
151~200	23	19.0	19.0	94.2	5.8
201~300	4	3.3	3.3	97.5	2.5
301~400	1	0.8	0.8	98.3	1.7
400以上	2	1.7	1.7	100.0	0
合计	121	100.0	100.0		

将表51中生存函数的百分比转化为小数，并取每一支付意愿的上限，计算的生存函数值分别为：①当WTP为0时，生存函数$S(z)$值为1；②当WTP为50时，生存函数$S(z)$值为0.917；③当WTP为100时，生存函数$S(z)$值为0.587；④当WTP为150时，生存函数$S(z)$值为0.248；⑤当WTP为200时，生存函数$S(z)$值为0.058；⑥当WTP为300时，生存函数$S(z)$值为0.025；⑦当WTP为400时，生存函数$S(z)$值为0.017。散点图见图47。

根据散点图，可以推断出WTP区间最大值Z的生存函数$S(z)$大致为二次、三次曲线或指数函数，分别进行3个模型的回归，结果见表52。

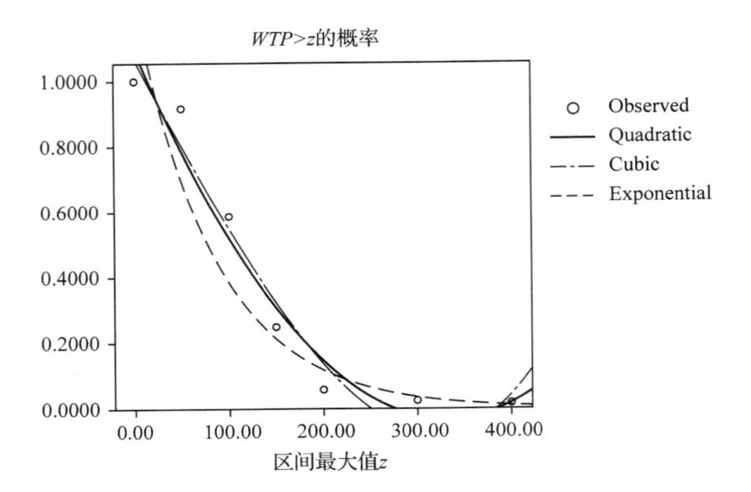

图 47 利用价值 *WTP* 散点图

Fig. 47 The scatter of use value of *WTP*

表 52 利用价值评估回归模型系数估计表

Tab 52 The coefficients of regression models for use value estimation

方程	模型概况					参数估计			
	R^2	F	df_1	df_2	Sig	常数项	b_1	b_2	b_3
二次曲线	0.958	45.813	2	4	0.002	1.098	−0.007	1.03×10^{-5}	
三次曲线	0.963	26.087	3	3	0.012	1.067	−0.005	2.59×10^{-8}	1.74×10^{-8}
指数方程	0.935	72.132	1	5	0.000	1.247	−0.012		

上述 3 个模型，均通过 F 检验，说明 3 个模型的整体系数均不全为 0，模型有效。但是在方差分析中，三次曲线没有通过 T 检验。因此，三次曲线不适用于本研究。二次曲线和指数模型的系数的 T 检验值均小于 0.05，说明这两个模型适用于本书。

从可决系数(包括调整后的)来看，二次模型优于指数模型。但是从拟合曲线图上看，二次曲线在区间上限 z 接近 300 时，$WTP>z$ 的概率下降至负值。显然，这是违背事实的。因此，指数函数模型应是最适用的。

$$S(z)=1.24696419exp(-0.01180785z)$$

当 $S(z)=0.5$ 时，WTP 中值即 $z=77.5$ 元；平均 $WTP=\int_0^\infty S(z)dz=105.6$ 元。

按照 2009 年三清山风景名胜区接待游客量 227.3 万人次计算，2009 年，三清山森林游憩利用价值为 1.76 亿～2.40 亿元。

2)遗产/选择价值计算。同样，采用上述方法对森林游憩的遗产/选择价值进行评估。3个回归模型的 F 检验和 T 检验均通过检验，但是从拟合曲线图上可以排除二次曲线模型，对三次曲线模型和指数模型进一步分析可知：在区间[0，400]时，三次曲线拟合最好；在区间>400时，指数模型最符合现实情况。散点图如图48。

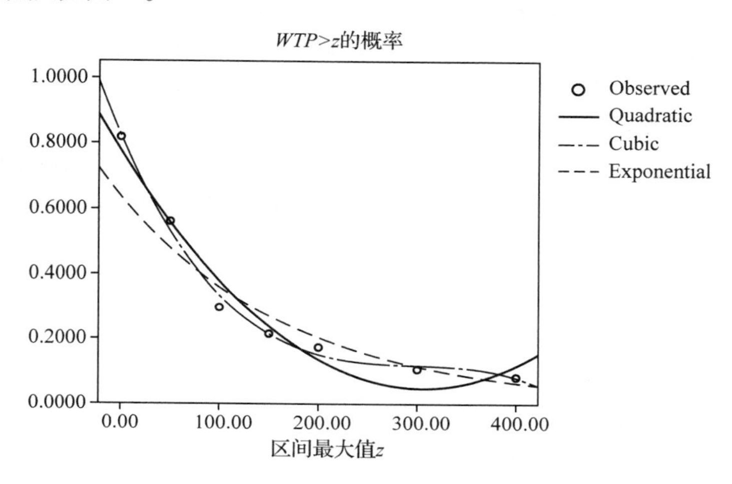

图48 遗产/选择价值WTP散点图

Fig. 48 The Scatter of heritage / option value of WTP

建立分段函数：

$$S(z)=\begin{cases}0.82500242-0.00694258z+0.00002303z^2-0.00000003z^3 & (0\leqslant z\leqslant 400)\\ 0.63919525exp(-0.00572054z) & (z>400)\end{cases}$$

当 $S(z)=0.5$ 时，WTP 中值即 $z=56.77$ 元；平均 $WTP=\int_0^{400}S(z)dz+\int_{400}^{\infty}S(z)dz=72.83+11.34=84.17$ 元。按照2009年三清山接待游客量计算，2009年，三清山森林游憩的选择/遗产价值为1.29亿~1.91亿元。

③存在价值计算。同理，建立存在价值评估的WTP的分段函数为：

$$S(z)=\begin{cases}0.8007941-0.00664474z+0.00002217z^2-0.00000003z^3 & (0\leqslant z\leqslant 400)\\ 0.63441733exp(-0.0056658z) & (z>400)\end{cases}$$

当 $S(z)=0.5$ 时，WTP 中值即 $z=54.55$ 元；平均 $WTP=\int_0^{400}S(z)dz+\int_{400}^{\infty}S(z)dz=69.7+11.61=81.31$ 元。同样，计算得到2009年三清山森林游憩价值的存在价值为1.24亿~1.85亿元。

因此，计算的2009年三清山森林游憩价值为4.29亿～6.16亿元。其中，利用价值1.76亿～2.40亿元，遗产/选择价值1.29亿～1.91亿元，存在价值1.24亿～1.85亿元。

7.3.5 敏感性分析

根据以上回归结果，建立逻辑斯蒂回归模型对影响WTP支付意愿大小的因素进行敏感性分析。为有效利用样本数据进行回归分析，在较小样本量下，通过对*WTP*区间数据的转化，将有序逻辑斯蒂回归转化为二分类逻辑斯蒂回归。以*WTP*的均值或代表值作为分界点，小于此值的所有区间被视为“支付意愿小于平均值”，赋值为0；大于此值的所有区间为“支付意愿大于平均值”，赋值为1。1出现的概率为P，则0出现的概率为$(1-P)$，建立二分类logistic模型

$$Pr(1)=P=1/(1+e^{-z})$$
$$Pr(0)=1-P=e^{-z}/(1+e^{-z})$$

比数$Odds=Pr(1)/Pr(0)=P/(1-P)=e^{z}$，$z=f(x)$为影响因素的线性函数，两边同取对数得*logistic*模型：

$$\ln(Odds)=\ln(P/(1-P))=z=f(x_i)，i=1，2，3，\cdots，k$$

当其他因素固定不变时，x_i的不同取值水平可引起比数比$Odds_1/Odds_2$的变化，即为对因变量“支付意愿是否大于平均值”的概率P变化的估计。

(1)利用价值敏感性分析

由上述计算可以看出，利用价值个人支付的WTP的可能区间为77.5～105.6元，为方便计算，取100元作为代表值，建立新变量WTPa，对于小于100元的支付意愿赋值为0，大于100元的支付意愿赋值为1。

以WTPa作为因变量，年收入、性别、年龄、职业、受教育水平、旅行花费、旅游频次、费用来源作为自变量，用SPSS自动将其转化成哑变量，且都将第一个取值水平作为对照组。进行逐步回归，得回归系数值(表53)。

共进行了一次逐步回归，卡方检验的显著性水平为0.006，明显小于0.05，说明回归效果很好。“职业”(*Job*)因素对游客的利用价值支付意愿具有显著性影响，整体显著性水平为0.039。具体到每一类职业，与对照组(公务员/企事业单位管理人员)相比，“其他”[Job(1)]系数检验显著性为0.032，小于0.05，明显具有显著性，比数比Exp(B)为0.150，即$Odds_1/Odds_0=0.150$，说明在支付平均值以上的门票价格的意愿强度上，“其他”[Job(1)]一组是对照组的0.150倍。其他职业的检验结果如下：“企业事业单位职员”[Job(2)]、“教师/学生/研究人员”[Job(3)]、“离退休”[Job(7)]在支付意愿

表 53　逐步回归系数值表

Tab 53　Step by step regression coefficients table

		B	S. E.	Wald	df	Sig.	Exp(B)
步骤 1	Job			14. 757	7	0. 039	
	Job(1)	-1. 897	0. 885	4. 595	1	0. 032	0. 150
	Job(2)	-1. 652	0. 695	5. 658	1	0. 017	0. 192
	Job(3)	-2. 349	0. 786	8. 942	1	0. 003	0. 095
	Job(4)	-1. 204	1. 372	0. 770	1	0. 380	0. 300
	Job(5)	-0. 886	0. 851	1. 083	1	0. 298	0. 413
	Job(6)	-1. 897	1. 176	2. 602	1	0. 107	0. 150
	Job(7)	-3. 689	1. 245	8. 779	1	0. 003	0. 025
	Constant	1. 897	0. 619	9. 389	1	0. 002	6. 667

注：进入变量 *Job*.

上具有显著差别，在支付平均值以上的门票价格的意愿强度上，分别是对照组的 0. 192、0. 095、0. 025 倍。也就是说，“公务员/企事业单位管理人员”更愿意支付平均值以上的门票价格；相反，“离退休人员”最不愿意支付平均值以上的门票。其余 3 组职业与对照组相比，不具有统计意义上的显著性差别。

(2)选择/遗产价值敏感性分析

选择/遗产价值的支付意愿为 56. 77 ~ 84. 17 元，在此区间内没有合适的标值作为平均值，为便于分析，我们选择 50 元作为选择/遗产价值敏感性分析的平均值。建立新变量 *WTPb*，支付意愿小于 50 元的将其赋值为 0，大于 100 元的将其赋值为 1。采用手工筛选的方式进行分析，最后选择性别、受教育程度、费用来源作为自变量。最后得到的结果见表 54。

表 54　选择/遗产价值敏感性分析回归系数值表

Tab 54　The regression coefficients of sensitivity analysis of option / heritage value

		B	S. E.	Wald	df	Sig.	Exp(B)
步骤 1	sex(1)	-0. 715	0. 397	3. 253	1	0. 071	0. 489
	Edu			6. 731	4	0. 151	
	Edu(1)	-1. 600	0. 930	2. 958	1	0. 085	0. 202
	Edu(2)	-0. 398	0. 949	0. 176	1	0. 675	0. 672
	Edu(3)	-1. 454	0. 904	2. 588	1	0. 108	0. 234
	Edu(4)	-0. 887	1. 020	0. 757	1	0. 384	0. 412
	Funds(1)	-0. 400	0. 423	0. 895	1	0. 344	0. 670
	Constant	1. 976	0. 977	4. 088	1	0. 043	7. 216

注：进入变量 sex，Edu，Funds. 。

表54显示，“性别”(sex)因素的显著性水平虽然大于0.05，但是小于0.1，具有一定的显著性，因此具有一定的解释能力。与对照组(男性)相比，“女性”[sex(1)]的支付平均值以上的意愿强度是男性的0.489倍，即男性比女性更愿意支付更高的选择/遗产价值。“受教育程度”(Edu)总体上不具有显著性，但是“高中”[Edu(1)]的显著性小于0.1，“本科”[Edu(3)]的显著性水平略大于0.1，说明这两组与对照组(初中及以下)相比具有一定的支付意愿差异，且支付平均值以上的意愿强度分别是对照组的0.202和0.234倍。也就是说，学历为“初中及以下”的游客比“高中”和“本科”学历的游客更愿意支付平均值以上的选择/遗产价值。费用来源因素不显著，自费与非自费的游客在支付意愿上没有明显的区别。

(3)*存在价值敏感性分析*

存在价值支付意愿为54.55～81.31元，同选择/遗产价值敏感性分析一样，我们仍然选择最接近该取值区间的50元作为敏感性分析的平均值。建立新变量*WTPc*，将支付意愿小于50元的赋值为0，并将大于100元的赋值为1。采用手工筛选，“性别”(sex)因素进入方程。“性别”(sex)因素的显著性水平为0.06，略高于0.05，具有一定的显著性水平。与对照组(男性)相比，“女性”[sex(1)]游客的支付平均值以上的存在价值的意愿强度是男性的0.495倍。因此，男性比女性更乐于支付更高的环保费用来保护三清山森林生态系统的本来意义(存在价值)。看来，男性比女性更加富有对自然界的爱怜之心。

7.3.6 结论

(1)根据2009年三清山旅游人数，计算得到三清山森林游憩利用价值为1.76亿～2.40亿元，遗产/选择价值为1.29亿～1.91亿元，存在价值为1.24亿～1.85亿元，总经济价值为4.29亿～6.16亿元。从总价值的构成中可以看出，森林游憩服务的直接价值在森林游憩总价值中只占到40%左右，这与国内外的相关研究结果一。

(2)三清山森林游憩利用价值的支付意愿为77.5～105.6元。三清山的门票价格为150元(淡季130元)，虽然三清山也具有悠久的道教文化历史，但是从景观分布上来说，除了三清宫景区，其他景区均为自然风景，三清山是以自然景观为主的风景名胜区。因此，即使剔除人文景观部分，三清山的自然景观的门票价格仍然要高于游客的支付意愿。这为加强三清山的旅游管理提供了一定的实证依据，也为游憩利用价值的补偿提供了一定的参考。

(3)职业因素对三清山森林游憩利用价值的支付意愿有显著性影响。公务员/企事业单位管理人员(对照组)支付平均值以上的门票价格的意愿最强，其他职业、企业事业单位职员、教师/学生/研究人员、离退休等的意愿强度分别是对照组的0.15、0.192、0.095、0.025倍。

(4)游客的性别和受教育程度对选择/遗产价值的支付意愿有一定的影响。女性的支付平均值以上的意愿强度是男性的0.489倍，即女性比男性更愿意支付更高的选择/遗产价值。高中和本科学历的游客支付平均值以上的意愿强度分别是对照组(初中及以下)的0.202和0.234倍，也就是说，学历为“初中及以下”的游客比高中和本科学历的游客更愿意支付平均值以上的选择/遗产价值。“学历越高，环保意识越强”的传统认识没有获得证实。

(5)性别因素对游客保护森林游憩资源永续存在的支付意愿强度有弱显著性(大于0.05)影响。女性游客的支付均值以上的存在价值的意愿强度是男性的0.495倍。因此，女性比男性更乐于支付更高的环保费用来保护三清山森林生态系统的本来价值(存在价值)。

总之，本研究采用条件价值法，以江西三省山为例，对森林游憩资源价值补偿进行了探索，对类似资源的价值补偿也有一定的参考意义。

7.4 基于最优控制模型的我国公益林最佳补偿价格的计算

根据第6章的研究综述，在方法上我们研究认为，公益林补偿标准的制定可以在前人研究的基础上，采用模型方法来进行。在此，我们主要采取经济控制论模型的方法探讨我国公益林的最佳补偿价格。

7.4.1 最优控制方法简介

最优控制方法是指对一个因果关系链偶合系统的运行过程施加控制以获得最优的运行效果所使用的理论和方法体系(李国平，2010)。采用最优控制法进行经济问题分析时，首先要确定控制的目标，并建立与之相应的优化指标，即使其达到最大值(或最小值)的目标函数。其次，要建立反映一定时期内经济运行过程的经济模型来描述受控系统的运行过程，这里包括满足可控性条件的状态转移方程以及满足可观测性条件的输出方程。再次，建立控制函数的约束条件。最后，在上述约束条件下，求出达到最优值的控制函数(曾祥金，1995)。森林生态系统是一个典型的因果关系链偶合系统，因此，采用最优控制法研究森林生态系统，计算其公益林补偿的最优价格，对森林生态效益补偿和资源管理具有重要意义。

7.4.2 公益林补偿标准核算模型

根据公益林地期初、期末和期间变化量之间的关系，公益林地核算模型可以假设为下面3个方程：

$$\begin{cases} L(k) = A(k) - C(k) - F(k) \\ A(k) = mL(k) \\ L(k+1) - L(k) = rC(k) \end{cases}$$

式中：$L(k)$——公益林地面积，hm^2；

$A(k)$——公益林造林面积，hm^2；

$C(k)$——森林灾害引起的公益林减少面积(森林灾害成灾面积)，hm^2；

$F(k)$——公益林采伐面积，hm^2；

k——年份；

m、r——方程系数。

在上述方程中，$F(k)$为控制变量，其他变量为状态变量。因此，方程用矩阵形式表示为：

$$\begin{bmatrix} 0 & 0 & 0 \\ 0 & 0 & 0 \\ 0 & 0 & 1 \end{bmatrix}\begin{bmatrix} C(k+1) \\ A(k+1) \\ L(k+1) \end{bmatrix} = \begin{bmatrix} -1 & 1 & -1 \\ 0 & -1 & m \\ r & 0 & 1 \end{bmatrix}\begin{bmatrix} C(k) \\ A(k) \\ L(k) \end{bmatrix} + \begin{bmatrix} -1 \\ 0 \\ 0 \end{bmatrix} F(k)$$

经化简可变为：

$$L(k+1) = [1 + r(m-1)]L(k) + rF(k)$$

其余两个变量可由$L(k)$和$F(k)$表示，即

$$\begin{cases} A(k) = mL(k) \\ C(k) = (m-1)L(k) + F(k) \end{cases}$$

在此基础上，进一步求最优控制。在以上方程的约束下，使性能指标最小，即

$$\min_{(F(k))_1^{K-1}} J_k = \varphi[L(k), k] + \sum_{k=1}^{k-1} F[L(k), F(k), k]$$

式中$\varphi[L(k), k]$是公益林地面积的终端约束。

按照《中共中央国务院关于加快林业发展的决议》(简称《决议》)，到2020年，我国森林覆盖率超过23%，2050年，全国森林覆盖率达到并稳定在26%以上。因此，根据第6次全国森林资源清查的公益林地面积和按照我国森林2020年的最小目标值计算，2020年，我国公益林地面积为$L(20) = 22115.87$万hm^2，因此，性能指标进一步变为：

$$\min_{(F(k))_1^{K-1}} J_k = \varphi[L(20), 20] + \sum_{k=1}^{k-1} F[L(k), F(k), k]$$

方程的具体含义为：在以上方程的约束下，在时间$[1, k-1]$内，求出k个控制变量$F(1)$，$F(2)$，…，$F(k-1)$，使状态由初始$L(1)$转移到终止状态$L(k)$，并使其的性能指标取极小，也就是在时间$[1, k-1]$内，使公益林

的采伐面积极小。

7.4.3 数据收集

在研究中，由于数据收集的困难，把公益林面积当成一般森林面积来看待，并计算森林补偿的标准。

主要数据来源于《全国森林资源统计》(国家林业局森林资源管理司，2000)、《中国森林资源清查》(肖兴威，2005)、《中国林业统计年鉴》(国家林业局，2007)、《中国统计摘要(2008)》(国家统计局，2008)和有关研究报告。

林地核算收集到的基本数据如表55。

表55 公益林核算基本数据表

Tab 55 Basic data of Public welfare forest accounting

年份	GDP(亿元)	森林面积(万 hm^2)	造林面积(万 hm^2)	森林灾害成灾面积(万 hm^2)					森林采伐面积(万 hm^2)
				小计	森林火灾	森林病害	森林虫害	森林鼠害	
1990	18667.8	13370.35	520.85	1054.03	1.36	177.96	804.07	70.64	391.50
1991	21781.5	13370.35	559.45	1171.78	3.17	206.46	890.43	71.73	391.50
1992	26923.5	13370.35	603.04	856.49	3.17	150.12	637.54	65.66	391.50
1993	35333.9	13370.35	590.34	848.20	1.90	135.65	649.93	60.72	391.50
1994	48197.9	15894.09	599.27	706.57	0.40	150.36	487.32	68.49	351.56
1995	60793.7	15894.09	521.46	770.11	2.10	160.99	535.81	71.21	351.56
1996	71176.6	15894.09	491.94	744.61	7.23	127.66	534.35	75.37	351.56
1997	78973.0	15894.09	435.49	824.05	0.96	134.06	616.11	72.92	351.56
1998	84402.3	15894.09	481.11	704.13	2.74	96.60	532.86	71.93	351.56
1999	89677.1	17490.92	490.07	770.47	4.37	98.71	593.62	73.77	381.12
2000	99214.6	17490.92	510.51	860.69	8.84	93.45	669.28	89.12	381.12
2001	109655.2	17490.92	495.30	753.58	4.62	80.50	668.37	0.09	381.12
2002	120332.7	17490.92	777.10	708.51	4.76	72.44	631.22	0.09	381.12
2003	135822.8	17490.92	911.89	839.40	45.10	75.75	718.46	0.09	381.12
2004	159878.3	17490.92	559.81	959.06	14.22	75.79	744.03	125.02	381.12
2005	183217.5	17490.92	363.77	991.77	7.37	101.40	749.30	133.70	381.12
2006	211923.5	17490.92	520.00	1137.83	40.83	104.00	828.00	165.00	381.12
2007	249529.9	17510.00	179.07	1226.35	2.35	104.00	900.00	220.00	243.59

注：表中使用森林面积代替有林地面积。

7.4.4 核算模型的估计

根据表55的数据和公益林地核算模型，采用SPSS(Statistical Product and Service Solution)软件计算的模型如下。

(1)状态方程计算结果

计算的状态方程的模型的汇总结果如表56。由表56可以看出，模型的相关系数$R=0.999$，判定系数$R^2=0.998$，调整的$R^2=0.998$，Durbin-Watson统计量为2.203，接近2.00，因此，整体回归模型达到显著水平，且残差相互独立无自我相关性。

进一步计算状态方程的方差分析表和回归系数表如表56、表57。

表56 森林面积($L(k)$)与森林采伐面积($F(k)$)回归分析模型汇总表

Tab 56 Forest area ($L(k)$) and the forest cutting area ($F(k)$) regression model

项目	R	R^2	调整后的R^2	估计的标准误差	Durbin-Watson
模型参数	0.999	0.998	0.998	725.014	2.203

注：R^2反映了回归方程解释因变量的比例。自变量：采伐面积，森林面积。

表57 状态方程回归方差分析表

Tab 57 State Equation regression variance table

模型	平方和	自由度	平均值平方	F	*Sig.*
回归	4417749105.3	2	2208874553.0	4202.217	0.000
残差	7884675.4	15	525645.0		
合计	4425633781	17			

表58 状态方程回归系数分析表

Tab 58 State Equation regression coefficient table

模型	未标准化系数		标准化系数		*Sig.*	多重共线统计	
	B	标准误差	Beta	t		容忍度	VIF
森林面积	0.976	0.074	0.990	13.175	0.000	0.332	3.012
采伐面积	0.408	3.297	0.009	0.124	0.403	0.332	3.012

从表57可以看出，回归方程的F值为4202.217，*Sig.*值为0.000，表示回归模型成立并具有统计意义。由表58可知，$L(k)$、$F(k)$的回归系数分别为0.976和0.408，且均达到显著水平，具有统计学意义；因此，状态方程为

$$L(k+1)=0.976L(k)+0.408F(k)$$

同理，计算的状态方程中 $A(k)$ 和 $L(k)$ 的相关系数 $R=0.957$，判定系数 $R^2=0.916$，调整的 $R^2=0.911$；$C(k)$ 和 $L(k)$ 的相关系数 $R=0.979$，判定系数 $R^2=0.958$，调整的 $R^2=0.953$。两个方程的 *Sig.* 值均为 0.000，说明两个回归模型均达到显著水平。两个回归模型方差分析表和回归系数分析表如表 59 至表 62。

表 59　$A(k)$ 和 $L(k)$ 回归方差分析表

Tab 59　$A(k)$ and $L(k)$ regression variance table

模型	平方和	自由度	平均值平方	*F*	*Sig.*
回归	5056707.836	1	5056707.836	185.424	0.000
残差	463608.998	17	27271.118		
合计	5520316.834	18			

表 60　$C(k)$ 和 $L(k)$、$F(k)$ 回归方差分析表

Tab 60　$C(k)$, $L(k)$ *and* $F(k)$ regression variance table

模型	平方和	自由度	平均值平方	*F*	*Sig.*
回归	13963335.94	2	6981667.967	184.271	0.000
残差	606210.264	16	37888.142		
合计	14569546.2	18			

表 61　$A(k)$ 和 $L(k)$ 回归系数分析表

Tab 61　$A(k)$ and $L(k)$ regression coefficient table

模型	未标准化系数		标准化系数		*Sig.*	多重共线统计	
	B	标准误差	*Beta*	*t*		容忍度	*VIF*
森林面积	0.033	0.002	0.957	13.617	0.000	1.000	1.000

表 62　$C(k)$ 和 $L(k)$、$F(k)$ 回归系数分析表

Tab 62　$C(k)$, $L(k)$ *and* $F(k)$ regression coefficient table

模型	未标准化系数		标准化系数		*Sig.*	多重共线统计	
	B	标准误差	*Beta*	*t*		容忍度	*VIF*
森林面积	0.030	0.019	0.533	1.593	0.031	0.629	1.590
采伐面积	1.093	0.816	0.449	1.340	0.049	0.629	1.590

从表 59 至表 62 可知，状态方程中 $A(k)$ 和 $L(k)$，$C(k)$ 和 $L(k)$、$F(k)$ 的回归系数均通过检验，*Sig.* 值分别为 0.000，0.031 和 0.049，能够显著解释各自的因变量，且具有统计学意义，因此，状态方程为：

$$\begin{cases} A(k) = 0.033L(k) \\ C(k) = 0.03L(k) + 1.093F(k) \end{cases}$$

(2)性能指标的计算

森林采伐和经济发展之间存在一定的关系，尤其是 *GDP* 和森林采伐面积之间存在明显的二次曲线关系(张颖等，2008)，具体的关系为：

$$P_{GDP} = 1750.095F(k) - 3.988F^2(k)$$

2.974　　　　-2.533

(0.009)　　　(0.022)

式中 P_{GDP} 为 *GDP* 值，亿元。

计算结果表明，方程 $R = 0.871$，$R^2 = 0.758$，方程的 F 值为 25.068，*Sig.* 值为 0.000，说明二者之间的关系达到显著性水平。因此，为了使我国森林采伐的面积极小，具体的性能指标为(张颖等，2008)：

$$\min_{(F(k))_1^{K-1}} J_k = 0.976L(k) + 0.408F(k) - 22115.87 + \sum_{k=1}^{k-1}[1750.095F(k) - 3.988F^2(k)]$$

(3)最优补偿价格的计算

根据上述建立的公益林地核算的状态方程：

$$\begin{cases} A(k) = 0.033L(k) \\ C(k) = 0.03L(k) + 1.093F(k) \\ L(k+1) = 0.976L(k) + 0.408F(k) \end{cases}$$

令哈密顿函数 $H(k)$ 为：

$$\begin{aligned} H(k) &= H(L(k), F(k), \lambda(k+1), k] \\ &= 0.976L(k) + 0.408F(k) - 22115.87 + \lambda^T(k+1) \cdot [1750.095F(k) \\ &\quad - 3.988F^2(k)] \end{aligned}$$

由伴随方程 $\dot{\lambda}(k) = \dfrac{\partial H^*(k)}{\partial L^*(k)}$ 得

$$\dot{\lambda}(k) = \frac{\partial H^*(k)}{\partial L^*(k)} = 0.976$$

由耦合方程 $\dfrac{\partial H^*(k)}{\partial F^*(k)} = 0$ 得

$$\frac{\partial H^*(k)}{\partial F^*(k)} = 0.408 - 7.976\lambda(k+1)F(k) = 0$$

由横截条件 $\dfrac{\partial \varphi^*(K)}{\partial L^*(k)} = \lambda^*(K)$ 得

$$\lambda^*(K)=0.976$$

也就是公益林的影子价格为0.976万元/hm^2。

此时，$$A^*(k)=0.033L^*(k)=729.82hm^2$$

即每年的公益造林面积应保持在729.82万hm^2左右。

根据以上计算结果，我国公益林地的最优补偿价格为0.976万元/hm^2。按照全国第6次森林资源统计资料，我国林分单位面积蓄积量平均为84.73m^3/ hm^2(国家林业局，2006)，根据经济控制论最优控制的有关知识，我国公益林核算的最优补偿林价也应为115.19元/ m^3左右(贺允东，1988)，这对公益林补偿标准的计算有重要的意义。

8 我国公益林补偿的可行性研究

8.1 政策背景研究

1992 年，国务院批转国家体改委《关于一九九二年经济体制改革要点的通知》(国发[1992]12 号)，主要内容是提出“建立林价制度和森林生态效益补偿制度，实行森林资源有偿使用”。1993 年，国务院文件《关于进一步加强造林绿化工作的通知》(国发[1993]15 号)提出：“要改革造林绿化资金投入机制，逐步实行征收生态效益补偿费制度”(曹小玉等，2006)。

1994 年 3 月 25 日，国务院第 16 次常务会议讨论通过《中国 21 世纪议程——中国 21 世纪人口、环境与发展白皮书》，指出：“必须实行森林资源有偿使用制度，实行森林资源开发补偿收费”(高频等，1997)。

1995 年，林业部制定《中国 21 世纪议程——林业行动计划》，第 13 章规定“应本着‘使用者付费’的经济原则，建立完善的森林资源补偿机制和相应的经济政策体系”。1995 年 4 月 20 日，国家计委办公厅会签 37 号文件指出：“收取森林费用作为增加林业投资的一条路子是可取的，此项措施已纳入我委提出的增加农业投入的对策之中”。1995 年 4 月 26 日，财政部下发了(财综便字第 20 号)文件，提出：“考虑到建立森林生态效益补偿费制度是中央支持林业发展的一项具体措施，我们已原则同意了林业部门收取生态效益补偿费。具体办法由我部会同国家计委、林业部制定并报国务院批准”。1995 年 5 月 4 日，财政部在《对林业部关于请求解决生态型国有林场有关问题的意见函》(财农资[1995]40 号)提出“目前，可采取建立森林生态效益补偿费的办法，以弥补林场事业费的不足”。1995 年 8 月 30 日，经国务院同意，国家体改委、林业部颁发了《林业经济体制改革总体纲要》(体改农[1995]108 号文件)提出：“建立森林生态效益补偿制度，对依托森林获取直接受益的单位，逐步征收森林生态补偿费，具体收费方法由财政部、国家计委会同林业部制定”(陈钦等，2001)。

1996年1月21日，中共中央、国务院颁发了《关于“九五”时期和今年农村工作的主要任务和政策措施》(中发[1996]2号)文件，其中第七条提出：“按照林业分类经营原则，逐步建立森林生态效益补偿制度和生态公益林建设投入机制，加快森林植被的恢复和发展”(陈兆开，2008)。

1997年9月，在党的十五大报告中江泽民同志指出“植树种草，搞好水土保持，防治荒漠化，改善生态环境”，并提出“统筹规划国土资源开发和整治，严格执行土地、水、森林、矿产、海洋等资源管理和保护的法律。实施资源有偿使用制度。”

2001年，财政部和国家林业局颁发了《关于开展森林生态效益补助资金试点工作的意见》，确定了包括河北、辽宁、黑龙江、安徽、福建、江西、山西、湖南、广西、新疆和浙江省千岛湖及钱塘江上游地区的11省、自治区的685个县(单位)和24个国家级自然保护区作为试点对象，对重点防护林和特种用途林每公顷每年补助75元，总共补助面积有0.13亿hm^2。同年，财政部颁发了相应的《森林生态效益补助资金管理办法(暂行)的通知》。

2003年中共中央、国务院颁发了《关于加快林业发展的决定》，做出了重要指示，如：“公益林业要按照公益事业进行管理，以政府投资为主”、“凡纳入公益林管理的森林资源，政府将以多种方式对投资者给予合理补偿”、“进一步完善林业产权制度。这是调动社会各方面造林积极性，促进林业更好更快发展的重要基础。要依法严格保护林权所有者的财产权，维护其合法权益。

2004年，财政部和国家林业局颁布了《中央森林生态效益补偿基金管理办法》。这标志着我国森林生态效益补偿体系正式建立。

2009年，国家颁发了《国家级公益林管理暂行办法(征求意见稿)》，用于规范和加强对国家级公益林的管理和保护，提高国家级公益林质量，维护国家级公益林林权权利人的合法权益，充分发挥国家级公益林的功能和效益。

8.2 我国生态补偿实践的研究

生态补偿方面的实践研究主要立足于以下两个方面(张建肖等，2009)：

(1)森林生态补偿实践研究。

森林生态补偿涉及的一个重要方面是对退耕还林的经济补偿。所谓退耕还林，是指将25°以上的陡坡耕地，或25°以上水土流失严重的耕地，或沙化、盐碱化、石漠化严重的耕地，或生态地位重要、粮食产量低而不稳的耕地，通过有计划有步骤地停止耕种，栽种生态林或经济林，从而恢复生态功能，改善生态环境的一种做法。我国的退耕还林是从西部地区开始的。1998年，长江特大洪水造成了严重的水土流失。从1999年下半年开始，陕西、四川、甘肃西部3省率先开始了退耕还林的试点工作，2000年试点范围涉及长江上游和黄河上中游地区等17个省(区、市)，2001年拓展到中西部地区20个省(区、市)，到2003年扩展到30个省(区、市)。

在此期间，国内一些学者也开展了诸多实践探索研究。在对退耕还林的生态补偿方式方面，有代表性的有：柴兵等运用经济学原理对退耕还林工程进行经济学分析，采用logistic生长曲线表示退耕过程中农民收入的变化过程，指出在整个退耕还林和经济补偿的过程中，补偿标准的确定应该是保证农民获得基本的口粮需求，保证经济收入不至于发生显著下降；退耕还林必须以农业产业结构的调整为基础，通过经济补偿的"输血"培养农民退耕后持续增长的"造血"技能；经济补偿的停止，必须以产业结构调整取得显著成效为前提条件；经济补偿的年限，应该由退耕后产业结构调整取得显著成效所需的年限来决定。

关于退耕还林的效应方面，孙新章采用典型农户调查和地方政府访谈等方法，对泾河流域上游地区的固原市原州区退耕还林综合效益进行了评估，并基于退耕还林的效益和实施过程中出现的问题，对后续生态补偿趋势进行了探讨。结果表明：原州区退耕还林的生态效益显著，按2000~2004年完成的退耕面积，总效益高达8408.2元/年，退耕使当地严重的水土流失状况得到了控制。研究表明，退耕还林对当地农牧生产和农村社会经济具有双重效应。一方面，退耕促进了作物生产结构优化和基本农田生产力的提高，农村剩余劳动力转移速度加快；另一方面，草食性牧业生产受到了一定影响，农民收入也比预计值偏低。而从后续生态补偿的趋势看，延长补偿期限是大势所趋，但补偿标准可以适当降低。

(2)流域生态补偿实践研究。

在流域生态补偿方面，刘玉龙侧重流域上下游之间的生态补偿，并做了量化分析。通过生态补偿的理论基础研究，建立上游地区生态建设与保护补偿模型，从直接和间接两个方面对生态建设与保护的总成本进行汇总，并引入水量分摊系数、水质修正系数和效益修正系数，以计算生态补偿量。利用所建立的模型，确定2000~2004年上游地区生态建设与保护所需的年补偿量。

陈瑞莲从流域区际补偿角度出发，认为流域区际生态补偿，主要包括生态破坏补偿和生态建设补偿两个方面，前者指对生态环境产生破坏或不良影响的生产者、开发者、经营者应对环境污染、生态破坏进行补偿，对生态环境由于现有的使用而放弃未来价值进行补偿；后者是生态受益地区、单位和个人对保护生态环境、恢复生态功能的生态建设地区、单位和个人实施的经济补偿。流域区际生态补偿，不仅要关注末端治理中跨行政区水污染的经济补偿，而且更要研究生态预防性治理中受益区(下游)对建设区(上游)的经济补偿。

诸多学者对森林和流域生态补偿进行了实践研究，由于各个研究都是在特定的条件下进行的，限于自然地理条件、经济状况以及研究角度、使用的研究方法等方面的不同，至今尚未形成一个完善的生态补偿实践研究体系。

8.3 生态补偿实践案例

(1)辽宁省经过省人大立法程序，以正式文件下发，实施征收水资源费，并从水资源费中划出一部分列为扶持水源涵养林和水土保持林建设资金；从1988年开始，对省内采矿、造纸工业企业、药材、蚕茧收购企业等和拥有直接开发水资源、自备水工程的企事业单位、机关、团体、部队和集体、个体企业等征收林业开发建设基金和水资源费，决定从征收的水资源费中，每年拿出1300万元，用于水源涵养林和水土保持林的建设，到1993年征收总额已达4718万元，促进了全省林业的发展(林玉成，2005)。

(2)新疆决定征收森林生态效益补偿费，在全区范围征收补偿费已开始实施，在《关于加快林业改革和发展的决定》中规定了森林生态效益补偿基金的征收范围和标准，主要包括机关、团体、企事业单位的职工(按月工资总额的一定比例征收)、原油、成品油、非金属矿石、黄金矿石及其有色金属矿石(按产量征收)、风景区、森林公园、自然保护区、狩猎场以及林地采挖野生药材等，由林业主管部门安排用于生态公益林建设与保护以及野生植物保护。同时规定1997~2000年，以1996年自治区财政收入为基数，每年财政收入增加0. 5%，用于增加对林业的投入(刘璨，2002)。

(3)广西壮族自治区每年由财政从水电经费中拨出100万元用于水源涵养林和水土保持林建设(刘诚，2008)。

(4)内蒙古的临河和吉林省的长春等地，对受益于防护林的农田，征收7.5~15元/hm^2·a的防护林生态补偿费专款用于农田防护林的抚育管理和更新改造(林玉成，2005)。

(5)广东省曲江县水资源需求企业和当地水电站按0.01元/L和0.005元/kWh的标准向农民支付补偿费。《广州市流溪河水源涵养林保护管理条例》第六条规定对流域河水源林实施生态效益补偿制度，对因划分为水源林而影响经济收益的山林所有者、经营者予以补偿。广州市人大常委会通过《广州市流溪河流域水源涵养林补偿保护管理的规定》，决定每年筹集1800万元作为流溪河流域水源涵养林生态效益补偿费。1998 年，水源涵养林按 75 元/hm^2 · a 的标准进行补偿。1999 ~2000 年，生态公益林按照 60 元/hm^2 · a、水源涵养林按 112.5 元/hm^2 · a 进行补偿。2001 年起，生态公益林、水源涵养林生态效益补偿费标准提至 150 元/hm^2 · a(丁希滨，2006)。

(6)河北省承德地区是北京、天津水源林区，每年提供引滦入津工程 96.4%的水源，密云水库 56%的水源，通过自发协商，北京每年从财政补偿该地区丰宁县 100 万元，天津从财政每年补偿丰宁县 40 万元(林玉成，2005)。

(7) 1992 年江西省婺源县建立了森林生态效益补偿基金，从包括水电站在内的各种森林资源环境受益主体单位征收不同规模的补偿费，征收的这些费主要用于资助天然林保护区建设(刘璨，2002)。

(8)黑龙江省人民政府颁布的《黑龙江省水利工程供水收费标准和使用管理办法》(黑政发[1987]18 号)第八条规定：属供水性质的水源工程，从实收水费中提成 15%，或者按照实际供水量收费，每立方米水费提成 0.001 元(高频，1999)。

(9) 1997 年，甘肃省出台《甘肃祁连山国家级自然保护区管理条例》规定：从祁连山水源涵养林的受益地区征收的水资源费总额之中提取 30%，从保护区内进行的科学研究、灾害木处理、旅游等的收入中提取 2% ~5%，并将其用于保护区水源涵养林的保护建设事业(丁希滨，2002)。

8.4 公益林生态补偿法律依据

8.4.1 森林法中的相关规定

1998 年 4 月 29 日，全国九届人大二次会议通过《森林法》修正案，其中第八条第二款规定："国家设立森林生态效益补偿基金，用于提供生态效益的防护林和特种用途林林木的营造、抚育、保护和管理。" 2000 年 1 月 29 日颁发和实施的《森林法实施条例》中的第十五条规定："防护林和特种用途林的经营者，有获得森林生态效益补偿的权利。森林生态效益补偿基金必须专款专用，不得挪作它用"(李明阳，2003)。

8.4.2 民法有关无因管理的规定

在民法中，为避免他人利益受损失且在没有法定或约定的义务而对别人的事务进行管理或服务的行为称为无因管理。无因管理人有请求他人支付在其代理执行某种管理行为时所发生的一切必要费用和支付的权利，而他人有偿还义务。目前在我国南方集体林区，大部分农户对林地实行承包制，并依法行使独立自主经营权。当农户经营承包的林地被划分为国家或省地市等各级公益林时，尽管当初农户的承包合同依然合法有效，但是农户的经营目的却从为获取经济收益转变成为社会公益事业进行服务。那么此时，农户对承包林地的管理行为，就应当视为无因管理行为。因此根据公益林事权管理原则，农户作为无因管理人，应该得到各级受益主体支付的对农户进行无因管理时支出的管理费用的补偿。

8.4.3 行政法有关行政合同的规定

根据现行行政法在行政合同方面的相关规定，作为农村土地承包合同的一种方式，林地承包属于行政合同调整的范畴。即当作为发包方的乡(村)政府把归属于集体所有的山林交由当地的农户承包后，乡(村)政府与农户之间就建立起行政合同关系，相关人不承担因公共利益而造成的损失。权利相关人可以依法合理地向当地行政机关提出补偿要求。

8.5 生态公益林相关的法律、法规

森林生态体系建设是一项复杂浩大的系统工程，着力解决生态公益林效益的补偿问题，特别是其投入与利益保障机制的合理设计，是关系到当前我国森林分类经营实践的成败、能否全面推进生态公益林建设的关键。目前有关生态公益林补偿政策的法律普适性的调整还相当有限。由于国有重点林区天然林保护工程、西部水土流失地区退耕还林工程及防沙治沙工程等均是具有一定建设周期的工程项目，包括一般公益林补偿在内的相关政策亦都有时间限制(5～8年不等）。而以森林为主体的生态环境建设是一项长期的战略任务，如果缺乏设计合理的长效法律保障机制，阶段性工期一旦结束，政策性投资中断，工程就会前功尽弃。另外，如前面所述国家特定生态工程项目中的生态补偿制度与试点中的一般生态公益林补偿制度在补偿范围、补偿对象、补偿标准等方面还存在着一系列的矛盾和冲突。在市场经济条件下，公益林补偿对象无论是国有或集体的、无论是国家重点生态公益林还是地方公益林均应予以合理补偿。但涉及不同的投资保护主体的利益关系及责任关系，单靠过渡性的政策措施和行政手段来推进生态公益林建设已很难奏效，还必须依靠具体可行的法律机制来调节各主体的责权利关系。所以，合理的制度构造与机制创新的目标是要将已有的政策原则、基本制度结合特定的实践经验，同国家既定的资源环境政策实现一体化并加以具体化，设计出普遍可行的法律规范，以保证生态公益林建设投入与补偿的法定性、稳定性及其运行的规范有序性。如制定全国性的《公益林生态效益补偿法》，对各级公益林区划界定

的技术标准，经济补偿标准，补偿对象与范围，生态效益补偿基金的建立、使用、管理办法等做出统一具体的规定(徐正春等，2004)。

8.5.1 国家标准

(1)《生态公益林建设 导则》(GB/T 18337.1 -2001)

对生态公益林概念、建设目的、指导思想、原则、对象、程序、内容及方式、类型、区划、重点、建成标准、管理、利用以及质量评价指标等提出了指导性和原则性要求。适用于全国范围内的生态公益林建设与经营管理(国家质检局，2001)。

(2)《生态公益林建设 规划设计通则》(GB/T 18337.2 -2001)

对生态公益林建设林地区划、项目规划、设计任务、层次、内容、方法以及成果等提出基本要求，主要解决在什么地方、建设什么类型的生态公益林以及建设前期工作等问题。适用于全国范围内生态公益林建设项目的林地区划、调查、规划、可行性研究和设计(国家质检局，2006)。

(3)《生态公益林建设 技术规程》(GB/T 18337.3 -2001)

对生态公益林营造、经营、林地基础设施、档案等建设环节提出了技术标准和基本要求，主要解决生态公益林如何建设的问题，可适用全国范围内的生态公益林建设。

8.5.2 林业行业标准

(1)《公益林与商品林分类技术指标》(LY/T 1556 -2000)

规定了适用于林业分类经营的森林分类系统、公益林与商品林的分类指标体系和原则性技术指标，明确了森林分类区划的优先等级，适用于全国范围内的森林分类区划(林进等，2000)。

(2)《农田防护林采伐作业规程》(LY/T 1723 -2008)

在农田防护林采伐方面，国家林业局批准发布了 LY/T 1723 -2008《农田防护林采伐作业规程》，对林木的采伐作了详细的规定。

8.6 保障措施

8.6.1 从实际出发，做好界定和管护协议签订工作

在制定生态公益林补助基金政策前，首先要对森林进行分类区划。这要求本着科学务实的态度和精神，遵从各地区的实际情况，编制各地区的试点实施方案，形成较为合理的体系。将公益林面积落实到山头地块，基本上建立从省到县的图文表齐全的档案资料和数据库。通过各级政府自上而下的审

定同意后，对公益林的规模和相关成果资料进行上报。对于经过省政府认可的，具有较强严肃性的政策、方针等必须认真执行。为保持公益林区划和面积的稳定，要强化政府各项产业发展规划的科学性和严肃性，加强同公益林生态补偿的衔接，严格控制调整，坚持不征占用或尽量少征占用公益林。在具体试点方案的编制上，首先要对纳入试点范围的重点防护林和特种用途林进行准确界定，各试点地区需要在已经界定好的森林经营分类基础上，根据国家对特种用途林和重点防护林的核查认定办法，依据统一规划、突出重点和集中连片的原则，确定纳入试点的重点防护林和特殊用途林范围、面积、权属等情况，建立重点防护林和特种用途林分户登记卡，并张榜公布，接受社会监督。其次要落实和稳定山林权属。确定为重点防护林和特种用途林的森林、林木、林地，应由原林权证发证机关登记造册，并在其林权证书中注明重点防护林和特种用途林的性质，不得以界定重点防护林和特种用途林为借口，随意变更山林权属，损害林权所有者和经营者的合法权益。再次要签订重点防护林和特种用途林管护协议，要本着政策引导和林农自愿相结合的原则，由政府与林权所有者和经营者签订保护管理协议，以法律形式明确双方的权利和义务，并作为检查考核重点防护林和特种用途林保护管理工作，兑现财政补助资金的依据。最后要立牌公示，界定和管护协议签订工作结束后，界定面积要在村务公开栏内张榜公示，无异议后，由县级人民政府发文公布，并在国家公益林区内定界立标以示公众(曾华锋，2003)。

8.6.2 规范投放机制，加强资金管理

规范投放机制，加强资金管理，首先要推行定员定额支付管理费用、报账制和政府采购制支付其他费用的办法，建立和完善有关生态效益补助资金的规章制度，确保制度化、规范化管理生态效益补助资金。其次要建立森林生态效益补助资金专户，采取财政专户直拨的办法，确保补助资金能够及时拨付到各林业主管部门。再次各林业主管部门在得到补助资金后，应按照补助资金拨付有关规定和相关的协议书，按时且足额地将资金拨付给林农和经营者手里，并应通过张榜进行公示。随后林业部门要定期组织和开展补助资金使用情况调查，接受统计审计或财政监督机构的检查，对发现的非法挤占、非法挪用资金情况，视情节的严重情况，采取扣减、停拨、取消补助资金等处罚措施，并追究相关人员的责任，从而加强对资金使用情况的监管力度。最后根据《中共中央国务院关于加快林业发展的决定》中“公益林业要按照公益事业进行管理，以政府投资为主，吸引社会力量共同建设”的规定和“公益林建设和森林生态效益补偿基金，按照事权划分，分别由中央政府和地方各级

政府承担”的精神，积极地将公益林生态效益补偿资金纳入各级行政部门的财政预算，建立稳定的生态效益补偿资金来源，努力提高公益林建设管理水平，切实维护生态安全。

8.6.3 因地制宜，优化森林结构

制定详细的生态公益林林种的经营目标，一方面通过不同林种、不同经营类型和不同小班将森林结构调整到位。这既是科学经营森林的必然要求，又是各林种通过森林分类经营达到最佳功能的必备条件。同时，通过中幼林抚育等森林经营活动，调整林分结构，向混交林方向抚育；另一方面对于新造林，基本上采取以混交林为主，通过提高混交林所占的比例，进而提高林分的稳定性，从而更好地发挥森林的生态效益。此外根据造林地条件，增加地区乡土树种造林，提高林分质量。绿化建设中坚持“五多四好”的原则，所谓“五多”是指多林种、多树种、多植物、多色彩、多层次；“四好”即好种、好活、好管、好看；在今后的造林中要因地制宜地加大阔叶树种的比例，优化树种和林种结构，提升生态功能；对已造的纯林，要结合中幼林抚育、补植防火树种等措施进行改良、完善林种结构（中国林科院林业科技信息研究所等，2005）。

8.6.4 加强生态效益补偿的科学研究

加强生态补偿科学研究，加快理论研究的步伐，为森林生态补偿制度建设奠定坚实的基础。2010 年 5 月 20 日，国家林业局中国森林生态服务评估研究成果新闻发布会在北京召开，中国林科院根据第七次全国森林资源连续清查数据，完成了我国森林生态服务评估研究。这项研究包括我国森林生态服务功能评估、中国森林植被生物量和碳储量评估。这也是我国首次在全国尺度上，对森林植被碳储量以及森林涵养水源、保育土壤、固碳释氧、营养物质积累、净化大气环境和生物多样性保护等生态服务的评估。此评估研究结果的发布，意味着我国对森林生态服务评估研究迈出新步伐。它对全面认识和客观评价森林的地位和作用，对健全生态效益补偿机制，都具有十分重要的意义（张丽，2011）。

森林生态效益补偿研究的核心问题是如何确定生态补偿标准。补偿标准直接关系着补偿的效果，同时补偿标准本身又受到补偿基金的承受力约束。因此必须建立多渠道、多形式的基金筹集方式，扩大补偿基金的规模，实施有差别的补偿标准政策，完善财政政策中关于森林生态效益补偿问题。在资金来源方式上，提倡以政府补偿为主、社会补偿为辅的兼容并蓄补偿方式。

实施生态补偿必须对基金管理体系进行系统研究。考虑到基金的管理通

常涉及多个部门，故可以通过加强各部门之间的合作与协调，为生态补偿建立科学合理的征收和发放机制，从而实现相关资金在受偿方和支付方之间的有效转移和支付。此外，建立生态补偿组织管理体系也是保障森林生态补偿制度顺利实施的关键因素。充分发挥审计在完善森林生态效益补偿制度和加强管理方面的重要作用，各级行政部门通过审计调查了解森林生态效益基金管理的总体使用情况，通过深入分析审计调查中发现的问题，深入了解目前该制度在实施过程中出现的问题，为今后的工作提供具有针对性和指导性的建议，为我国的可持续发展提供保障。

8.6.5 建立健全生态公益林的监测体系

建立生态公益林监测体系，加强森林生态体系建设监测管理。充分利用卫星遥感(RS)、地理信息系统(GIS)以及全球定位系统(GPRS)等先进技术手段，建立森林资源年度变化资料及生态公益变化相关的档案，调查记录各经营阶段中生态公益林的管护、抚育、改造、更新、利用活动，对保护和管理的成效进行分析，掌握生态公益林资源的动态变化及成因。与此同时，建立以地理信息系统为平台的公益林监管和实施效果评价信息系统，确保辖区内公益林生态功能发展趋势的有效监测和生态功能的逐步提高。

同时，要建立生态公益林监测管理与实施效果评价信息系统，建立以地理信息系统为平台的生态公益林监测、管理、评价信息系统工作，监测辖区生态公益林生态功能发展趋势，确保生态功能逐步提高。

8.6.6 提高生态公益林的建设质量和科技含量

努力提高生态公益林建设质量。林分质量的优劣通常对生态公益林的长期稳定经营、生态和社会效益的发挥起直接决定作用，因此只有通过严格的质量管理监督，才能提高公益林林分的生态功能等级。切实加强对生态公益林的抚育管理和未成林管理。改造劣质的生态林，更新、补植和封育生态功能低下的低产林、疏林和灌木林，并调整这些树种结构，从而逐步实现提高生态公益林功能等级的目标。加强建设沿海防护林体系，大力发展红树林，重点改善生态环境。

努力提高生态公益林建设的科技含量。对生态公益林的建设必须紧密依靠科技进步。在具体建设过程中，可以通过组织科技人员进行技术攻关，建立科技示范片，及时推广实用的科学技术和科技成果，防止生态公益林质量下降，促进生态公益林建设向集约经营、科学管理的多起点、高成效和高水平发展，确保生态公益林建设顺利实施。

9 结论及建议

9.1 结论

9.1.1 我国公益林管理政策经过探索日益完善

从前面的研究可以看出，我国公益林管理政策经历了两个阶段的发展已日臻完善。第一阶段是在国家公益林生态效益补偿制度确立之前进行的有益尝试；第二阶段是在国家公益林生态效益补偿制度确立后通过3个步骤的探索：①针对确立受益者的收费方案；②针对政府基金的分成方案；③针对国家重点公益林确定的中央财政补助方案。这些步骤基本建立了我国的公益林生态效益补偿制度。

9.1.2 生态补偿政策架构清晰、基本成型

我国生态补偿项目中存在着极为关键的两个方面，这就是谁来补偿以及谁应得到补偿。按照“谁使用、谁付费”这一原则，生态环境的使用者应支付补偿资金。相应地，因生态环境过度利用而遭受损失的个人或企业应得到补偿。基于这个原则生态效益补偿分为3种补偿机制：政府补偿、市场补偿和社区补偿。生态补偿问题的核心是将自然资源利用以及生态环境保护或损害的外部性进行内部化。理论上，生态补偿政策可以有两种截然不同的路径选择：“庇古税”路径和“产权”路径。

根据以上的分析和讨论，按照生态补偿问题的不同公共物品的属性以及政策选择路径，可以架构如下的政策思路：第一，国家首先要界定产权，即做好“初始权利的分配与界定”工作。第二，对于属于纯粹公共物品的生态补偿类型，国家是这种公共利益或者受益主体的代理人，必须由国家来承担补偿的责任和义务，通过公共财政和补贴政策激励这种生态产品和服务的提供。第三，对于属于共同资源的生态补偿类型，可采取中央政府协调监督下的生

态保护或损害利益主体的协商谈判这种思路。第四，对于属于俱乐部产品或者地方性公共物品的生态补偿类型，可由地方政府来解决，中央政府的职能是宏观法律和制度的约束，而非具体的公共财政支持。地方政府可按公共物品的属性对区域内的生态补偿类型进行划分，采取相应的政策手段和制度安排。第五，对于属于准私人物品的矿产资源开发的生态补偿类型，其中的损害方和受损方的关系较为明确，主要是代理国家行使权利的开发企业和当地政府、社区和居民的利益关系，问题的规模和影响都是区域性和局部的，并不涉及生态保护的全局。

9.1.3 生态补偿研究深度广度不断拓展

生态补偿是调节社会公平公正、构建和谐社会和实现人与自然和谐相处的重要手段，已成为当前学术界研究的前沿领域之一。就现阶段而言，生态补偿研究有如下方面的发展趋势：①理论研究逐步深入。②从理论研究逐步向建立生态补偿机制实践方向发展。③从定性研究为主向定量测算方向发展。④生态补偿的研究范围不断扩大。⑤进一步加强对生态补偿关键问题的科学研究，诸如生态补偿政策的实施范围、生态补偿标准、补偿资金来源与使用等问题，已取得初步研究成果。⑥补偿政策的技术保障体系进一步建立。⑦生态补偿的法律基础研究不断深入，生态补偿的立法工作逐步开展。⑧对选择生态补偿的方式的研究走向深入。

9.1.4 生态补偿理论方法研究具有重要基础作用

我国对不同区域进行的主体功能区规划就是以环境和资源的保护和可持续发展为立足点，是一项政策引导性战略规划，而如何能在保持经济发展的同时保持可持续发展、区域均衡发展，必然与生态补偿理论方法的确立及生态补偿的标准、生态补偿的方法和途径的确定有着密不可分的关系。生态补偿理论和方法的确立应注意以下几点：①区分生态服务价值与生态补偿标准不同点；②将现行生态建设与生态补偿机制在观念上的混淆进行区分。

9.1.5 公益林补偿标准计算模型

通过上述的研究和分析，本书得到的公益林补偿标准计算模型如下(表63)：

$$\begin{cases} A(k)=0.033L(k) \\ C(k)=0.03L(k)+1.093F(k) \\ L(k+1)=0.976L(k)+0.408F(k) \end{cases}$$

其中：$A(k)$为造林面积，$L(k)$为森林面积，$C(K)$表示森林灾害成灾面积，$F(k)$表示采伐面积。

表 63 各回归模型的拟合优度值

Fig. 63 Goodness of fit for regression model

回归方程	A(K)回归方程	C(K)回归方程	L(K)回归方程
拟合优度 R^2	0.916	0.958	0.998

通过表 63 可以看到，模型中的 3 个回归方程的拟合优度值 R^2 均很高，可以在相应的方程中对各自的因变量进行解释，具有统计学意义。这说明该模型可以作为研究我国公益林补偿标准模型。此外，根据全国第六次森林资源清查资料显示，我国目前平均林价是 115.19 元/m^3，而按照本书方法求出的公益林最优补偿价格是 0.976 万元/hm^2，这说明上述模型确定的公益林补偿标准是估价方法的一项补充，这具有非常重要的意义，同时也具有广泛的应用前景。

9.1.6 我国目前的生态补偿政策还存在诸多问题和不足

通过对上述生态补偿政策的分析和总结可以看出，目前我国生态补偿政策还存在以下几个方面的问题：①专门设计的生态补偿政策较为缺乏；②生态补偿政策带有强烈的部门色彩；③缺乏长期有效的生态补偿政策；④缺乏利益相关者的充分参与；⑤生态补偿标准过低；⑥资金使用上没有真正体现生态补偿的概念和含义；⑦整合现有的政策是今后的一项重要工作内容。

9.2 建议

9.2.1 完善财政投入机制

在争取建立以财政投入为主的“输血式”投入保障体系的同时，也要探索开发“造血式”的森林生态效益补偿机制，可以从生态税制度、区域间生态补偿等方面入手。以财政预算拨款扶持为基础，依照法律法规，实施强制性干预，向社会各受益人群征收森林生态税，从而完善和健全投入机制。此外，根据“谁受益谁补偿”的原则，按照营业收入的一定比例对水利发电、供水、生态旅游景点等森林生态效益直接受益单位征收森林生态补偿费，并纳入森林生态效益补偿金，建立起“水补林”、“电补林”、“票补林”等多渠道、多形式的“输血式”生态补偿机制，使得对公益林的补偿进一步扩大，且对补偿标准体系逐步进行完善。

加大中央政府对财政转移支付的力度，同时加强地方政府对森林生态补偿的合作和支持。目前，在森林生态补偿方面，财政转移支付最直接和最容易实现的手段和方式之一，这一情况决定了我国公益林补偿制度在相当长的一段时间内还将继续以财政支付为主。与此同时，地方政府也应发挥其辅助作用，积极配合公益林生态补偿工作，除了在其负责辖区内建立生态补偿机制外，还需要结合当地的实际情况给予充分的支持和合作。

9.2.2 完善生态公益林管理机制

尽快出台对公益林进行规范管理的公益林调整管理办法，并根据“占一补一”的原则，将建设项目征收、征用、占用的林地，就近选择相同生态区位、权属、地类的林地补齐，从而保障公益林的建设规模，并使之相对稳定，为补偿工作打下良好的基础。

建立部门目标管理负责制和行政首长负责制，把生态公益林建设和保护纳入国家可持续发展中长期规划内，并对公益林生态建设的各项目进行具体划分，确保落实到各级行政部门，在各级行政部门的经常性预算中增加相关建设管护经费预算。对国家生态公益林(即以国家投资为主的公益林项目)、地方公益林(即地方投资为主的公益林项目)、城市园林(即城市建设投资公益林项目)以及林场、机关团体、矿区等单位管护的公益林，通过立法的形式，确认和明晰各主体单位所拥有的权利、义务及相应投资保证措施。这一点可以借鉴广东省的成功经验，即对于地方性公益林项目的管理，明确规定以省级投入为主，而市县级相关部门的事权责任主要是进行组织、实施和管理。

建立并完善森林生态效益补偿资金的管理机制，实行规范化运作，加大资金使用的监管力度，对于资金的使用和管理要始终坚持“分级管理、统一调控”的目标方针。其中“统一调控”是指对补助的标准、分配方式、管理制度及组织实施进行统一调控；而“分级管理”则是指在生态公益林工程质量监管方面，实行项目法人责任制，即项目法人对项目全过程负责。在资金的管理方面，采用分级分工负责制和报账制，即部门采取分级分工制度对项目资金的申报、立项、审批进行审核，采用报账的方式对资金进行投放和控制。在具体操作方面，以县(市)为报账单位，省级项目由各县(市)向省级主管部门申请提款报账，中央级项目由各省向国家林业局财政部报账；林业、财政主管部门通过对报账单据的审核以及抽查核实和验收，根据管理权限，最终确定实际允许报账的金额，并通过严密的资金划拨规范程序，使补偿资金真正用于对生态公益林投资经营者的经济补偿和生态公益林工程建设。要建立项目监督保障体系，必须包括项目责任追究制与赔偿制度，重在完善生态公益林的管理体制，明确各级政府对生态公益林的管理监督职责，明确生态公益林所有者和经营者的管护责任，形成一个科学规范、严密、有效的监督保障系统，为合理有效地利用项目投资创造一个良好的条件(徐正春等，2004)。

9.2.3 合理划分公益林保护等级，分级区划，完善相应的政策

参照《国家级公益林区划界定办法》，根据生态脆弱性、生态区位重要性等指标，可以将公益林划分为Ⅰ级、Ⅱ级、Ⅲ级3个保护等级。综合考虑森林质量、公益林资源不均、地位级差、管护难度、社会经济发展水平、环境条件差异等指标，可以制定出生态补偿的分级补偿机制方案，在这个方案的基础上，通过详细规划，可以制定处于不同区域和条件下相关公益林生态补偿的具体实施办法。同时，使用合理的核算标准和计算方法，科学地建立森林生态社会价值核算评估体系。这需要建立合理而明确的生态效益补偿范围和标准，在考虑森林利润损失、管护费用和培育成本的同时兼顾那些因此受到直接影响的各级行政单位、经营个体及林权所有者的收入。

完善区际生态补偿政策，建立流域上下游区际利益互补的协调机制，改变我国环境管理体制重纵向管理而轻横向协调的弊端，发挥中央或省级政府的宏观协调能力和财政转移支付的能力，将上下游地区的生存发展权利、资源开发权利和享有清洁河流、生态安全保障的权利综合起来，重新配置和界定，由上下游地区结成利益共同体，共享良好环境，共担环保成本。具体措施包括：由中央或省级政府、上下游地区按一定比例分摊，共同组成流域公益林生态效益补偿基金，特别用于上游传统林产企业的转产、森林采伐政策的实施及水土保持工作；采取"对口支援"或扶贫的方式，给禁伐地区配套一定的优惠政策和资金，完善其投资环境，由政府牵头引进下游和发达地区的资金，逐步改造禁伐地区的传统产业结构，适度发展以生态旅游为主导的产业（张丽，2011）。

对于目前国际上的碳排放权交易机制和在《京都议定书》中我国分担的对碳排放限制的责任条款进行深入了解和研究，尽快制定和出台国内有关碳排放权交易的法律法规，如造林时，对 CO_2 回收的检查和确认等。

9.2.4 发挥市场作用，建立综合投入体系

引入市场投资运作机制，建立起能广泛吸收社会资金的多渠道、多形式的综合资金投入体系，规范化管理和运作森林生态效益的补偿基金。作为一项公益事业，生态公益林的补偿基金主要来源于国家财政拨款、受益群体支付的生态税费和社会及市场机制下筹集的资金这3个方面。其中财政拨款作为主要的融资方式，应该通过设立国家和地方法律法规等形式来明确资金所投入的具体项目。如国家农业综合开发资金、林业基本建设经费、科技推广项目资金、中央与地方财政专项经费及支农资金等专项经费，均应该作为专项预算列入各级行政部门的预算管理体系中，随后通过财政转移支付统一划

拨至各级部门作为补偿基金。

此外作为公共物品的公益林，其价值虽然具有非市场交易性，但这并不意味公益林的生态补偿效益同市场机制格格不入。目前国际上对公益林碳汇理论及森林碳排放交易的实践研究表明，建立森林碳排放权市场是未来的大势所趋，也是我国的必然之举，同时也为我国探索森林生态效益补偿市场化筹资提供了新的思路和新的方案，也有利于我国在工业化发展道路上争取更多的 CO_2 的排放份额。

在引入市场机制的同时，还应积极探索多种渠道的融资机制，促使补偿主体多元化。基于此，曾经有部分学者提出过这样的设想：如在我国境内，对能够在从事生产经营活动中，从森林生态效益中受益的个体、组织、单位等，征收一定比例的生态效益税，所得税金作为补偿基金的一部分，既能够实现对污染物排放的有效控制，又有利于加强对森林资源的保护，达到科学发展和可持续发展相统一的目标；利用《京都议定书》框架下的国际碳交易市场，建立碳排放权交易机制，并纳入我国市场运作体系。通过森林碳汇贸易来促进我国生态建设，从而获得大量的补偿基金。此外在补偿基金得到有效保证的基础上，通过提高生态补偿额度，根据地域差异、造林方式不同和经济水平差别等多方面的因素，制定有差别补偿政策，从而使得补偿标准更为合理；国家通过发行类似于福利彩票、国债等形式的生态福利彩票、生态国债等作为吸收生态公益林补偿基金，拓宽基金的来源和途径。

9.2.5　借鉴国外经验，充分考虑本国国情

近年来，社会与生态资源的矛盾日益突出，生态问题受到人们的广泛重视，并成为社会实践和生态系统管理研究中迫切需要解决的问题之一。目前在国外，如北美、西欧等发达国家对于公益林生态补偿理论和实践早已展开了大量的研究，并且在相关的补偿规划、补偿标准制定、补偿管理制度及具体实施办法上积累了丰富的经验。相比之下，我国在这方面的研究的仍处于初步探索和研究阶段。此外，纵观各国森林生态补偿研究的实践，可以发现很多国家都从这些方面着手来实施：①充分调动、发挥政府和市场的作用，并使二者相互协调，相互促进；②建立健全法律法规体系，以便在从事公益林生态补偿具体工作时，能够有法可依、有法可循；③广泛宣传，动员全社会支持；④明晰产权和责任权，落实利益相关主体的权利和义务；⑤建立生态补偿保证金制度，确保各项工作有相应的资金保证；⑥建立与环境相关的税种，使相关税收成为补偿基金的一个来源；⑦约束破坏环境的行为，鼓励和支持保护环境的行为。这些是我国在今后从事公益林生态补偿研究和实践

需要认真学习和借鉴的地方。与此同时，我们应该看到，每个国家的基本国情和林情不同，在具体的实践中不能照搬这些经验，我们有必要根据我国具体的国情和林情，综合考虑我国社会、文化和经济等条件开展生态效益补偿的研究。

参考文献

Alex Barbarika，Jim Williams ，Jean Agapoff. 2004. Farm Service Agency：Conservation Reserve Program Overview. CRP ：Planting for t he Future[R]. http ：// www. fsa. usda. Gov /dafp/cepd/default. htm.

Gouyon A. 2003. Rewarding the Upland Poor for Environmental Services：A Review of Initiatives from Developed Countries[R]. Bogor. Indonesia ：Sout heast Asia Regional Office，World Agroforestry Centre(ICRAF).

Landell MillsN，PorasI. 2002. Silver Bulletor Fools' Gold ？A GlobalReview of Markets for Forest Environmental Services and Their Impact s on t he Poor [M]. London：IIED.

Landell2MillsN，PorasI. 2001. Silver Bullet or Fools' Gold A Global Review of Markets for Forest Environmental Services and Their Impacts on the Poor [EB/OL]. Instruments for Sustainable Private Sector Forest ry Series. IIED，London，http ：//www. iied. org/enveco.

Sara J. Scherrl. 2006. Developing future ecosystem service payment in China：Lessons learned from international experience[EB/OL]. http：//www. forest trends. org/ documents/publications/ChinaPES %20 from %20Caro. pdf.

安宁．2009. 沂水县林业产权制度改革研究[D]. 山东农业大学．

包玉华．2009. 非公有制林业法律管理制度研究[D]. 东北林业大学．

曹小玉、刘悦翠、郝红科．2006 年．建立我国森林生态效益补偿制度的构想[J]. 西北林学院学报，第 2 期.

曹亚玲．2008. 天然林保护工程的实施与和谐社会构建的关系[M]. 内蒙古林业调查设计．呼和浩特：内蒙古自治区森林经理学会，5 －8.

曾华锋，黄艳．2003 年．安徽黄山生态公益林资金补助问题研究[J]. 林业经济问题(双月刊)，第 4 期：218 －222.

陈根长．2002. 中国森林生态补偿制度的建立与完善[J]. 林业科技管理，第 3 期：1 －4.

陈利平．2010. 我国矿山环境治理的现状、问题与对策[J]. 人力资源管理(学术版)，第 7 期.

陈玲．2009. 生态公益林融资政策研究[D]. 福建农林大学．

陈钦，刘伟平，徐益良．2001. 建立我国森林生态效益补偿制度的条件分析[J]. 林业财务与会计，第 7 期：15 －17.

陈维伟等．2000 年．广东省属林场生态公益林划分与效益补偿[J]. 中南林业调查规划．2 期，26.

陈雪 . 2010. 水电开发的生态补偿理论与应用研究[D]. 西南交通大学 .

陈兆开等，2008. 流域水资源生态补偿问题研究[J]，科技进步与对策，第 3 期：51 –55.

戴朝霞，黄政 . 2008. 关于生态补偿理论的探讨[J]. 湖南工业大学学报：社会科学版，第 8 期：89 –91.

丁希滨 . 2006. 山东省森林生态效益补偿机制研究[D]. 山东农业大学.

范丹 . 2007. 我国创建排污权交易市场及寡头垄断市场交易探讨[D]. 武汉理工大学.

费世民，彭镇华等 . 2004. 关于森林生态效益补偿问题的探讨 . 林业科学. 第 4 期：171 –179.

甘敬等 . 2006. 北京山区公益林生态补偿的理论与实践[J]. 北京林业大学学报(社会科学版)，第 1 期：57 –58.

葛颜祥，梁丽娟，接玉梅 . 2006. 水源地生态补偿机制的构建与运作研究[J]. 农业经济问题，第 9 期：22 –27.

关宗敏 . 2010. 生态公益林补偿制度理论及评价方法[J]. 内蒙古林业调查设计，第 5 期.

广东省会计学会林业分会. 1999. 《广东省生态公益林补偿办法》情况介绍[J]. 林业财务与会计. 第 6 期：8.

郭广荣，李维长等，2005. 不同国家森林生态效益的补偿方案研究[J]，绿色中国，第 7 期：14 –17.

郭广荣等，2005. 不同国家森林生态效益的补偿方案研究[J]，绿色中国：理论版，第 14 期：14 –17.

郭升选 . 2006. 生态补偿的经济学解释[J]. 西安财经学院学报，第 12 期：43 –48.

国家林业局森林资源管理司. 2005. 第六次全国森林资源清查及森林资源状况[J]. 绿色中国：理论版. 第 1 期，10 –12.

国家林业局森林资源管理司. 2010. 第七次全国森林资源清查及森林资源状况[J]. 林业资源管理，第 1 期：1 –8.

国家质检局 . 2006. 生态公益林建设导则[J]. 林业工作参考：第 1 期 .

国家质检局 . 2006. 生态公益林建设规划设计通则[J]. 林业工作参考，第 1 期 .

何桂梅等 . 2011. 北京森林生态效益补偿机制探索与实践[J]. 林业经济 . 第 3 期：68 –70.

何健，徐玉秀 . 2001. 关于生态公益林补偿制度的探讨——以云南省丽江纳西族自治县为例[J]. 林业科技管理，第 3 期 .

何沙，邓璨等. 2010，国外生态补偿机制对我国的启发[J]，西南石油大学学报，第 7 期：66 –69.

何勇 . 2009. 岷江上游森林生态服务补偿市场化机制研究[D]. 四川农业大学 . 1 –76.

贾卫国 . 2005. 我国退耕还林政策持续性研究[D]. 南京林业大学 .

孔凡斌 . 2009. 完善我国重点公益林生态补偿政策研究[J]. 北京林业大学学报 . 第 4

期：32－39.

赖晓华，陈平留，谢德新．2004. 生态公益林补偿资金补偿标准的探讨[J]. 林业经济问题(双月刊)，第2期.

李爱年，彭丽娟．2005. 生态效益补偿机制及其立法思考[J]. 时代法学，第3期：65－74.

李镜，张丹丹，陈秀兰等．2008. 岷江上游生态补偿的博弈论[J]，生态学报，第6期：2793－2797.

王金南、庄国泰．2006. 生态补偿机制与政策设计[R]. 北京：中国环境科学出版社，25－31.

李明阳，郑阿宝．2003. 我国公益林生态效益补偿政策与法规问题探讨[J]. 南京林业大学学报(人文社会科学版)，第2期：57－60.

李团民．2010. 基于生态资本权益的生态补偿基本内涵研究[J]. 林业经济．第4期.

李文华，李芬等．2006. 森林生态效益补偿的研究现状与展望[J]. 自然资源学报．第5期：677－688.

李勇．2006. 深化改革 完善政策 努力构建环境保护投入新机制[J]. 环境经济．第1期：24－25.

梁丽娟，葛颜祥，傅奇蕾．2006. 流域生态补偿选择性激励机制：从博弈论视角的分析[J]. 农业科技管理，第4期：49－52.

林奥京．2011. 生态效益补偿标准的计量方法及其应用研究[D]. 北京林业大学.

林进，唐小平，周洁敏，李荣玲，程小玲．2000. 公益林与商品林分类技术指标[D]. 北京：中国标准出版社，12－04期.

林玉成．2005. 我国森林生态效益补偿制度研究[D]. 重庆大学.

刘璨，吴水荣．2002. 我国森林资源环境服务市场创建制度分析[J]. 林业科技管理，第3期：5－10.

刘璨等．2004. 我国森林生态效益补偿问题研究[J]，绿色中国：理论版，第2期：38－43.

刘诚．2008. 森林生态效益财政补偿问题的探讨[J]. 林业经济，第2期：56－58.

刘桂环，张惠远，万军，等．2006. 京津冀北流域生态补偿机制初探[J]. 中国人口·资源与环境，第4期：120－124.

刘嘉尧等．2009. 美国土地休和保护计划及借鉴[J]. 商业研究．第8期.

刘克勇．2009. 完善森林生态效益补偿基金制度的思考[J]，中国财政，第9期：37.

刘克勇．2005. 中国林业财政政策研究[D]. 东北林业大学.

刘丽．2006. 陕西蓝田县森林生态环境补偿问题研究．西北大学．1－55.

刘青．2007. 江河源区生态系统服务价值与生态补偿机制研究——以江西东江源区为例[D]，南昌大学.

刘通．2007. 我国禁止开发区域利益补偿政策评述[R]. 国家发展和改革委员会，27－32.

刘通，王青云．2006. 我国西部资源富集地区资源开发面临的三大问题——以陕西省榆林市为例[J]. 经济研究参考．第25期.

刘燕．2008. 陕西省生态补偿机制调查与研究[D]. 甘肃农业大学.

刘玉龙，阮本清，张春玲，许凤冉．2006. 从生态补偿到流域生态共建共享——兼以新安江流域为例的机制探讨[J]. 中国水利．第10期：4－8.

刘召．2010. 论政府规制有效性的判定标准[J]. 辽宁行政学院学院，第11期：9－10.

卢艳丽等，2009. 国外生态补偿的实践及对我国的借鉴与启示[J]，世界地理研究．第9期：161－168.

吕春雷．2007. 基于可持续发展的环境税收制度设计[D]. 安徽大学.

马国强．2006. 生态投资与生态资源补偿机制的构建[J]. 中南财经政法大学学报，第4期：39－44.

彭芳．2008. 珠江流域生态补偿机制研究[D]，中南民族大学，18－20.

彭秀平．2004. 矿业可持续发展基本理论与动态评价方法[D]. 中南大学．2004.

彭志华．2008. 新形势下我国开征环境税的基本构想[J]. 财政与生态，第5期：22－25.

申璐．2010. 自然保护区生态补偿法律制度研究[D]. 山西财经大学.

石道金等．2010. 完善浙江省森林生态效益补偿制度研究[J]. 林业经济．第8期：108－112.

宋红丽，薛惠锋，董会忠．2008. 流域生态补偿支付方式研究[J]. 环境科学与技术. 第2期：144－147.

谭秋成．2009. 关于生态补偿标准和机制[J]. 中国人口资源与环境．第6期：1－6.

汪涓．2007. 北京市生态补偿政策体系研究[D]. 中国农业大学.

王冬米．2002. 关于建立生态公益林效益补偿机制的思考[J]. 南京林业大学学报. 第4期：57－60.

王金南，万军，张惠远，等．2006. 中国生态补偿政策评估与框架初探[M]. 北京：中国环境科学出版社，13－24.

王立安等．2009. 生态补偿与缓解贫困关系的研究进展[J]. 林业经济问题．第3期：201－205.

王学瓅，高频，姜北华，周益平，赵卫平．1997. 关于建立森工林区森林生态效益补偿制度的研究[J]. 林业财务与会计，第12期：24－25.

王志宝等，2000. 美国林业发展道路对中国林业发展策略的启示[J]，林业工作研究，第6期.

文昌宇等．2006. 广东省生态公益林信息管理现状及发展对策[J]. 林业调查规划．第A01期.

吴岚．2007. 水土保持生态服务功能及其价值研究[D]. 北京林业大学.

吴晓青，驼正阳，杨春明等．2002. 我国保护区生态补偿机制的探讨[J]. 国土资源科

技管理，第2期：18－21

谢剑斌.2003. 论持续林业的分类经营与生态效益补偿[D]. 福建师范大学，47.

星胜田，李立新，张宏志，张生璞. 2008. 对中央森林生态效益补偿制度的思考[J]. 防护林科技，第6期.

徐琳瑜，杨志峰，帅磊，等.2006. 基于生态服务功能价值的水库工程生态补偿研究[J]. 中国人口·资源与环境，第4期：125－128.

徐田伟. 2009. 矿产资源开发生态补偿机制初探[J]. 环境保护与循环经济. 第1期：58－60.

徐信俭等. 2000. 关于建立森林生态效益补偿基金的思考[J]. 林业经济. 第4期.

徐永田.2011. 生态补偿理论研究进展综述及发展趋势[J]. 中国水利. 第4期：29－31.

徐正春，王权典. 2004. 我国生态公益林补偿的法律制度构造及实施机制创新——兼析广东省相关政策与立法实践[J]. 北京林业大学学报(社会科学版)，第4期：38－42.

许芬，时保国.2010. 生态补偿——观点综述与理性选择[J]. 开发研究，第5期：105－110.

薛艳. 2006. 我国林业投融资问题研究[D]. 东北林业大学.

严会超.2005. 生态公益林质量评价与可持续经营研究[D]. 中国农业大学.3.

杨传金等. 2007. 对开展重点公益林林地征占用检查有关问题的探讨[J]. 中南林业调查规划. 第4期：9－14.

杨道波.2006. 流域生态补偿法律问题研究[J]. 环境科学与技术，第9期：57－59.

杨光梅，闵庆文，李文华等.2006. 基于CVM方法分析牧民对禁牧政策的受偿意愿：以锡林郭勒草原为例[J]. 生态环境，第4期：747－751.

尹红霞.2008. 促进企业自主创新的我国税收政策优化研究[D]. 华中师范大学.

俞海，冯东方等.2006. 南水北调中线水源涵养区生态补偿[J]. 环境经济，第3期：41－45.

俞海，任勇.2008. 中国生态补偿：概念、问题类型与政策路径选择[J]. 中国软科学. 第6期：7－9.

曾祥金.1995. 经济控制论基础[M]. 北京：科学出版社，55－74.

张炳淳.2008. 生态补偿机制的法律分析[J]. 河北学刊. 第1期.

张洪明等.1998. 生态公益林建设刍议[J]. 林业建设. 第6期：48.

张建肖，安树伟.2009. 国内外生态补偿研究综述[J]. 西安石油大学学报(社会科学版)，第1期：23－28.

张其仔、郭朝先.2006. 建立和完善生态补偿机制是实现“十一五”环保目标的重要保证[J]. 中国经贸导刊，第18期：32－34.

张涛. 2003. 森林生态效益补偿机制研究[D]. 中国林业科学院.

张巍巍. 2006. 完善我国森林生态效益补偿途径的研究[D]，南京林业大学，20.

张艳. 2012. 江西省瑞昌市森林生态补偿标准的研究[D]. 北京林业大学.

赵鸣骥等. 2001. 尽快建立森林生态效益补偿制度——对福建江西两省相关问题的调查[J], 林业经济, 第5期: 16-40.

郑海霞, 张陆彪, 封志明. 2006. 金华江流域生态服务补偿机制及其政策建议[J]. 资源科学, 第9期: 30-35.

朱凤琴等, 2009. 我国森林生态效益补偿制度的完善与创新[J], 林业经济, 第10期: 14-17.

张颖, 杨志耕. 2011. 江西省三清山森林游憩资源价值评价[J], 中国人口资源与环境, 第S2期.

张颖. 2011. 采用最优控制方法计算我国森林涵养水源的价格[J], 中国水土保持科学, 第3期.

张颖. 2009. 我国林木核算模型及其最优核算价格计算[J], 林业经济, 第12期.